"互联网＋"
新形态教材

普通高等教育"十三五"精品规划教材

U0291882

机械设计制造及其自动化专业课程群系列

# 机电一体化技术

主　编　张发军
副主编　杜　轩

中国水利水电出版社
www.waterpub.com.cn
·北京·

# 内 容 提 要

本书叙述了机电一体化系统的组成；结合机电一体化对传动机构精度的需求，分别介绍了精密传动技术和运动执行装置的种类；考虑专业特点，简单地介绍了机电一体化控制技术基础，并全面分析了机电一体化感知与检测技术；结合伺服元件具体说明了机电一体化伺服控制技术；根据机电技术的发展状况介绍了典型的工业机器人；系统地介绍了机电一体化技术总体设计准则和应用实例。

为便于读者学习，全书每章开头都由目标与解惑引入主题知识点，并配有对相关设备提出问题的图片，每章结束部分均有对本章知识点的小结与拓展，并附有思考与习题。

本书可作为高等院校"机械制造及其自动化""机械设计及理论""机械电子工程"和"电气工程及自动化"等专业"机电一体化技术"课程的本科生与研究生教材，也可适合从事机电传动及其自动控制领域的工程技术人员阅读与参考。

本书提供免费的教学课件，可以到中国水利水电出版社网站下载，网址为：http：//www.waterpub.com.cn/。

**图书在版编目（ＣＩＰ）数据**

机电一体化技术 / 张发军主编. -- 北京 : 中国水
利水电出版社，2018.7
  普通高等教育"十三五"精品规划教材. 机械设计制造
及其自动化专业课程群系列
  ISBN 978-7-5170-6117-5

  Ⅰ. ①机… Ⅱ. ①张… Ⅲ. ①机电一体化－高等学校
－教材 Ⅳ. ①TH-39

中国版本图书馆CIP数据核字（2017）第302631号

| 书　　名 | 普通高等教育"十三五"精品规划教材<br>**机电一体化技术** JIDIAN YITIHUA JISHU |
|---|---|
| 作　　者 | 主 编 张发军<br>副主编 杜 轩 |
| 出版发行 | 中国水利水电出版社<br>（北京市海淀区玉渊潭南路 1 号 D 座　100038）<br>网址：www.waterpub.com.cn<br>E-mail：sales@waterpub.com.cn<br>电话：（010）68367658（营销中心） |
| 经　　售 | 北京科水图书销售中心（零售）<br>电话：（010）88383994、63202643、68545874<br>全国各地新华书店和相关出版物销售网点 |
| 排　　版 | 北京智博尚书文化传媒有限公司 |
| 印　　刷 | 三河市龙大印装有限公司 |
| 规　　格 | 184mm×260mm　16 开本　12.5 印张　299 千字 |
| 版　　次 | 2018 年 7 月第 1 版　2018 年 7 月第 1 次印刷 |
| 印　　数 | 0001—3000 册 |
| 定　　价 | 35.00 元 |

# P▶▶▶▶▶ 前言
# PREFACE

很早以前，作者就想依据一个有着时代特征与专业鲜明的系统装置来将机电一体化技术的相关内容集成整合为一本专业教材以飨读者，而眼前，就有这样一个代表性很强的系统装置——机器人。

机器人是典型的机电一体化产品，其广泛应用极大地提高了劳动生产率，扩大了人类认知活动的范围，因此世界上许多发达国家都投入巨资发展机器人技术。作为一名技术人员，不仅要熟悉机械结构、光学系统、传感器、信息处理和控制等方面的知识，而且要熟悉计算机的硬件接口和软件设计方面的知识。

本书围绕机电一体化的七大支撑技术解剖机器臂中的各个关键部件，从而引入各个章节的学习内容。书中每一章节主要是针对一个初学者看着神通广大的机械臂而思索的几个相关问题而展开系统讲述，围绕机电一体化技术的精密机械技术、信息处理技术、检测与传感器技术、自动控制技术、伺服驱动技术、接口基础技术和系统总体技术而展开编写。

本书特色主要是以一个初学者面对机器人的众多疑问为主线，向读者传授机电一体化基本概念、基本理论、基本方法和典型应用实例，将编者的科研成果与现代机器人学的发展现状及其发展趋势紧密结合起来。在内容安排上考虑到机械专业特点，对涉及过深的电机学、计算机控制以及信息处理等方面的内容仅仅从概念上加以说明，并在相关地方印有二维码，以便需要更深入了解的读者快速索引。在内容上不求高深，力求做到循序渐进、由浅入深，既能让读者全面掌握机电一体化技术的基本知识，又能让读者对现代机电一体化技术领域的发展前景有一个较全面的了解。前言后附有本书二维码资源列表。

图书资源总码

本书是以编者 20 多年来在机电一体化技术教学与研究中的心得、体会与成果为基础，借鉴国内外同行最新研究成果，为满足新时期本科与研究生教学改革与发展的具体要求而编写的。

在编写过程中，硕士研究生张烽、杨先威、杨晶晶、佘奕、明晓杭、宋钰青、邓安禄等协助编者做了大量的编辑工作，在此深表感谢。

由于编者水平所限，敬请读者对书中的不足之处提出宝贵批评和意见。

编　者
2018 年 5 月

# 机电一体化技术全书二维码资源表

| 序号 | 章目 | 资源名称 | 资源种类 | 页码 |
|---|---|---|---|---|
| 1 | 第1章 | 机电一体化概述 | 视频 | 1 |
| 2 | 第2章 | 传动比准则 | 视频 | 20 |
| 3 | | 齿轮传动间隙的消除方法 | 视频 | 33 |
| 4 | | 滚珠丝杠 | 视频 | 37 |
| 5 | | 同步带 | 视频 | 41 |
| 6 | 第3章 | 液压马达 | 视频 | 48 |
| 7 | | 直流伺服电动机 | 视频 | 51 |
| 8 | | 电枢回路的电压平衡方程 | 文档 | 51 |
| 9 | | 无刷电机与有刷电机 | 视频 | 52 |
| 10 | | 直线电机 | 视频 | 56 |
| 11 | | 音圈电机 | 视频 | 57 |
| 12 | 第4章 | 总线规范 | 视频 | 71 |
| 13 | | RS-232 和 RS-485 总线 | 文档 | 72 |
| 14 | | 并行总线 | 文档 | 72 |
| 15 | | 同轴电缆 | 文档 | 73 |
| 16 | | Keil 编程软件介绍 | 文档 | 75 |
| 17 | | Proteus 仿真软件介绍 | 文档 | 75 |
| 18 | | Keil 编程软件 | 视频 | 75 |
| 19 | | Proteus 仿真软件 | 视频 | 75 |
| 20 | | 51 系列单片机 | 文档 | 76 |
| 21 | | PIC 系列单片机 | 文档 | 76 |
| 22 | | AVR 系列单片机 | 文档 | 76 |
| 23 | | ARM 微处理器 | 文档 | 77 |
| 24 | | DSP 微处理器 | 文档 | 77 |
| 25 | | MIPS 处理器 | 文档 | 77 |
| 26 | | 嵌入式系统 | 文档 | 84 |
| 27 | 第5章 | 传感器的动态特性 | 文档 | 88 |
| 28 | | 传感器 | 视频 | 90 |
| 29 | | 莫尔条纹 | 视频 | 93 |
| 30 | | 光电式接近传感器 | 视频 | 97 |
| 31 | 第6章 | 幅值与相位控制 | 视频 | 113 |
| 32 | | PWM 脉宽调制放大器 | 视频 | 118 |
| 33 | | PWM 逆变电路 | 文档 | 119 |
| 34 | 第7章 | 机器人分类 | 视频 | 133 |
| 35 | | 关节型机器人 | 视频 | 135 |
| 36 | | 机器人编程语言 | 文档 | 141 |
| 37 | | 机器人控制总线 | 文档 | 141 |
| 38 | | 工业机器人的驱动方式 | 文档 | 141 |
| 39 | 第8章 | 机电一体化设计步骤 | 视频 | 147 |
| 40 | 第9章 | 变频原理 | 视频 | 173 |

# C ▶▶▶▶▶ 目录
ONTENT

1

# 第1章 机电一体化技术导论

## 【目标与解惑】

(1) 熟悉机电一体化技术系统的组成；
(2) 掌握机电一体化技术总体设计思想；
(3) 掌握机电一体化技术系统分类方法；
(4) 理解机电一体化技术关键支撑技术；
(5) 了解机电一体化技术发展前景。

视频：机电一体化概述

机器人是典型机电一体化设备，那么什么是机电一体化系统？机电一体化系统与传统的机械系统有什么不同？机电一体化系统由哪些要素构成？机电一体化系统有哪些应用及前景？机电一体化应用了哪些理论和技术？

*Eager to know*!

## 1.1 概述

机电一体化又称机械电子学，英文称为 Mechatronics，它是由英文机械学 Mechanics 的前半部分与电子学 Electronics 的后半部分组合而成的。机电一体化最早出现在 1971 年日本《机械设计》杂志的副刊上，随着机电一体化技术的快速发展，机电一体化的概念被人们广泛接受和普遍使用。1996 年出版的 WEBSTER 大词典收录了这个日本造的英文单词，这不仅意味着"Mechatronics"这个单词得到了世界各国学术界和企业界的认可，而且还意味着"机电一体化"的哲理和思想为世人所接受。

那么到底什么是机电一体化呢？

到目前为止，就机电一体化这一概念的内涵国内外学术界还没有一个完全统一的表述。目前，较普遍的提法是日本机械振兴协会经济研究所于 1981 年的解释："机电一体化是在机械主功能、动力功能、信息功能和控制功能上引进微电子技术，并将机械装置与电子装置用相关软件有机结合而构成系统的总称。"机电一体化是以机械学、电子学和信息科学为主的

1

多门技术学科在机电产品发展过程中相互交叉、相互渗透而形成的一门新兴边缘性技术学科。这里面包含了三重含义：首先，机电一体化是机械学、电子学与信息科学等学科相互融合而形成的学科。图1-1形象地表达了机电一体化与机械学、电子学和信息科学之间的相互关系。其次，机电一体化是一个发展中的概念，早期的机电一体化就像其字面所表述的那样，主要强调机械与电子的结合，即将电子技术"溶入"到机械技术中而形成新的技术与产品。随着机电一体化技术的发展，以计算机技术、通信技术和控制技术为特征的信息技术（即所谓的"3C"技术：Computer、Communication 和 Control Technology）"渗透"到机械技术中，丰富了机电一体化的含义，现代的机电一体化不仅仅指机械、电子与信息技术的结合，还包括机电光（光学）一体化、机电气（气压）一体化、机电液（液压）一体化、机电仪（仪器仪表）一体化等。最后，机电一体化表达了技术之间相互结合的学术思想，强调各种技术在机电产品中的相互协调，以达到系统总体最优。

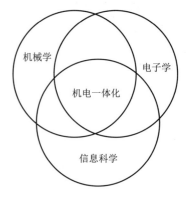

图1-1　机电一体化与其他学科的关系

　　因此，机电一体化是多种技术学科有机结合的产物，而不是它们的简单叠加。机电一体化与机械电气化的主要区别有以下几点：

　　（1）电气机械在设计过程中不考虑或很少考虑电器与机械的内在联系，基本上是根据机械的要求，选用相应的驱动电机或电气传动装置。

　　（2）机械和电气装置之间界限分明，它们之间的联结以机械联结为主，整个装置是刚性的。

　　（3）装置所需的控制是通过基于电磁学原理的各种电器来实现的，属强电范畴，其主要支撑技术是电工技术。机械工程技术由纯机械发展到机械电气化，仍属传统机械，主要功能依然是代替和放大人的体力。但机电一体化产品不仅是人的手与肢体的延伸，还是人的感官与头脑的延伸，具有"智能化"的特征，是机电一体化与机械电气化在功能上的本质差别。

　　从概念的外延来看，机电一体化包括机电一体化技术和机电一体化产品两个方面。机电一体化技术是从系统工程的观点出发，将机械、电子和信息等有关技术有机结合起来，以实现系统或产品整体最优的综合性技术。机电一体化技术主要包括技术原理和使机电一体化产品（或系统）得以实现、使用和发展的技术。机电一体化技术是一个技术群（族）的总称，包括检测传感技术、信息处理技术、伺服驱动技术、自动控制技术、机械技术及系统总体技术等。机电一体化产品有时也称为机电一体化系统，它们是两个相近的概念，通常机电一体化产品指独立存在的机电结合产品，而机电一体化系统主要指依附于主产品的部件系统，这样的系统实际上也是机电一体化产品。机电一体化产品是由机械系统（或部件）与电子系统（或部件）及信息处理单元（硬件和软件）有机结合，并赋予了新功能和新性能的高科技产品。由于在机械本体中"溶入"了电子技术和信息技术，与纯粹的机械产品相比，机电一体化产品的性能得到了根本的提高，具有满足人们使用要求的最佳功能。

　　现实生活中的机电一体化产品比比皆是。我们日常生活中使用的全自动洗衣机、空调及全自动照相机，都是典型的机电一体化产品；在机械制造领域中广泛使用的各种数控机床、工业机器人、三坐标测量仪及全自动仓储，也是典型的机电一体化产品；而汽车更是机电一体化技术成功应用的典范，目前汽车上成功应用和正在开发的机电一体化系统达数十种之多，特别是发动机电子控制系统、汽车防抱死制动系统、全主动和半主动悬架等机电一体化系统在汽车上的应用，使得现代汽车的乘坐舒适性、行驶安全性及环保性能都得到了很大的改善；在农业工程领域，机电一体化技术也在一定范围内得到了应用，如拖拉机自动驾驶系统、悬挂式农具的自动调节系统、联合收获机工作部件（如脱粒清选装置）的监控系统、温室环境自动控制系统等。如今，机电一体化不但已从原来以机械为主的领域拓展到目前的汽车、电站、仪表、化工、通信、冶金等领域，而且其产品的概念不再局限在某一具体产品的范围，如数控机床、机器人等，现在已扩大到控制系统和被控制系统相结合的产品制造和过程控制的大系统，如柔性制造系统（FMS）、计算机集成制造系统（CIMS）以及各种工业过程控制系统。

## 1.2　机电一体化系统的基本组成

### 1.2.1　机电一体化系统的功能组成

传统的机械产品主要是解决物质流和能量流的问题，而机电一体化产品除了要解决物质流和能量流外，还要解决信息流的问题。如图 1-2 所示，机电一体化系统的主功能就是对输入的物质、能量与信息（即所谓工业三大要素）按照要求进行处理，输出具有所需特性的物质、能量与信息。

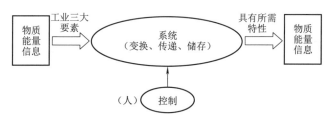

图 1-2　机电一体化系统的主功能

系统的主功能围绕三个目的，即①变换（加工、处理）功能；②传递（移动、输送）功能；③储存（保持、积蓄、记录）功能。主功能是机电一体化系统的主要特征部分，是直接实现系统目的功能的必须功能，主要是对物质、能量、信息或其相互结合进行变换、传递和储存。

以物料搬运加工为主，输入物质（原料、毛坯等）、能量（电能、液能、气能等）和信息（操作及控制指令等），经过加工处理，主要输出为改变了位置和形态的物质的系统（或产品），称为加工机，如各种机床、交通运输机械、食品加工机械、起重机械、纺织机械、印刷机械、轻工机械等。

以能量转换为主，输入能量（或物质）和信息，输出不同能量（或物质）的系统（或产品），称为动力机，输出可利用的能量可能是电能、机械功或是热量。其中输出机械能的为原动机，如电动机、水轮机、内燃机等。

以信息处理为主，输入信息和能量，主要输出某种信息（如数据、图像、文字、声音等）的系统（或产品），称为信息机，如各种仪器、仪表、传真机以及各种办公机械等。

机电一体化系统除了具备上述必需的主功能外，在上述三个目的功能上也可进一步划分为以下五大功能，即主功能、动力功能、检测功能、控制功能和构造功能，如图1-3所示。

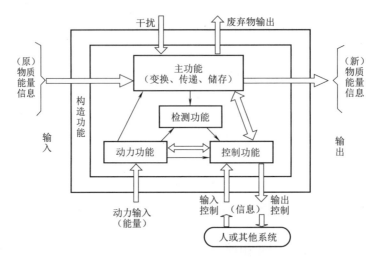

图1-3　系统的五种内部功能

### 1. 主功能

对输入的物质、能量和信息进行预定的变换（含加工、处理）、传递（含移动、输送）和保存（含保持、储存、记录），这些变换及其组合就构成了系统的主功能，它表明了系统的主要特征。

### 2. 动力功能

动力功能是向系统提供动力，让系统得以有效可靠运转的功能，为整个系统的正常运行提供能量上的保障。

### 3. 检测功能

检测功能是解决各种信息的获取、传输、处理和利用，从而能够根据系统内部信息和外部信息对整个系统进行控制，使系统正常运转，实施目的功能。

### 4. 控制功能

控制功能是将来自传感器的检测信息和外部输入命令进行处理，并按工程要求发出指令控制整个系统有目的地运行做功。

### 5. 构造功能

构造功能是使构成系统的子系统及元、部件维持所定的时间和空间上的相互关联所必需的功能。即提供各种接口而配置形成统一体，便于系统功能的扩展与延伸。

从系统的输入/输出来看，除有主功能的输入/输出之外，还需要有动力输入和控制信息的输入/输出。此外，还有因外部环境引起的干扰输入以及非目的性输出（如废弃物等）。例如，汽车的废气和噪声对外部环境的影响，从系统设计开始就应予以考虑。

图1-4所示为CNC机床的内部功能原理构成的实例。由于未指明主功能的加工机构，它代表了具有相同主功能及控制功能的一大类型的机电一体化系统，如金属切削数控机床、电加工数控机床、激光加工数控机床以及冲压加工数控机床等。显然，由于主功能的具体加

工机构不同，其他功能的具体装置也会有所差别，但其本质是数控加工机床。

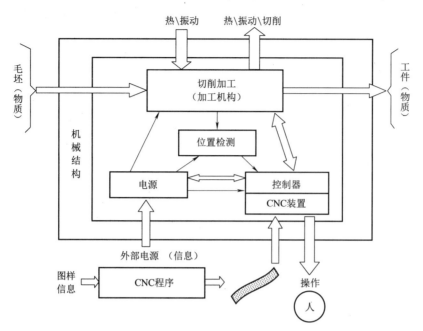

图 1-4　CNC 机床的内部功能原理构成

### 1.2.2　机电一体化系统的构成要素

从机电一体化系统的功能来看，人体是机电一体化系统理想的参照物。

如图 1-5（a）所示，构成人体的五大要素分别是头脑、感官、四肢、内脏及躯干等。相应的功能如图 1-5（b）所示，内脏提供人体所需要的能量（动力）及各种激素，维持人体活动；头脑处理各种信息并对其他要素实施控制；感官获取外界信息；四肢执行动作；躯干的功能是把人体各要素有机地联系为一体。通过类比就可发现，机电一体化系统内部的五大功能与人体的上述功能几乎是一样的，而实现各功能的相应构成要素如图 1-5（c）所示。机电一体化系统五大要素示意如图 1-6 所示。

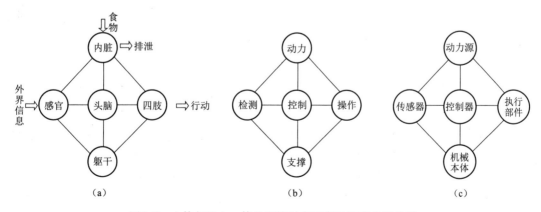

图 1-5　人体与机电一体化系统对应要素及相应功能关系

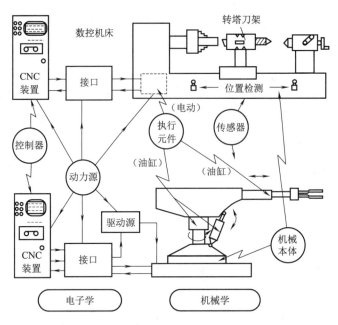

图 1-6　机电一体化系统五大要素示意

表 1-1 列出了机电一体化系统构成要素与人体构成要素的对应关系。

表 1-1　机电一体化系统构成要素与人体构成要素的对应关系

| 机电一体化系统要素 | 功　能 | 人体要素 |
| --- | --- | --- |
| 控制器（计算机等） | 控制（信息存储、处理、传送） | 头脑 |
| 传感器 | 检测（信息收集与变换） | 感官 |
| 执行部件 | 驱动（操作） | 四肢 |
| 动力源 | 提供动力（能量） | 内脏 |
| 机械本体 | 支撑与连接 | 躯干 |

　　因此，一个较完善的机电一体化系统，应包括以下几个基本要素：机械本体、动力系统、检测传感系统、执行部件、信息处理及控制系统，各要素和环节之间通过接口相联系。

　　在机电一体化系统中机械部分是主体，这不仅由于机械本体是系统重要的组成部分，而且系统的主要功能必须由机械装置来完成，否则就不能称其为机电一体化产品。例如，电子计算机、非指针式电子表等，其主要功能由电子器件和电路等完成，机械已退居次要地位，这类产品应归属于电子产品，而不是机电一体化产品。因此，机械系统是实现机电一体化产品功能的基础，从而对其提出了更高的要求，需在结构、材料、工艺加工及几何尺寸等方面满足机电一体化产品高效、可靠、节能、多功能、小型轻量和美观等要求。除一般性的机械强度、刚度、精度、体积和重量等指标外，机械系统技术开发的重点还有模块化、标准化和系列化，以便于机械系统的快速组合和更换。

　　其次，机电一体化的核心是电子技术，电子技术包括微电子技术和电力电子技术，但重点是微电子技术，特别是微型计算机或微处理器。机电一体化需要多种新技术的结合，但首要的是微电子技术，不和微电子结合的机电产品不能称为机电一体化产品。例如，非数控机床，一般均由电动机驱动，但它不是机电一体化产品。除了微电子技术以外，在机电一体化产品中，可根据需要进行一种或多种技术相结合。

因此，机电一体化是以机械为主体、以微电子技术为核心，强调各种技术的协同和集成的综合性技术。

## 1.3 一体化理论和设计思想

机电一体化系统从一体化理论角度出发研究现代机械系统的组成原理和优化加工方法，而机电一体化作为一门新型的综合性学科，涉及的知识领域非常广泛，为此，机电一体化可以从五个方面的一体化思想理解其一体化理论。

### 1.3.1 质、能、信息一体化设计

哲学信息论认为，信息与质、能是物质的三种须臾不可分离的属性，客观世界的运动变化发展将呈现质、能、信息的变化及相互转化。以信息流动的观点剖析设计问题，其本质上就是质、能、信息一体化的思想，亦即将认知领域关于物质的质、能的信息化描述连同信息本身统一为设计领域的设计信息，并使其在产品设计的过程中有序流动。质、能、信息一体化的信息流设计思想，不仅便于统一机电系统概念设计阶段各领域知识的表达，而且易于通过信息量、信息集成度等指标，量化选择设计方案，减少信息冗余，达到全局最优。

### 1.3.2 功能结构一体化设计

功构设计历来是概念设计阶段研究的焦点，通行的观点是将功构设计分为功能设计和功构映射两个阶段。此类方法的缺点显而易见——功能设计乃设计过程中的高度抽象阶段，设计信息残缺、模糊，将其独立出来交由设计人员或由计算机辅助完成，势必呈现人类抛弃自身所擅长的形象思维能力，转而一味适应机器推理的局面。此外，功构映射亦尚无良好解决方案，从功能到结构的结合问题，容易导致设计陷入无解的真空。将功能结构一体化考虑，在进行功能设计的同时，引入结构，这无疑是解决问题的关键。一方面要考虑概念设计阶段设计信息抽象层次较高；另一方面要考虑功能结构信息的一体化表达，增强概念设计自动化系统的可操作能力。为适应这一思想，有人提出了功能表面的概念，并在此基础上建立了基于功能表面分解重构的产品信息模型，以此组织设计过程的设计信息。

### 1.3.3 广义机电一体化设计

机电系统设计的取向是机械技术与电子技术结合，具体表现为以下几点：
（1）通过机械、电子技术的结合，实现原本仅由机械系统完成的功能。
（2）原本由人完成的判断与操作，交由机电系统完成。
（3）机电系统按照预定程序协调动作，完成任务。
上述意义的机电系统设计保留着设计改良的痕迹，缺乏立足于源头创新从事设计的能力。广义机电一体化设计摒弃了系统功能局部替换的思维方式，把机械、电子技术的地位等同起来，以统一表达的机电功能需求从总体上指导设计。

事实上，机械、电子知识集融的加大，使得机电器件对于机、电功能隶属的宏观界定变得模糊。实际系统中的器件往往兼备机、电两方面功能，具体器件是否承担其所具备的机械或电子功能，有赖于具体的设计需求。

### 1.3.4 虚实一体化设计

设计需求的源动力是人类对现实世界的改造，这一过程伴随人类对现实世界的感知与思维。计算机技术的产生为感知和思维提供了崭新途径，由此，设计人员与其主导的计算机构成设计空间，并在需求驱动下完成设计信息的有序组织。产品最终的设计验证可以采用虚拟样机或物理样机，作为支持设计思维的有效技术两者均能够激发创作灵感。虚拟样机技术可以有效节约开发成本，缩短设计周期，但是由于人类对于现实空间的感知错觉会使得构建虚拟对象或者虚拟环境的起点存在偏差，而依靠落实于现实的物理样机则可以进行实践校验。因此，理想的方式是凭借虚拟样机的成本投入与描述能力并结合物理样机的逼真效果，最终完成与该设计结果一致的物理实践，这表现出机电系统概念设计目标的虚实一体化特征。虚实一体化的设计思想贯穿设计全过程。作为虚实一体化设计的支撑技术——虚拟现实技术，则不仅丰富了现有设计行为方式，更重要的是，提供了崭新的设计表达形式和设计评价理论——借助虚拟设计手段和虚实一体化设计思想，完成虚实结合的机电系统设计。

### 1.3.5 人—机—环境一体化设计

机电系统信息化设计的过程就是人、机作为信息载体推演终极设计目标——人、机、环境（H，M，E）设计三元组的过程。20世纪初的系统论成果，推动了人、机、环境系统科学的发展，使得产品设计更多地从人、机、环境整体系统的层面考虑问题。然而，多数理论仅是针对人因工程、人体工程、人机工程以及涉及环境的作业空间、物理化学效应等问题的研究，对于机电系统概念设计自动化过程中功能性元素的引入缺乏支持；同时，人、机依旧作为系统设计中的对立层面存在，难以实现人、机、环境一体化设计。

人、机、环境一体化设计的理论应用落实于机电系统信息化设计过程中的人机协同决策，应确保"以人为主导，明确决策方向，以机为辅助，完成决策分析，决策过程充分适用于设计人员"的使用原则。而运用人、机、环境一体化设计理论构建决策系统，亦应将其作为系统的总体构建原则。

## 1.4 系统构成要素的相互连接

机电一体化系统是由许多要素或子系统构成的，各要素或子系统之间必须能顺利进行物质、能量和信息的传递与交换，因此，在相互连接要素的交界面上必须具备一定的联系条件，这些联系条件就称为"接口"。在仅有机械或电子的系统中，接口概念并不突出，但机电一体化系统中既有机械，又有电子，由不同技术复合形成的接口通常被称为"广义接口"，并在机电一体化技术中占有极其重要的地位，接口性能的好坏直接影响系统性能的好坏。

广义的接口功能有两种，一种是输入/输出功能，另一种是变换调整功能。

### 1.4.1 按接口功能分类

按接口功能的不同，接口可分为以下几种：

（1）机械接口：对机械的输入/输出部分进行几何上（形状、尺寸、配合、精度等）的匹配，如管接头、法兰盘、联轴节、减速器。

（2）电气接口（物理接口）：对电气物理参数（电压、电流、阻抗等）进行匹配，如变压器。

（3）信息接口（软件接口）：对软件的 I/O 进行语言、格式、标准、符号等的规定，如GB、ISO、ASCⅡ、TCP/IP、各种程序语言等。

（4）环境接口：对周围的环境条件（温度、湿度、电磁场、振动、水分、粉尘等）起保护作用和隔绝作用，如防尘过滤器、防水连接器、防爆开关等。

### 1.4.2 按变换与调整功能分类

按变换与调整功能的不同，接口可分为以下几种：

（1）零接口：不进行任何参数变换和调整，输出即输入的接口，如机械接口中的管接头、法兰盘、联轴节等，但减速器不属于此类。

（2）无源接口：仅对无源要素的参数进行变换和调整，一般不改变参数的性质，如齿轮减速器、变压器、可变电阻器以及光学透镜等。

（3）有源接口：含有有源要素，能与变换或调整的参数主动匹配，可以改变参数的性质，如电磁离合器、光电耦合器、A-D 或 D-A 转换器等。

（4）智能接口：含有微处理器，可通过程序编制适应性地改变接口条件，如通用 I/O 芯片 8255、Z80-PIO、RS232 串行接口、STD 总线等。

## 1.5 机电一体化系统的分类

机电一体化技术和产品的应用范围非常广泛，涉及工业生产过程的所有领域，因此，机电一体化产品的种类很多，而且随着科学技术的更新还在不断地增加。按照机电一体化产品的功能不同，可以将其分成下述几类。

### 1.5.1 数控机械类

数控机械类主要产品为数控机床、工业机器人、发动机控制系统和自动洗衣机等。其特点为执行机构是机械装置。

### 1.5.2 电子设备类

电子设备类主要产品为电火花加工机床、线切割加工机床、超声波缝纫机和激光测量仪等。其特点为执行机构是电子装置。

### 1.5.3 机电结合类

机电结合类主要产品为自动探伤机、形状识别装置和 CT 扫描仪、自动售货机等。其特点为执行机构是机械和电子装置的有机结合。

### 1.5.4 电液伺服类

电液伺服类主要产品为机电一体化的伺服装置。其特点为执行机构是液压驱动的机械装置，控制机构是接收电信号的液压伺服阀。

### 1.5.5 信息控制类

信息控制类主要产品为电报机、磁盘存储器、磁带录像机、录音机以及复印机、传真机等办公自动化设备。其主要特点为执行机构的动作完全由所接收的信息类控制。

此外，机电一体化产品还可根据机电技术的结合程度分为功能附加型、功能替代型和机电融合型三类。按产品的服务对象领域和对象，可将机电一体化产品分成工业生产类、运输包装类、储存销售类、社会服务类、家庭日常类、科研仪器类、国防武器类以及其他用途类等不同的种类。

## 1.6 机电一体化的作用与应用

随着机电一体化技术的快速发展，机电一体化产品有逐步取代传统机电产品的趋势，这完全取决于机电一体化技术所存在的优越性和潜在的应用性能。与传统的机电产品相比，机电一体化产品具有较高的功能水平和附加价值，它将给开发生产者和用户带来社会经济效益。

### 1.6.1 生产能力和工作质量提高

机电一体化产品大都具有信息自动处理和自动控制功能，其控制和检测的灵敏度、精度以及范围都有很大程度的提高，通过自动控制系统可精确地保证机械的执行机构按照设计的要求完成预定的动作，使之不受机械操作者主观因素的影响，从而实现最佳操作，以保证最佳的工作质量和较高的产品合格率。同时，由于机电一体化产品实现了工作的自动化，使得生产能力大大提高。例如，数控机床对工件的加工稳定性大大提高，生产效率比普通机床提高 5~6 倍，柔性制造系统的生产设备利用率可提高 1.5~3.5 倍，机床数量可减少约 50%，节省操作人员数量约 50%，缩短生产周期约 40%，使加工成本降低 50% 左右。

### 1.6.2 使用安全性和可靠性提高

机电一体化产品一般都具有自动监视、报警、自动诊断、自动保护等功能。在工作过程中，遇到过载、过电压、过电流、短路等电力故障时，能自动采取保护措施，避免和减少人身与设备事故，显著提高设备的使用安全性。机电一体化产品由于采用电子元器件，减少了机械产品中的可动构件和磨损部件，从而使其具有较高的灵敏度和可靠性，产品的故障率低，寿命得到了延长。

### 1.6.3 调整和维护方便，使用性能改善

机电一体化产品在安装调试时，可通过改变控制程序来实现工作方式的改变，以适应不

同用户对象的需要以及现场参数变化的需要。这些控制程序可通过多种手段输入到机电一体化产品的控制系统中，而不需要改变产品中的任何部件或零件。

### 1.6.4 具有复合功能，适用面广

机电一体化产品跳出了机电产品的单技术和单功能限制，具有复合技术和复合功能，使产品的功能水平和自动化程度大大提高。机电一体化产品一般具有自动化控制、自动补偿、自动校验、自动调节、自动保护和智能化等多种功能，并应用于不同的场合和不同领域，满足用户需求的应变能力较强。例如，电子式空气断路器具有保护特性可调、选择性脱扣、正常通过电流与脱扣时电流的测量、显示和故障自动诊断等功能，使其应用范围显著扩大。

### 1.6.5 改善劳动条件，有利于自动化生产

机电一体化产品自动化程度高，是知识密集型和技术密集型产品，是将人们从繁重体力劳动中解放出来的重要途径，可以加速工厂自动化、办公自动化、农业自动化、交通自动化甚至是家庭自动化，从而可促进我国四个现代化的实现。

### 1.6.6 节约能源，减少耗材

节约一次和二次能源是国家的战略目标，也是用户十分关心的问题。机电一体化产品，通过采用低能耗驱动机构，最佳的调节控制，以提高设备的能源利用率，可达到明显的节能效果。同时，由于多种学科的交叉融合，机电一体化系统的许多功能一方面从机械系统转移到了微电子、计算机等系统；另一方面从硬件系统转移到了软件系统，从而使得机电一体化系统朝着轻小型方向发展，减少了材料消耗。

因此，无论是生产部门还是使用单位，机电一体化技术和产品，都会带来显著的社会和经济效益。正因为如此，世界各国，首先是日本、美国、欧洲各国都在大力发展和推广机电一体化技术。

下面以汽车工业为例，来分析微电子技术和微型计算机技术对汽车及汽车生产系统带来的巨大影响。一方面是汽车产品的机电一体化革命，另一方面是汽车的生产制造系统也发生了巨大的变化。

微电子技术和微型计算机技术彻底改变了汽车产品的面貌，"汽车电子化"被称为汽车技术的又一次革命性飞跃。机电一体化的现代新型汽车在操作性、可靠性、高速度、安全性、低油耗、减少排气污染和维修性、舒适性等各方面性能大幅度提高，汽车电子化程度成为汽车产品市场竞争性的极重要因素，汽车电子也逐渐发展成为一个新兴产业。

在现代汽车生产中，多数应用计算机进行经营和生产管理，利用 CAD 进行产品设计，使用数控机床和柔性生产线进行零部件加工，使用机器人从事喷漆、焊接、组装、搬运等工作。汽车车身通常需要进行 3 000~4 000 次点焊，其中 90% 以上的焊点可由工业机器人完成。意大利菲亚特汽车公司的两条汽车装配线，每条线上都分布有 50 多个机器人，可在平均 1 min 内完成一部汽车的焊接工作。数控自动化生产能够节约原材料、动力及其他工厂辅助设备，降低废品率，减轻工人的劳动强度，并使劳动生产率提高 300 倍。现代机电一体化生产系统使得汽车生产的质量和产量迅速大幅度提高，同时整个生产系统可以通过改变程序适应不同型号汽车的制造，缩短新产品设计生产周期，尽快适应市场需求的变化。

传统产业机电一体化革命所带来的优质、高效、低耗、柔性增强了企业的经济竞争能力，引起各个国家和企业的极大重视。机电一体化新型产品将逐步取代大部分传统机械产品，传统的机械装备和生产管理系统将被大规模地改造和更新为机电一体化生产系统，机电一体化产业将占据主导地位，机械工业将以机械电子工业的新面貌得到迅速发展。

## 1.7 机电一体化理论基础与支撑技术

### 1.7.1 理论基础

机电一体化思想体现了"系统设计原理"和"综合集成技巧"。系统论、信息论、控制论的建立，微电子技术尤其是计算机技术的迅猛发展，引起了科学技术的又一次革命，诱发了机械工程的机电一体化。系统论、信息论、控制论无疑是机电一体化技术的理论基础，是机电一体化技术的方法论。

开展机电一体化技术研究时，无论是工程的构思、规划、设计方面，还是在它的实施或实现方面，都不能只着眼于机械或电子，不能只看到传感器或计算机，而是要用系统的观点，合理解决信息流与控制机制问题，有效地综合各有关技术，以形成所需要的系统或产品。

机电一体化技术是从系统工程观点出发，应用机械、微电子等有关技术，使机械、电子有机结合，实现系统或产品整体最优的综合性技术。小型的生产、加工系统，即使是一台机器，也都是由许多要素构成的，为了实现其"目的功能"，还需要从系统角度出发，不拘泥于机械技术或电子技术，并寄希望于能够使各种功能要素构成最佳结合的柔性技术与方法。机电一体化工程就是这种技术和方法的统一。

机电一体化技术是一个技术群（族）的总称，是综合运用机械技术、微电子技术、自动控制技术、计算机技术、信息技术、传感测控技术、电力电子技术、接口技术、信息变换技术以及软件编程技术等群体技术，根据系统功能目标和优化组织目标，合理配置与布局各功能单元，在多功能、高质量、高可靠性、低能耗的意义上实现特定功能价值，并使整个系统最优化的系统工程技术。只是机电一体化技术是基于上述群体技术有机融合的一种综合技术，而不是机械技术、微电子技术以及其他新技术的简单组合、拼凑。

机电一体化系统是一个包括物质流、能量流和信息流的系统，有效地利用各种信号所携带的丰富信息资源，则有赖于信号处理和信息识别技术。考察所有机电一体化产品，就会看到准确的信息获取、处理、利用在系统中所起的实质性作用。

### 1.7.2 支撑技术

机电一体化产品是由多种技术以及相关的组成部分构成的综合体，而机电一体化技术是由多种技术相互交叉、相互渗透形成的一门综合性边缘技术，它所涉及的技术领域非常广泛。

微电子技术、精密机械技术是机电一体化的技术基础。微电子技术的进步，尤其是微型计算机技术的迅速发展，为机电一体化技术的进步与发展创造了前提。

机电一体化产品中的许多重要零部件都是利用超精密加工技术制造的，就连微电子技术本身的发展也离不开精密机械技术。例如，大规模集成电路（LSI）制造中的微细加工就是精密机械技术的进步成果。因此，精密机械加工技术促进了微电子技术的不断发展，微电子技术的不断发展又推动了精密机械技术中加工设备的不断更新。

由于机电一体化技术是一个系统综合学科，该技术的发展也面临以下技术领域共性的关键技术及技术的更新发展：传感检测技术、信息处理技术、伺服驱动技术、自动控制技术、接口技术、精密机械技术及系统总体技术等，同时也要受到社会条件、经济基础的重大影响。概括起来，机电一体化设计的关键技术包括以下几个方面：

**1. 精密机械技术**

精密机械技术是机电一体化的基础，因为机电一体化产品的主功能和构造功能大都以机械技术为主来得以实现。随着高新技术引入机械行业，机械技术面临着挑战和变革。在机电一体化产品中，它不再是单一地完成系统间的连接，在系统结构、重量、体积、刚性与耐用性方面对机电一体化系统有着重要的影响。机电一体化产品对机械部分零部件的静、动态刚度以及热变形等力学性能有更高的要求。特别是关键零部件，如导轨、滚珠丝杠、轴承、传动部件等的材料、精度对机电一体化产品的性能、控制精度影响极大，否则高精度的计算机控制性能就会被机械传动误差所吞没。

在制造过程的机电一体化系统中，经典的机械理论与工艺应借助于计算机辅助技术，同时采用人工智能与专家系统等，形成新一代的机械制造技术。这里原有的机械技术以知识和技能的形式存在，是任何其他技术代替不了的。例如，计算机辅助工艺规划（CAPP）是目前 CAD/CAM 系统研究的瓶颈，其关键问题在于如何将广泛存在于各行业、企业、技术人员中的标准、习惯和经验进行表达与陈述，从而实现计算机的自动工艺设计与管理。

**2. 传感检测技术**

在机电一体化产品中，工作过程的各种参数、工作状态以及与工作过程有关的相应信息都要通过传感器进行接收，并通过相应的信号检测装置进行测量，然后送入信息处理装置以及反馈给控制装置，以实现产品工作过程的自动控制。机电一体化产品要求传感器能快速和准确地获取信息并且不受外部工作条件和环境的影响，同时检测装置能不失真地对信息信号进行放大、输送和转换。

传感器技术的发展正进入集成化、智能化研究阶段。把传感器件与信号处理电路集成在一个芯片上，就形成了信息型传感器；若再把微处理器集成到信息型传感器的芯片上，就是所谓的智能型传感器。大力开展传感器研究，对于机电一体化技术的发展具有十分重要的意义。

**3. 伺服驱动技术**

伺服驱动技术主要是指机电一体化产品中的执行元件和驱动装置设计中的技术问题，它涉及设备执行操作的技术，对所加工产品的质量具有直接的影响。机电一体化产品中的执行元件有电动、气动和液压等类型，其中多采用电动式执行元件，驱动装置主要是各种电动机的驱动电源电路，目前多由电力电子器件及集成化的功能电路构成。执行元件一方面通过接口电路与计算机相连，接受控制系统的指令；另一方面通过机械接口与机械传动和执行机构相连，以实现规定的动作。因此，伺服驱动技术直接影响着机电一体化产品的功能执行和操作，对产品的动态性能、稳定性能、操作精度和控制质量等具有决定性的影响。

### 4. 信息处理技术

信息处理技术是指在机电一体化产品工作过程中，与工作过程各种参数和状态以及自动控制有关的信息输入、识别、变换、运算、存储、输出和决策分析等技术。信息处理得是否及时、准确，直接影响机电一体化系统或产品的质量和效率，因而也是机电一体化的关键技术。

在机电一体化产品中，实现信息处理技术的主要工具是计算机。计算机信息处理装置是产品的核心，它控制和指挥整个机电一体化产品的运行。信息处理是否正确、及时，直接影响到系统工作的质量和效率，因此计算机应用及信息处理技术已成为促进机电一体化技术发展和变革的最活跃的因素。

人工智能技术、专家系统技术、神经网络技术等都属于计算机信息处理技术。

### 5. 自动控制技术

自动控制是在没有人直接参与的情况下，通过控制器使被控对象或过程自动地按照预定的规律运行。自动控制技术的广泛应用，不仅大大提高了劳动生产率和产品质量，改善了劳动条件，而且在人类征服大自然、探索新能源、发展空间技术与改善人类物质生活等方面起着极为重要的作用。机电一体化将自动控制作为重要的支撑技术，自动控制装置是它的重要组成部分。

### 6. 接口技术

由于计算机的外围设备品种繁多，几乎都采用了机电传动设备，因此，CPU 在与 I/O 设备进行数据交换时存在速度、时序、信息格式、信息类型等不匹配的众多问题，要解决这些问题就需要掌握接口技术。机电一体化系统是机械、电子和信息等性能各异的技术融为一体的综合系统，其构成要素和子系统之间的接口极其重要。从系统外部看，输入/输出是系统与人、环境或其他系统之间的接口；从系统内部看，机电一体化系统是通过许多接口将各组成要素的输入/输出联系成一体的系统。因此，各要素及各子系统之间的接口性能就成为综合系统性能好坏的决定性因素。可以说机电一体化系统最重要的设计任务之一就是接口设计。

### 7. 系统总体技术

系统总体技术就是从整体目标出发，用系统的观点和方法，将机电一体化产品的总体功能分解成若干功能单元，找出能够完成各个功能的可能技术方案，再把功能与技术方案组合成方案组进行分析、评价，综合优选出适宜的功能技术方案。系统总体技术是最能体现机电一体化设计特点的技术，也是保证其产品工作性能和技术指标得以实现的关键技术。

在机电一体化产品中，机械、电气和电子是性能、规律截然不同的物理模型，因而存在匹配上的困难；电气、电子又有强电与弱电、模拟与数字之分，必然遇到相互干扰与耦合的问题；系统的复杂性会带来可靠性问题；产品的小型化增加了状态监测与维修的困难；多功能化造成诊断技术的多样性；等等。因此就要考虑产品整个生命周期的总体综合技术。

为了开发出具有较强竞争能力的机电一体化产品，系统总体设计除考虑优化设计外，还包括可靠性设计、标准化设计、系列化设计以及造型设计。

## 1.8 机电一体化的发展前景

### 1.8.1 机电一体化的发展状况

机电一体化技术的发展大体上可分为三个阶段。20 世纪 60 年代以前为第一阶段，这一阶段称为初期阶段。在这一时期，人们自觉或不自觉地利用电子技术的初步成果来完善机械产品的性能。

20 世纪 70 ~ 80 年代为第二阶段，可称为蓬勃发展阶段。这一时期，计算机技术、控制技术、通信技术的发展，为机电一体化的发展奠定了技术基础。大规模、超大规模集成电路和微型计算机的迅猛发展，为机电一体化技术的发展提供了充分的物质基础。

20 世纪 90 年代后期，开始了机电一体化技术向智能化方向迈进的新阶段，一方面光学、通信技术等进入了机电一体化，微细加工技术也在机电一体化中崭露头角，出现了光机电一体化和微机电一体化等新分支；另一方面对机电一体化系统的建模设计、分析和集成方法，机电一体化的学科体系和发展趋势都进行着深入研究。

我国是从 20 世纪 80 年代初才开始这方面研究和应用的。国务院成立了机电一体化领导小组并将该技术列为 "863 计划" 中。机械工业在制定 "九五" 规划和 2010 年发展纲要时充分考虑了国际上关于机电一体化技术的发展动向和由此可能带来的影响。经过 20 多年的努力，在航天、国防以及经济建设的一些重大工程带动下，我国已在机电一体化许多领域跻身于世界先进行列。

### 1.8.2 机电一体化的发展趋势

机电一体化是集机械、电子、光学、控制、计算机、信息等多学科的交叉融合，它的发展和进步依赖并促进相关技术的发展和进步。因此，今后机电一体化的主要发展方向有以下几个方面：

**1. 智能化**

智能化是 21 世纪机电一体化技术发展的一个重要发展方向。人工智能系统是一个知识处理系统，它包括知识表示、知识利用和知识获取三个基本问题，其最终目标是模拟人的问题求解、推理、学习。人工智能在机电一体化建设中的研究日益得到重视，机器人与数控机床的智能化就是重要应用。"智能化" 是对机器行为的描述，是在控制理论的基础上，吸收人工智能、运筹学、计算机科学、模糊数学、心理学、生理学和混沌动力学等新思想、新方法，模拟人类的智能，使它具有判断推理、逻辑思维、自主决策等能力，以求得到更高的控制目标。随着制造自动化程度的不断提高，将会出现智能制造系统控制器来模拟人类专家的智能制造活动，并会对制造中出现的问题进行分析、判断、推理、构思和决策。

**2. 模块化**

模块化是一项重要而又艰巨的工程。由于机电一体化产品种类和生产厂家繁多，研制和开发具有标准机械接口、电气接口、动力接口、环境接口的机电一体化产品单元是一项十分复杂但又是非常重要的事。例如，研制集减速、智能调速、电机于一体的动力单元，具有视觉、图像处理、识别和测距等功能的控制单元，以及各种能完成典型操作的机械装置。这样，可利用标准单元迅速开发出新的产品，同时也可扩大生产规模。显然，从电气产品的标准化、系列化带来的好处可以肯定，无论是对生产标准机电一体化单元的企业还是对生产机电一体化产品的企业，模块化将给机电一体化企业带来更大的收益。

### 3. 网络化

20 世纪 90 年代，计算机技术的突出成就是网络技术。各种网络将全球经济、生产连成一片，企业间的竞争也全球化。机电一体化新产品一旦研制出来，只要其功能独到，质量可靠，很快就会畅销全球。由于网络的普及，基于网络的各种远程控制和监视技术方兴未艾，而远程控制的终端设备本身就是机电一体化产品。现场总线和局域网技术使家用电器网络化已成大势，利用家庭网络（home net）将各种家用电器连接成以计算机为中心的计算机集成家电系统（computer integrated appliance system，CIAS），使人们在家里充分享受各种高技术带来的便利和快乐。因此，机电一体化产品无疑朝着网络化方向发展。

### 4. 微型化

微型化兴起于 20 世纪 80 年代末，是机电一体化向微型机器和微观领域发展的趋势。近 10 多年来，随着微机电系统（micro electro mechanic system，MEMS）的发展，其作为机电一体化技术的新尖端分支而备受重视，它一般泛指几何尺寸不超过 1 cm 厚度的机电一体化产品，并向微米、纳米级发展。微机电系统高度融合了微机械技术、微电子技术和软件技术，发展难点在于微机械并不是简单地将大尺寸的机械按比例缩小，由于结构的微型化，在材料、机构设计、摩擦特性、加工方法、测试与定位及驱动方式等方面都产生了一些特殊问题。由于微机电一体化产品体积小、耗能少、运动灵活，可进入一般机械无法进入的空间，并易于进行精细操作。在生物医学、航空航天、信息技术、工农业乃至国防等领域，都有广阔的应用前景。

### 5. 绿色化

工业的发达给人们生活带来了巨大变化：一方面物质丰富，生活舒适；另一方面资源减少，生态环境受到严重污染。于是人们呼吁保护环境资源，回归自然。绿色产品概念在这种呼声下应运而生，绿色化是时代的趋势。绿色产品在其设计、制造、使用和销毁的生命过程中，符合特定的环境保护和人类健康的要求，对生态环境无害或危害极少，资源利用率极高。机电一体化产品的绿色化主要是指使用时不污染生态环境，报废后能回收利用。工业的发展使得资源减少，生态环境受到严重污染。绿色化成了时代的趋势，产品的绿色化更成了适应未来发展的一大特色。因此，进入 21 世纪，机电一体化技术的使命是要能提供一种高性能、高原料利用率、低能耗、低污染、环境舒适和可回收的智能化机械产品，即提供一种能满足可持续性发展的绿色产品。

### 6. 人格化

目前，人因工程学越来越多地应用于计算机和信息技术（计算机界面、人机交互、互联网等）及其他领域应用之中。它以人为主要因素，运用人体科学知识于工程技术设计和作业管理，以人为本，着眼于提高人的工作绩效，防止人为失误，在尽可能地保障人员安全与舒适的前提下，有效地利用人、财、物、信息、时间等经营资源，统一考虑人—机器—环境系统的总体性能与优化。它以生物科学的方法，既要使机电产品的设计符合人的生理、心理特点，又要有利于人"安全、高效、舒适"，即"机宜人"，也要考虑通过培训和管理使人适应机器，即"人适机"。片面强调某一方面都不符合人因工程学原则。

另外，未来的机电一体化更加注重产品与人的关系，严格来讲机电一体化的人格化有两层含义：一层是机电一体化产品的最终使用对象是人，如何赋予机电一体化产品人的智能、情感、人性越来越显得重要，特别是对家用机器人，其高层境界就是人机一体化；另一层是模仿生物机理，即仿生学原理，通过该原理研制出各种机电一体化产品服务于人类。机器人是典型的机电一体化产品，智能制造离不开机器人，今后"人机共融"的机器人将是着力突破的发展方向。

## 【小结与拓展】

机电一体化作为一门新型的综合性学科，涉及的知识领域非常广泛。本章首先介绍机电一体化的概念、发展过程及其与机械电气化的根本区别，进而阐释其内涵和本质，并通过典型实例归纳出其优越性。其次通过机电一体化系统与人体各部位相对比，剖析系统的构成，从而指出分析机电一体化系统的基本途径。再次重点介绍机电一体化的理论基础与关键技术，明确系统论、信息论、控制论是机电一体化技术的理论基础和方法论。提出发展机电一体化技术所面临的共性关键技术，并分析它们在系统中所起的作用及其发展对机电一体化技术的影响等。最后通过回顾机电一体化技术的发展历程，展望机电一体化的主要发展方向和趋势。

机电一体化技术是在以微型计算机为代表的微电子技术、信息技术迅速发展向机械工业领域迅猛渗透并与机械电子技术深度结合的现代工业的基础上，综合应用机械技术、微电子技术、信息技术、自动控制技术、传感测试技术、电力电子技术、接口技术及软件编程技术等群体技术，从系统理论出发根据系统功能目标和优化组织结构目标，以智力、动力、结构、运动和感知组成要素为基础，对各组成要素及其间的信息处理、接口耦合、运动传递、物质运动、能量变换进行研究，使得整个系统有机结合与综合集成，并在系统程序和微电子电路的有序信息流控制下，形成物质的和能量的有规则运动，在高功能、高质量、高精度、高可靠性、低能耗等诸方面实现多种技术功能复合的最佳功能价值系统工程技术。

光机电一体化技术是由光学、光电子学、电子信息和机械制造及其他相关技术交叉与融合构成的综合性高新技术，也是诸多高新技术产业和高新技术装备的关键基础。它丰富和拓宽了光机电一体化技术的内涵和外延。

## 【思考与习题】

1-1. 简述机电一体化的内涵和本质。

1-2. 机电一体化系统的主要组成、作用及其特点是什么？

1-3. 应用机电一体化技术的突出特点是什么？

1-4. 传统机械、电子产品与机电一体化产品的主要区别是什么？

1-5. 机电一体化的主要关键技术有哪些？它们各自的作用是什么？

1-6. 结合实际说说机电一体化的作用与应用有哪些。

1-7. 根据自己观点，试论述机电一体化的发展趋势。

1-8. 试举几个日常生活中的机电一体化产品实例，并分析其系统构成。

1-9. 在机电一体化技术的基础上如何理解光机电一体化技术？

1-10. 结合所见实例及其存在缺陷谈谈今后机电一体化的发展趋势。

# 第2章 机电一体化精密传动技术

## 【目标与解惑】

（1）熟悉机电一体化精密传动技术；

（2）掌握精密传动技术传动比设计原则；

（3）掌握回转系统转动惯量对传动精度的影响；

（4）理解几种特殊的精密传动装置；

（5）了解间隙如何对传动精度产生影响。

*How to ensure*

机械臂这么精准的运动是如何保证的？精密机械的传动比应该如何确定？哪些因素会影响到精密机械的传动精度？精密传动机构装置有哪些？机械传动系统的误差会吞没控制系统的高精度吗？

## 2.1 机械系统设计概述

机电一体化机械系统是由计算机信息网络协调与控制的，用于完成包括机械力、运动和能量流等动力学任务的机械及机电部件相互联系的系统。其核心是由计算机控制的，包括机械、电力、电子、液压、光学等技术的伺服系统。它的主要功能是完成一系列机械运动，每一个机械运动可单独由控制电动机、传动机构和执行机构组成的子系统来完成，而这些子系统要由计算机协调和控制，以完成其系统功能要求。机电一体化机械系统的设计要从系统的角度进行合理化和最优化设计。

机电一体化系统的机械结构主要包括执行机构、传动机构和支撑部件。在机械系统设计时，除考虑一般机械设计要求外，还必须考虑机械结构因素与整个伺服系统的性能参数、电气参数的匹配，以获得良好的伺服性能。

### 2.1.1　机电一体化对传动精度的基本要求

机电一体化的机械系统与一般的机械系统相比，除要求较高的制造精度外，还应具有良好的动态响应特性，即快速响应和良好的稳定性。机电一体化系统中切不可因机械系统的传动误差而吞没机电控制系统的高精度。

**1. 高精度**

精度直接影响产品的质量，尤其是机电一体化产品，其技术性能、工艺水平和功能比普通的机械产品都有很大的提高，因此机电一体化机械系统的高精度是其首要的要求。如果机械系统的精度不能满足要求，则无论机电一体化产品其他系统工作再精确，也无法完成其预定的机械操作。

**2. 快速响应**

机电一体化系统的快速响应即是要求机械系统从接到指令到开始执行指令指定的任务之间的时间间隔短。这样系统才能精确地完成预定的任务要求，且控制系统也才能及时根据机械系统的运行情况得到信息，下达指令，使其准确地完成任务。

**3. 良好的稳定性**

机电一体化系统要求其机械装置在温度、振动等外界干扰的作用下依然能够正常稳定地工作，即系统抵御外界环境的影响和抗干扰能力强。

为确保机械系统的上述特性，在设计中通常提出无间隙、低摩擦、低惯量、高刚度、高谐振频率和适当的阻尼比等要求。此外机械系统还要求具有体积小、重量轻、可靠性高和寿命长等特点。

### 2.1.2　机械机构的主要种类

概括地讲，机电一体化机械系统应主要包括如下三大部分机构。

视频：传动比准则

**1. 传动机构**

机电一体化机械系统中的传动机构不仅仅是转速和转矩的变换器，而已成为伺服系统的一部分，它要根据伺服控制的要求进行选择设计，以满足整个机械系统良好的伺服性能。因此传动机构除了要满足传动精度的要求外，还要满足小型、轻量、高速、低噪声和高可靠性的要求。

**2. 导向机构**

导向机构的作用是支撑和导向，为机械系统中各运动装置能安全、准确地完成其特定方向的运动提供保障，一般指导轨、轴承等。

**3. 执行机构**

执行机构是用以完成操作任务的直接装置。执行机构根据操作指令的要求在动力源的带动下，完成预定的操作。一般要求它具有较高的灵敏度、精确度，良好的重复性和可靠性。由于计算机的强大功能，使传统的作为动力源的电动机发展为具有动力、变速与执行等多重功能的伺服电动机，从而大大地简化了传动和执行机构。

除以上三部分外，机电一体化系统的机械部分通常还包括机座、支架、壳体等。

### 2.1.3　精度设计的两个环节

机电一体化的机械系统设计主要包括两个环节：静态设计和动态设计。

**1. 静态设计**

静态设计是指依据系统的功能要求，通过研究制订出机械系统的初步设计方案。该方案只是一个初步的轮廓，包括系统主要零、部件的种类，各部件之间的连接方式，系统的控制方式，所需能源方式等。

有了初步设计方案后，开始着手按技术要求设计系统的各组成部件的结构、运动关系及参数；零件的材料、结构、制造精度确定；执行元件（如电动机）的参数、功率及过载能力的验算；相关元、部件的选择；系统的阻尼配置等，以上称为稳态设计。稳态设计保证了系统的静态特性要求。

**2. 动态设计**

动态设计是研究系统在频率域的特性，是借助静态设计的系统结构，通过建立系统组成各环节的数学模型和推导出系统整体的传递函数，利用自动控制理论的方法求得该系统的频率特性（幅频特性和相频特性）。系统的频率特性体现了系统对不同频率信号的反应，决定了系统的稳定性、最大工作频率和抗干扰能力。

静态设计是忽略了系统自身运动因素和干扰因素的影响状态下进行的产品设计，对于伺服精度和响应速度要求不高的机电一体化系统，静态设计就能够满足设计要求。对于精密和高速智能化机电一体化系统，环境干扰和系统自身的结构及运动因素对系统产生的影响会很大，因此必须通过调节各个环节的相关参数，改变系统的动态特性，以保证系统的功能要求。动态分析与设计过程往往会改变前期的部分设计方案，有时甚至会推翻整个方案，要求重新进行静态设计。

## 2.2 精密机械传动比设计原则

### 2.2.1 机电一体化系统对机械传动的要求

视频：传动比准则

机械传动是一种把动力机产生的运动和动力传递给执行机构的中间装置，是一种转矩和转速的变换器，其目的是在动力机与负载之间使转矩得到合理的匹配，并通过机构变换实现对输出的速度调节。

在机电一体化系统中，伺服电动机的伺服变速功能在很大程度上代替了传统机械传动中的变速机构，只有当伺服电动机的转速范围满足不了系统要求时，才通过传动装置变速。由于机电一体化系统对快速响应指标要求很高，因此机电一体化系统中的机械传动装置不仅仅是解决伺服电动机与负载间的力矩匹配问题，而更重要的是为了提高系统的伺服性能。为了提高机械系统的伺服性能，要求机械传动部件转动惯量小、摩擦小、阻尼合理、刚度大、抗振性好、间隙小，并满足小型、轻量、高速、低噪声和高可靠性等要求。

### 2.2.2 总传动比的确定

根据上面所述，机电一体化系统的传动装置在满足伺服电动机与负载的力矩匹配的同时，应具有较高的响应速度，即启动和制动速度。因此，在伺服系统中，通常采用负载角加速度最大原则选择总传动比，以提高伺服系统的响应速度。传动模型如图 2-1 所示。

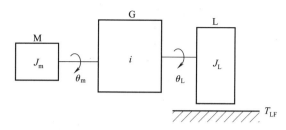

图 2-1　电动机、传动装置和负载的传动模型

$J_m$—电动机 M 转子的转动惯量；$\theta_m$—电动机 M 的角位移；$J_L$—负载 L 的转动惯量；

$T_{LF}$—摩擦阻转矩；$i$—齿轮系 G 的总传动比

根据传动关系有

$$i = \frac{\theta_m}{\theta_L} = \frac{\dot{\theta}_m}{\dot{\theta}_L} = \frac{\ddot{\theta}_m}{\ddot{\theta}_L} \tag{2-1}$$

式中：$\theta_m$、$\dot{\theta}_m$、$\ddot{\theta}_m$ 分别为电动机的角位移、角速度、角加速度；$\theta_L$、$\dot{\theta}_L$、$\ddot{\theta}_L$ 分别为负载的角位移、角速度、角加速度。

$T_{LF}$ 换算到电动机轴上的阻抗转矩为 $T_{LF}/i$；$J_L$ 换算到电动机轴上的转动惯量为 $J_L/i^2$。设 $T_m$ 为电动机的驱动转矩，在忽略传动装置惯量的前提下，根据旋转运动方程，电动机轴上的合转矩 $T_a$ 为

$$T_a = T_m - \frac{T_{LF}}{i} = \left(J_m + \frac{J_L}{i^2}\right)\ddot{\theta}_m = \left(J_m + \frac{J_L}{i^2}\right)i\,\ddot{\theta}_L$$

则

$$\ddot{\theta}_L = (T_m i - T_{LF})/(J_m i^2 + J_L) \tag{2-2}$$

式（2-2）中改变总传动比 $i$，则 $\ddot{\theta}_L$ 也随之改变。根据负载角加速度最大的原则，令 $\dfrac{\mathrm{d}\,\ddot{\theta}_L}{\mathrm{d}i} = 0$，则解得

$$i = \frac{T_{LF}}{T_m} + \sqrt{\left(\frac{T_{LF}}{T_m}\right)^2 + \frac{J_L}{J_m}}$$

若不计摩擦，即

$$T_{LF} = 0$$

则

$$i = \sqrt{J_L/J_m} \quad \text{或} \quad T_L/i^2 = T_m \tag{2-3}$$

式（2-3）表明，传动装置总传动比 $i$ 的最佳值就是 $J_L$ 换算到电动机轴上的转动惯量正好等于电动机转子的转动惯量 $J_m$，此时，电动机的输出转矩一半用于加速负载，另一半用于加速电动机转子，达到了惯性负载和转矩的最佳匹配。

当然，上述分析是忽略了传动装置的惯量影响而得到的结论，实际总传动比要依据传动装置的惯量估算适当选择大一点。当传动装置设计完以后，在动态设计时，通常将传动装置的转动惯量归算为负载折算到电动机轴上，并与实际负载一同考虑进行电动机响应速度验算。

### 2.2.3　传动链的级数和各级传动比的分配

机电一体化传动系统中，为既满足总传动比要求，又使结构紧凑，常采用多级齿轮副或蜗杆副等传动机构组成传动链。下面以齿轮传动链为例，介绍级数和各级传动比的分配原

则，这些原则对其他形式的传动链也有指导意义。

**1. 等效转动惯量最小原则**

齿轮系传递的功率不同，其传动比的分配也有所不同。

1）小功率传动装置

电动机驱动的二级齿轮传动系统如图 2-2 所示。由于功率小，假定各主动轮具有相同的转动惯量 $J_1$；轴与轴承转动惯量不计；各齿轮均为实心圆柱齿轮，且齿宽 $b$ 和材料均相同；效率损失不计。

则有

$$i_1 = \left(\sqrt{2}\, i\right)^{1/3}$$

$$i_2 = 2^{-1/6} i^{2/3}$$

(2-4)

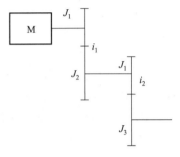

式中：$i_1, i_2$ 分别为齿轮系中第一、第二级齿轮副的传动比；$i$ 为齿轮系总传动比，$i = i_1 i_2$。

同理，对于 $n$ 级齿轮系

$$i_1 = 2^{\frac{2^n-n-1}{2(2^n-1)}} i^{\frac{1}{2^n-1}} \tag{2-5}$$

$$i_k = \sqrt{2}\left(\frac{i}{2^{\frac{n}{2}}}\right)^{\frac{2(k-1)}{2^n-1}} \tag{2-6}$$

由此可见，各级传动比分配的结果应遵循"前小后大"的原则。

图 2-2　电动机驱动的二级齿轮传动系统

**例 2-1**　设 $i = 80$，传动级数 $n = 4$ 的小功率传动，试按等效转动惯量最小原则分配传动比。

**解**：根据式（2-5）和式（2-6）计算如下：

$$i_1 = 2^{\frac{2^4-4-1}{2(2^4-1)}} \times 80^{\frac{1}{2^4-1}} = 1.726\ 8$$

$$i_2 = \sqrt{2}\left(\frac{80}{2^{4/2}}\right)^{\frac{2(2-1)}{2^4-1}} = 2.108\ 5$$

$$i_3 = \sqrt{2}\left(\frac{80}{2^{4/2}}\right)^{\frac{4}{15}} = 3.143\ 8$$

$$i_4 = \sqrt{2}\left(\frac{80}{2^2}\right)^{\frac{8}{15}} = 6.988\ 7$$

验算总传动比 $i = i_1 i_2 i_3 i_4 \approx 80$

以上是已知传动级数进行各级传动比的确定。若以传动级数为参变量，齿轮系中折算到电动机轴上的等效转动惯量 $J_e$ 与第一级主动齿轮的转动惯量 $J_1$ 之比为 $J_e/J_1$，其变化与总传动比 $i$ 的关系如图 2-3 所示。

2）大功率传动装置

大功率传动装置传递的转矩大，各级齿轮副的模数、齿宽、直径等参数逐级增加，各级齿轮的转动惯量差别很大。确定大功率传动装置的传动级数及各级传动比可依据图 2-4 ~ 图 2-6 来进行。传动比分配的基本原则仍应为"前小后大"。

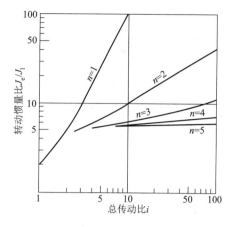

图 2-3　小功率传动装置确定传动级数曲线

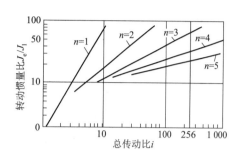

图 2-4　大功率传动装置确定传动级数曲线

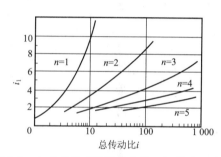

图 2-5　大功率传动装置确定第一级传动比曲线

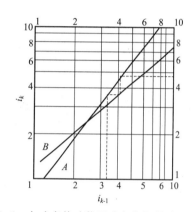

图 2-6　大功率传动装置确定各级传动比曲线

**例 2-2**　设有 $i = 256$ 的大功率传动装置，试按等效转动惯量最小原则分配传动比。

**解：**查图 2-4，得 $n = 3$，$J_e / J_1 = 70$；$n = 4$，$J_e / J_1 = 35$；$n = 5$，$J_e / J_1 = 26$。为兼顾到 $J_e / J_1$ 值的大小和传动装置结构紧凑，选 $n = 4$。查图 2-5，得 $i_1 = 3.3$。查图 2-6，在横坐标 $i_{k-1}$ 上 3.3 处作垂直线与 $A$ 线交于第一点，在纵坐标 $i_k$ 轴上查得 $i_2 = 3.7$。通过该点作水平线与 $B$ 线相交得第二点 $i_3 = 4.24$。由第二点作垂线与 $A$ 线相交得第三点 $i_4 = 4.95$。

验算 $i_1 i_2 i_3 i_4 = 256.26$，满足设计要求。

由上述分析可知，无论传递的功率大小如何，按"转动惯量最小"原则来分配，从高速级到低速级的各级传动比总是逐级增加的，而且级数越多，总等效惯量越小。但级数增加到一定数量后，总等效惯量的减少并不明显，而从结构紧凑、传动精度和经济性等方面考虑，级数不能太多。

**2. 质量最小原则**

质量方面的限制常常是伺服系统设计应考虑的重要问题，特别是用于航空、航天的传动装置，按"质量最小"的原则来确定各级传动比就显得十分必要。

1）大功率传动装置

对于大功率传动装置的传动级数确定主要考虑结构的紧凑性。在给定总传动比的情况下，传动级数过少会使大齿轮尺寸过大，导致传动装置体积和质量增大；传动级数过多会增加轴、轴承等辅助构件，导致传动装置质量增大。设计时应综合考虑系统的功能要求和环境因素，通常情况下传动级数要尽量的少。

大功率减速传动装置按"质量最小"原则确定的各级传动比表现为"前大后小"的传动比分配方式。减速齿轮传动的后级齿轮比前级齿轮的转矩要大得多，同样传动比的情况下齿厚、质量也大得多，因此减小后级传动比就相应减少了大齿轮的齿数和质量。

大功率减速传动装置的各级传动比可以按图 2-7 和图 2-8 选择。

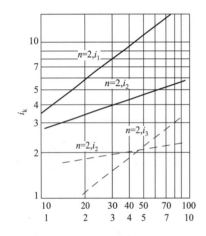

图 2-7　大功率减速传动装置两级传动比曲线
（$i < 10$ 时，使用图中的虚线）

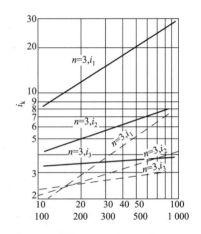

图 2-8　大功率减速传动装置三级传动比曲线
（$i < 100$ 时，使用图中的虚线）

**例 2-3**　设 $n = 2$，$i = 40$，求各级传动比。

**解：**查图 2-7 可得　$i_1 \approx 9.1$，$i_2 \approx 4.4$。

**例 2-4**　设 $n = 3$，$i = 202$，求各级传动比。

**解：**查图 2-8 可得　$i_1 \approx 12$，$i_2 \approx 5$，$i_3 \approx 3.4$。

2）小功率传动装置

对于小功率传动装置，按"质量最小"原则来确定传动比时，通常选择相等的各级传动比。在假设各主动小齿轮的模数、齿数均相等的特殊条件下，各大齿轮的分度圆直径均相等，因而每级齿轮副的中心距也相等。这样便可设计成图 2-9 所示的回曲式齿轮传动链；通过这种多级传动方式可得到较大的总传动比，同时，这种结构十分紧凑。

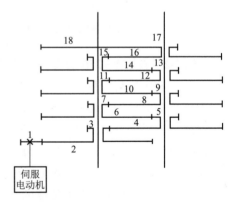

图 2-9　回曲式齿轮传动链

**3. 输出轴转角误差最小原则**

以图 2-10 所示四级齿轮减速传动链为例。四级传动比分别为 $i_1$、$i_2$、$i_3$、$i_4$，齿轮 1~8 的转角误差依次为 $\Delta\Phi_1 \sim \Delta\Phi_8$。该传动链输出轴的总转角误差 $\Delta\Phi_{max}$ 为

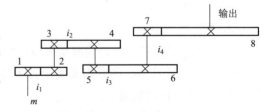

图 2-10　四级减速齿轮传动链

24

$$\Delta\Phi_{\max} = \frac{\Delta\Phi_1}{i_1 i_2 i_3 i_4} + \frac{\Delta\Phi_2 + \Delta\Phi_3}{i_2 i_3 i_4} + \frac{\Delta\Phi_4 + \Delta\Phi_5}{i_3 i_4} + \frac{\Delta\Phi_6 + \Delta\Phi_7}{i_4} + \Delta\Phi_8 \tag{2-7}$$

由式（2-7）可以看出，如果从输入端到输出端的各级传动比按"前小后大"原则排列，则总转角误差较小。而且低速级的误差在总误差中占的比重很大。因此，要提高传动精度，就应减少传动级数，并使末级齿轮的传动比尽可能大，制造精度尽量高。

**4. 三种原则的选择**

在设计齿轮传动装置时，上述三条原则应根据具体工作条件综合考虑。

（1）对于传动精度要求高的降速齿轮传动链，可按输出轴转角误差最小的原则设计。若为增速传动，则应在开始几级就增速。

（2）对于要求运转平稳、启停频繁和动态性能好的降速传动链，可按等效转动惯量最小原则和输出轴转角误差最小的原则设计。

（3）对于要求质量尽可能小的降速传动链，可按质量最小原则设计。

## 2.3 转动惯量对传动精度的影响

为了保证机电一体化系统具有良好的伺服特性，我们不仅要满足系统的静态特性，还必须利用自动控制理论的方法进行机电一体化系统的动态分析与设计。动态设计过程首先是针对静态设计的系统建立数学模型，然后用控制理论的方法分析系统的频率特性，找出并通过调节相关机械参数改变系统的伺服性能。

### 2.3.1　数学模型建立

机械系统的数学模型建立与电气系统数学模型建立基本相似，都是通过折算的办法将复杂的结构装置转换成等效的简单函数关系，数学表达式一般是线性微分方程（通常简化成二阶微分方程）。机械系统的数学模型分析的是输入（如电动机转子运动）和输出（如工作台运动）之间的相对关系。等效折算过程是将复杂结构关系的机械系统的惯量、弹性模量和阻尼（或阻尼比）等力学性能参数归一处理，从而通过数学模型来反映各环节的机械参数对系统整体的影响。

下面以数控机床进给传动系统为例，来介绍建立数学模型的方法。在图 2-11 所示的数控机床进给传动系统中，电动机通过两级减速齿轮 $z_1$、$z_2$、$z_3$、$z_4$ 及丝杠螺母副驱动工作台做直线运动。设 $J_1$ 为轴 I 部件和电动机转子构成的转动惯量；$J_2$、$J_3$ 为轴 II、III 部件构成的转动惯量；$K_1$、$K_2$、$K_3$ 分别为轴 I、II、III 的扭转刚度系数；$K$ 为丝杠螺母副及螺母底座部分的轴向刚度系数；$m$ 为工作台质量；$C$ 为工作台导轨黏性阻尼系数；$T_1$、$T_2$、$T_3$ 分别为轴 I、II、III 的输入转矩。

建立该系统的数学模型，首先是把机械系统中各基本物理量折算到传动链中的某个元件上（本例折算到轴 I 上），使复杂的多轴传动关系转化成单一轴运动，转化前后的系统总力学性能等效；然后，在单一轴基础上根据输入量和输出量的关系建立它的输入/输出的数学表达式（即数学模型）。根据该表达式进行的相关机械特性分析就反映了原系统的性能。在该系统的数学模型建立过程中，分别针对不同的物理量（如 $J$、$K$、$\omega$）求出相应的折算等效值。

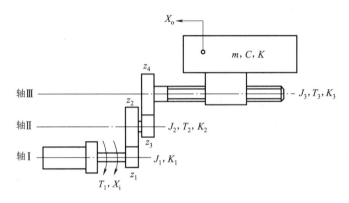

图 2-11　数控机床进给系统

机械装置的质量（惯量）、弹性模量和阻尼等机械特性参数对系统的影响是线性叠加关系，因此在研究各参数对系统的影响时，可以假设其他参数为理想状态，单独考虑特性关系。下面就机械装置的基本性能参数，分别讨论转动惯量、黏性阻尼系数和弹性变形系数的折算过程。

**1. 转动惯量的折算**

把轴Ⅰ、Ⅱ、Ⅲ上的转动惯量和工作台的质量都折算到轴Ⅰ上，作为系统的等效转动惯量。设 $T_1'$、$T_2'$、$T_3'$ 分别为轴Ⅰ、Ⅱ、Ⅲ的负载转矩，$\omega_1$、$\omega_2$、$\omega_3$ 分别为轴Ⅰ、Ⅱ、Ⅲ的角速度；$v$ 为工作台位移时的线速度。

1）Ⅰ、Ⅱ、Ⅲ轴转动惯量的折算

根据动力平衡原理，Ⅰ、Ⅱ、Ⅲ轴的力平衡方程分别是：

$$T_1 = J_1 \frac{\mathrm{d}\omega_1}{\mathrm{d}t} + T_1' \tag{2-8}$$

$$T_2 = J_2 \frac{\mathrm{d}\omega_2}{\mathrm{d}t} + T_2' \tag{2-9}$$

$$T_3 = J_3 \frac{\mathrm{d}\omega_3}{\mathrm{d}t} + T_3' \tag{2-10}$$

因为轴Ⅱ的输入转矩 $T_2$ 是由轴Ⅰ上的负载转矩获得的，且与它们的转速成反比，所以：

$$T_2 = \frac{z_2}{z_1} T_1'$$

又根据传动关系有：

$$\omega_2 = \frac{z_1}{z_2} \omega_1$$

把 $T_2$ 和 $\omega_2$ 值代入式（2-9），并将式（2-8）中的 $T_1$ 也代入，整理得

$$T_1' = J_2 \left(\frac{z_1}{z_2}\right)^2 \frac{\mathrm{d}\omega_1}{\mathrm{d}t} + \left(\frac{z_1}{z_2}\right) T_2' \tag{2-11}$$

同理

$$T_2' = J_3 \left(\frac{z_1}{z_2}\right)\left(\frac{z_3}{z_4}\right)^2 \frac{\mathrm{d}\omega_1}{\mathrm{d}t} + \left(\frac{z_3}{z_4}\right) T_3' \tag{2-12}$$

2）工作台质量折算到 I 轴

在工作台与丝杠间，$T_3'$ 驱动丝杠使工作台运动。

根据动力平衡关系有

$$T_3' \times 2\pi = m\left(\frac{\mathrm{d}v}{\mathrm{d}t}\right)P_\mathrm{h}$$

式中：$v$ 为工作台线速度；$P_\mathrm{h}$ 为丝杠导程。

即丝杠转动一周所做的功等于工作台前进一个导程时其惯性力所做的功。

又根据传动关系有

$$v = \frac{P_\mathrm{h}}{2\pi}\omega_3 = \frac{P_\mathrm{h}}{2\pi}\left(\frac{z_1}{z_2}\frac{z_3}{z_4}\right)\omega_1$$

把 $v$ 值代入上式整理后得

$$T_3' = \left(\frac{P_\mathrm{h}}{2\pi}\right)^2\left(\frac{z_1}{z_2}\frac{z_3}{z_4}\right)m\frac{\mathrm{d}\omega_1}{\mathrm{d}t} \tag{2-13}$$

3）折算到轴 I 上的总转动惯量

把式（2-11）～式（2-13）代入式（2-8）～式（2-10），消去中间变量并整理后求出电动机输出的总转矩 $T_1$ 为

$$T_1 = \left[J_1 + J_2\left(\frac{z_1}{z_2}\right)^2 + J_3\left(\frac{z_1}{z_2}\frac{z_3}{z_4}\right)^2 + m\left(\frac{z_1}{z_2}\frac{z_3}{z_4}\right)^2\left(\frac{P_\mathrm{h}}{2\pi}\right)^2\right]\frac{\mathrm{d}\omega_1}{\mathrm{d}t} = J_\Sigma\frac{\mathrm{d}\omega_1}{\mathrm{d}t} \tag{2-14}$$

其中

$$J_\Sigma = J_1 + J_2\left(\frac{z_1}{z_2}\right)^2 + J_3\left(\frac{z_1}{z_2}\frac{z_3}{z_4}\right)^2 + m\left(\frac{z_1}{z_2}\frac{z_3}{z_4}\right)^2\left(\frac{P_\mathrm{h}}{2\pi}\right)^2 \tag{2-15}$$

$J_\Sigma$ 为系统各环节的转动惯量（或质量）折算到轴 I 上的总等效转动惯量。其中 $J_2\left(\frac{z_1}{z_2}\right)^2$、$J_3\left(\frac{z_1}{z_2}\frac{z_3}{z_4}\right)^2$、$m\left(\frac{z_1}{z_2}\frac{z_3}{z_4}\right)^2\left(\frac{P_\mathrm{h}}{2\pi}\right)^2$ 分别为 II、III 轴转动惯量和工作台质量折算到 I 轴上的折算转动惯量。

**2. 黏性阻尼系数的折算**

机械系统工作过程中，相互运动的元件间存在着阻力，并以不同的形式表现出来，如摩擦阻力、流体阻力以及负载阻力等，这些阻力在建模时需要折算成与速度有关的黏滞阻尼力。

当工作台匀速转动时，轴 III 的驱动转矩 $T_3$ 完全用来克服黏滞阻尼力的消耗。考虑到其他各环节的摩擦损失比工作台导轨的摩擦损失小得多，故只计工作台导轨的黏性阻尼系数 $C$。根据工作台与丝杠之间的动力平衡关系有

$$T_3 \times 2\pi = CvP_\mathrm{h}$$

即丝杠转一周 $T_3$ 所做的功，等于工作台前进一个导程时其阻尼力所做的功。

根据力学原理和传动关系有

$$T_1 = \left(\frac{z_2}{z_1}\frac{z_4}{z_3}\right)^2\left(\frac{P_\mathrm{h}}{2\pi}\right)^2C\omega_1 = C'\omega_1 \tag{2-16}$$

式中：$C'$为工作台导轨折算到轴 I 上的黏性阻力系数，其计算式为

$$C' = \left(\frac{z_2}{z_1}\frac{z_4}{z_3}\right)^2\left(\frac{P_h}{2\pi}\right)^2 C \tag{2-17}$$

### 3. 弹性变形系数的折算

机械系统中各元件在工作时受力或力矩的作用，将产生轴向伸长、压缩或扭转等弹性变形，这些变形将影响到整个系统的精度和动态特性。建模时要将其折算成相应的扭转刚度系数或轴向刚度系数。

上例中，应先将各轴的扭转角都折算到轴 I 上来，丝杠与工作台之间的轴向弹性变形会使轴Ⅲ产生一个附加扭转角，也应折算到轴 I 上，然后求出轴 I 的总扭转刚度系数。同样，当系统在无阻尼状态下，$T_1$、$T_2$、$T_3$ 等输入转矩都用来克服机构的弹性变形。

1）轴向刚度的折算

当系统承担负载后，丝杠螺母副和螺母座都会产生轴向弹性变形，图 2-12 为它的等效作用图。在丝杠左端输入转矩 $T_3$ 的作用下，丝杠和工作台之间的弹性变形为 $\delta$，对应的丝杠附加扭转角为 $\Delta\theta_3$。根据动力平衡原理和传动关系，在丝杠轴Ⅲ上有

$$T_3 2\pi = K\delta P_h$$

$$\delta = \frac{\Delta\theta_3}{2\pi}P_h$$

所以

$$T_3 = \left(\frac{P_h}{2\pi}\right)^2 K\Delta\theta_3 = K'\Delta\theta_3$$

式中：$K'$为附加扭转刚度系数，其计算式为

$$K' = \left(\frac{P_h}{2\pi}\right)^2 K \tag{2-18}$$

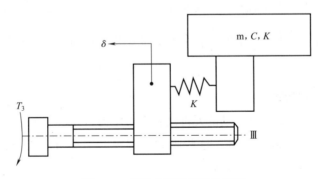

图 2-12　弹性变形的等效作用图

2）扭转刚度系数折算

在图 2-11 中，设 $\theta_1$、$\theta_2$、$\theta_3$ 分别为轴 I 、Ⅱ、Ⅲ在输入转矩 $T_1$、$T_2$、$T_3$ 的作用下产生的扭转角。根据动力平衡原理和传动关系有

$$\theta_1 = \frac{T_1}{K_1}$$

$$\theta_2 = \frac{T_2}{K_2} = \left(\frac{z_2}{z_1}\right)\frac{T_1}{K_2}$$

$$\theta_3 \; = \; \frac{T_3}{K_3} \; = \; \left( \frac{z_2}{z_1} \, \frac{z_4}{z_3} \right) \frac{T_1}{K_3}$$

由于丝杠和工作台之间轴向弹性变形使轴Ⅲ附加了一个扭转角 $\Delta\theta_3$，因此轴Ⅲ上的实际扭转角 $\theta_{\mathrm{Ⅲ}}$ 为 $\qquad \theta_{\mathrm{Ⅲ}} = \theta_3 + \Delta\theta_3$

将 $\theta_3$、$\Delta\theta_3$ 值代入，则有

$$\theta_{\mathrm{Ⅲ}} \; = \; \frac{T_3}{K_3} + \frac{T_3}{K'} \; = \; \left( \frac{z_2}{z_1} \, \frac{z_4}{z_3} \right) \left( \frac{1}{K_3} + \frac{1}{K'} \right) T_1$$

将各轴的扭转角折算到轴Ⅰ上得轴Ⅰ的总扭转角为

$$\theta \; = \; \theta_1 + \left( \frac{z_2}{z_1} \right) \theta_2 + \left( \frac{z_2}{z_1} \, \frac{z_4}{z_3} \right) \theta_{\mathrm{Ⅲ}}$$

将 $\theta_1$、$\theta_2$、$\theta_{\mathrm{Ⅲ}}$ 值代入上式，有

$$\theta = \frac{T_1}{K_1} + \left( \frac{z_2}{z_1} \right)^2 \frac{T_1}{K_2} + \left( \frac{z_2}{z_1} \, \frac{z_4}{z_3} \right)^2 \left( \frac{1}{K_3} + \frac{1}{K'} \right) T_1 = \left[ \frac{1}{K_1} + \left( \frac{z_2}{z_1} \right)^2 \frac{1}{K_2} + \left( \frac{z_2}{z_1} \, \frac{z_4}{z_3} \right)^2 \left( \frac{1}{K_3} + \frac{1}{K'} \right) \right] T_1 = \frac{T_1}{K_\Sigma}$$

$$(2\text{-}19)$$

式中：$K_\Sigma$ 为折算到轴Ⅰ上的总扭转刚度系数，其计算式为

$$K_\Sigma \; = \; \frac{1}{\dfrac{1}{K_1} + \left( \dfrac{z_2}{z_1} \right)^2 \dfrac{1}{K_2} + \left( \dfrac{z_2}{z_1} \, \dfrac{z_4}{z_3} \right)^2 \left( \dfrac{1}{K_3} + \dfrac{1}{K'} \right)} \qquad (2\text{-}20)$$

### 4. 建立系统的数学模型

根据以上的参数折算，建立系统动力平衡方程和推导数学模型。

设输入量为轴Ⅰ的输入转角 $X_{\mathrm{i}}$；输出量为工作台的线位移 $X_{\mathrm{o}}$。根据传动原理，把 $X_{\mathrm{o}}$ 折算成轴Ⅰ的输出角位移 $\Phi$。在图 2-11 中，轴Ⅰ上根据动力平衡原理有

$$J_\Sigma \frac{\mathrm{d}^2 \Phi}{\mathrm{d} t^2} + C' \frac{\mathrm{d} \Phi}{\mathrm{d} t} + K_\Sigma \Phi = K_\Sigma X_{\mathrm{i}} \qquad (2\text{-}21)$$

又因为

$$\Phi \; = \; \left( \frac{2\pi}{P_{\mathrm{h}}} \right) \left( \frac{z_2}{z_1} \, \frac{z_4}{z_3} \right) X_{\mathrm{o}} \qquad (2\text{-}22)$$

因此，动力平衡关系可以写成下式

$$J_\Sigma \frac{\mathrm{d}^2 X_{\mathrm{o}}}{\mathrm{d} t^2} + C' \frac{\mathrm{d} X_{\mathrm{o}}}{\mathrm{d} t} + K_\Sigma X_{\mathrm{o}} = \left( \frac{z_1}{z_2} \, \frac{z_3}{z_4} \right) \left( \frac{P_{\mathrm{h}}}{2\pi} \right) K_\Sigma X_{\mathrm{i}} \qquad (2\text{-}23)$$

这就是机床进给系统的数学模型，它是一个二阶线性微分方程。其中 $J_\Sigma$、$C'$、$K_\Sigma$ 均为常数。通过对式（2-15）进行拉氏变换求得该系统的传递函数为

$$G(s) \; = \; \frac{X_{\mathrm{o}}(s)}{X_{\mathrm{i}}(s)} = \frac{\left( \dfrac{z_1}{z_2} \, \dfrac{z_3}{z_4} \right) \left( \dfrac{P_{\mathrm{h}}}{2\pi} \right) K_\Sigma}{J_\Sigma s^2 + C' s + K_\Sigma} = \left( \frac{z_1}{z_2} \, \frac{z_3}{z_4} \right) \left( \frac{P_{\mathrm{h}}}{2\pi} \right) \frac{\omega_{\mathrm{n}}^2}{s^2 + 2\xi \omega_{\mathrm{n}} s + \omega_{\mathrm{n}}^2} \qquad (2\text{-}24)$$

式中：$\omega_{\mathrm{n}}$ 为系统的固有频率，

$$\omega_{\mathrm{n}} \; = \; \sqrt{K_\Sigma / J_\Sigma} \; ; \qquad (2\text{-}25)$$

$\xi$ 为系统的阻尼比，

$$\xi \; = \; C' / (2 \sqrt{J_\Sigma K_\Sigma}) \; 。 \qquad (2\text{-}26)$$

$\omega_n$ 和 $\xi$ 是二阶系统的两个特征量，它们是由惯量（质量）、摩擦阻力系数、弹性变形

系数等结构参数决定的。对于电气系统，$\omega_n$ 和 $\xi$ 则由 $R$、$C$、$L$ 物理量组成，它们具有相似的特性。

将 $s = j\omega$ 代入式（2-24），可求出 $A(\omega)$ 和 $\Phi(\omega)$，即该机械传动系统的幅频特性和相频特性。由 $A(\omega)$ 和 $\Phi(\omega)$ 可以分析出系统输入输出之间不同频率的输入（或干扰）信号对输出幅值和相位的影响，从而反映了系统在不同精度要求状态下的工作频率和对不同频率干扰信号的衰减能力。

### 2.3.2 机械参数对传动精度的影响

机电一体化的机械系统要求精度高、运动平稳、工作可靠，这不仅仅是静态设计（机械传动和结构）所能解决的问题，而是要通过对机械传动部分与伺服电动机的动态特性进行分析，调节相关力学性能参数，达到优化系统性能的目的。

通过以上分析可知，机械传动系统的性能与系统本身的阻尼比 $\xi$、固有频率 $\omega_n$ 有关。$\omega_n$、$\xi$ 又与机械系统的结构参数密切相关。因此，机械系统的结构参数对伺服系统性能有很大影响。

#### 1. 阻尼的影响

一般机械系统均可简化为二阶系统，系统中阻尼的影响可以由二阶系统单位阶跃响应曲线来说明。由图 2-13 可知，阻尼比不同的系统，其时间响应特性也不同。

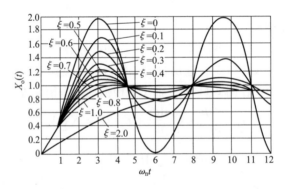

图 2-13  二阶系统单位阶跃响应曲线

（1）当阻尼比 $\xi = 0$ 时，系统处于等幅持续振荡状态，因此系统不能无阻尼。

（2）当 $\xi \geqslant 1$ 时，系统为临界阻尼或过阻尼系统。此时过渡过程无振荡，但响应时间较长。

（3）当 $0 < \xi < 1$ 时，系统为欠阻尼系统，此时系统在过渡过程中处于减幅振荡状态，其幅值衰减的快慢取决于衰减系数 $\xi$。在 $\omega_n$ 确定以后，$\xi$ 越小，其振荡越剧烈，过渡过程越长。相反，$\xi$ 越大，则振荡越小，过渡过程越平稳，系统稳定性越好，但响应时间较长，系统灵敏度降低。

因此，在系统设计时，应综合考虑其性能指标，一般取 $0.5 < \xi < 0.8$ 的欠阻尼系统，既能保证振荡在一定的范围内，过渡过程较平稳，过渡过程时间较短，又具有较高的灵敏度。

#### 2. 摩擦的影响

当两个物体产生相对运动或有运动趋势时，其接触面要产生摩擦。摩擦力可分为黏性摩擦力、库仑摩擦力和静摩擦力三种，方向均与运动趋势方向相反。

图 2-14 反映了三种摩擦力与物体运动速度之间的关系。当负载处于静止状态时，摩擦力为静摩擦力 $F_s$，其最大值发生在运动开始前的一瞬间；当运动一开始，静摩擦力即消失，此时摩擦力立即下降为动摩擦（库仑摩擦）力 $F_c$，库仑摩擦力是接触面对运动物体的阻力，大小为一常数；随着运动速度的增加，摩擦力呈线性增加，此时摩擦力为黏性摩擦力 $F_v$。由此可见，只有物体运动后的黏性摩擦力是线性的，而当物体静止和刚开始运动时，其摩擦是非线性的。摩擦对伺

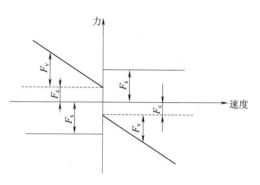

图 2-14　摩擦力与速度关系曲线

服系统的影响主要有：引起动态滞后，降低系统的响应速度，导致系统误差和低速爬行。

在图 2-15 所示机械系统中，设系统的弹簧刚度为 $K$。如果系统开始处于静止状态，当输入轴以一定的角速度转动时，由于静摩擦力矩 $T$ 的作用，在 $\theta_i \leqslant \left| \dfrac{T_s}{K} \right|$ 范围内，输出轴将不会运动，$\theta_i$ 值即为静摩擦引起的传动死区。在传动死区内，系统将在一段时间内对输入信号无响应，从而造成误差。

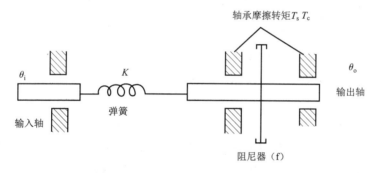

图 2-15　力传递与弹性变形示意图

当输入轴以恒速 $\Omega$ 继续运动，在 $\theta_i > \left| \dfrac{T_s}{K} \right|$ 后，输出轴也以恒速 $\Omega$ 运动，但始终滞后输入轴一个角度 $\theta_{ss}$，若黏滞摩擦系数为 $f$，则有

$$\theta_{ss} = \frac{f\Omega}{K} + \frac{T_c}{K} \tag{2-27}$$

式中：$f\Omega/K$ 为黏滞摩擦引起的动态滞后；$T_c/K$ 为库仑摩擦所引起的动态滞后；$\theta_{ss}$ 为系统的稳态误差。

由以上分析可知，当静摩擦大于库仑摩擦，且系统在低速运行时（忽略黏性摩擦力引起的滞后），在驱动力引起弹性变形的作用下，系统总是在启动、停止的交替变化之中运动，该现象被称为低速爬行现象，低速爬行导致系统运行不稳定。爬行一般出现在某个临界转速以下，而在高速运行时并不出现。

设计机械系统时，应尽量减少静摩擦和降低动、静摩擦的差值，以提高系统的精度、稳定性和快速响应性。因此，机电一体化系统中，常常采用摩擦性能良好的塑料——金属滑动

导轨，滚动导轨，滚珠丝杠，静、动压导轨；静、动压轴承，磁轴承等新型传动件和支撑件，并设计出专用结构保障良好的润滑。

此外，适当地增加系统的惯量 $J$ 和黏性摩擦系数 $f$ 也有利于改善低速爬行现象，但惯量增加将引起伺服系统响应性能的降低；增加黏性摩擦系数 $f$ 也会增加系统的稳态误差，故设计时必须权衡利弊，妥善处理。

**3. 弹性变形的影响**

机械传动系统的结构弹性变形是引起系统不稳定和产生动态滞后的主要因素，稳定性是系统正常工作的首要条件。当伺服电动机带动机械负载按指令运动时，机械系统所有的元件都会因受力而产生不同程度的弹性变形。由式（2-25）和式（2-26）知，其固有频率与系统的阻尼、惯量、摩擦、弹性变形等结构因素有关。当机械系统的固有频率接近或落入伺服系统带宽之中时，系统将产生谐振而无法工作。因此为避免机械系统由于弹性变形而使整个伺服系统发生结构谐振，一般要求系统的固有频率 $\omega_n$ 要远远高于伺服系统的工作频率。通常采取提高系统刚度、增加阻尼、调整机械构件质量和自振频率等方法来提高系统抗振性，防止谐振的发生。

采用弹性模量高的材料，合理选择零件的截面形状和尺寸，对轴承、丝杠等支撑件施加预加载荷等方法均可以提高零件的刚度。在多级齿轮传动中，增大末级减速比可以有效地提高末级输出轴的折算刚度。

另外，在不改变机械结构固有频率的情况下，通过增大阻尼也可以有效地抑制谐振。因此，许多机电一体化系统设有阻尼器以使振荡迅速衰减。

总之，转动惯量对伺服系统的精度、稳定性、动态响应都有影响。惯量大，系统的机械常数大，响应慢。由式（2-26）可以看出，惯量大，$\xi$ 值将减小，从而使系统的振荡增强，稳定性下降；由式（2-25）可知，惯量大，会使系统的固有频率下降，容易产生谐振，因而限制了伺服带宽，影响了伺服精度和响应速度。惯量的适当增大只有在改善低速爬行时有利。因此，机械设计时在不影响系统刚度的条件下，应尽量减小惯量。

### 2.3.3 间隙对传动精度的影响

机械系统中存在着许多间隙，如齿轮传动间隙、螺旋传动间隙等。这些间隙对伺服系统性能有很大影响，下面以齿轮间隙为例进行分析。

图 2-16 所示为一典型旋转工作台伺服系统框图。图中所用齿轮根据不同要求有不同的用途，有的用于传递信息（$G_1$、$G_3$），有的用于传递动力（$G_2$、$G_4$），有的在系统闭环之内（$G_2$、$G_3$），有的在系统闭环之外（$G_1$、$G_4$）。由于它们在系统中的位置不同，其齿隙的影响也不同。

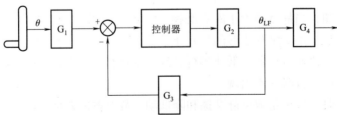

图 2-16　典型旋转工作台伺服系统框图

（1）闭环之外的齿轮 $G_1$、$G_4$ 的齿隙，对系统稳定性无影响，但影响伺服精度。由于齿隙的存在，在传动装置逆运行时造成回程误差，使输出轴与输入轴之间呈非线性关系，输出滞后于输入，影响系统的精度。

（2）闭环之内传递动力的齿轮 $G_2$ 的齿隙，对系统静态精度无影响，这是因为控制系统有自动校正作用。又由于齿轮副的啮合间隙会造成传动死区，若闭环系统的稳定裕度较小，则会使系统产生自激振荡，因此闭环之内动力传递齿轮的齿隙对系统的稳定性有影响。

（3）反馈回路上数据传递齿轮 $G_3$ 的齿隙既影响稳定性，又影响精度。

因此，应尽量减小或消除间隙。目前在机电一体化系统中，广泛采取各种机械消隙机构来消除齿轮副、螺旋副等传动副的间隙（相关内容在机械设计中已有讲解）。

视频：齿轮传动间隙<br>的消除方法

## 2.4 几种特殊的精密传动装置

机电一体化系统作为一个整体要求各个环节均能具有较高的精度。影响系统传动精度的因素除控制系统的信息处理速度和信息传输滞后因素外，机械系统的机械传递装置及其参数对其影响也非常大。本节就精密传动机构装置进行详细的介绍。

### 2.4.1 谐波齿轮传动

谐波齿轮传动是由美国学者麦塞尔发明的一种具有重大突破的传动技术，其原理是依靠柔性齿轮所产生的可控制弹性变形波，引起齿间的相对位移来传递动力和运动的。我国 1978 年成功研究了谐波传动减速器，并成功地应用在发射机调谐机构件中。1980 年该项成果荣获了电子工业部优秀科技成果奖。

**1. 谐波齿轮传动的工作原理**

如图 2-17 所示，谐波齿轮传动主要由波形发生器 H、柔轮 1 和刚轮 2 组成。柔轮具有外齿，刚轮具有内齿，它们的齿形为三角形或渐开线形。其齿距 $P$ 相等，但齿数不同。刚轮的齿数 $z_g$ 比柔轮齿数 $z_r$ 多。柔轮的轮缘极薄，刚度很小，在未装配前，柔轮是圆形的。由于波形发生器的直径比柔轮内圆的直径略大，所以当波形发生器装入柔轮的内圆时，

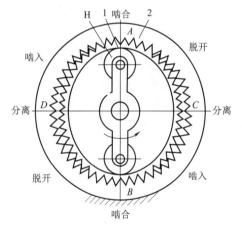

图 2-17 谐波齿轮传动<br>1—柔轮；2—刚轮；H—波形发生器

就迫使柔轮变形，呈椭圆形。在椭圆长轴的两端（图中 $A$ 点、$B$ 点），刚轮与柔轮的轮齿完全啮合；而在椭圆短轴的两端（图中 $C$ 点、$D$ 点），两轮的轮齿完全分离；长短轴之间的齿则处于半啮合状态，即一部分正在啮入，另一部分正在脱出。

图 2-17 所示的波形发生器有两个触头，称双波发生器。其刚轮与柔轮的齿数相差为 2，周长相差 2 个齿距的弧长。当波形发生器转动时，迫使柔轮的长短轴的方向随之发生变化，柔轮与刚轮上的齿依次进入啮合。柔轮和刚轮在节圆处的啮合过程，如同两个纯滚动的圆环一样，它们在任一瞬间转过的弧长都必须相等。

**2. 谐波齿轮传动的特点**

与一般齿轮传动相比，谐波齿轮传动具有如下优点：

（1）传动比大。单级谐波齿轮的传动比为 70～500，多级和复式传动的传动比更大，可达 30 000 以上。不仅用于减速，还可用于增速。

（2）承载能力大。谐波齿轮传动同时啮合的齿数多，可达柔轮或刚轮齿数的 30%～40%，因此能承受大的载荷。

（3）传动精度高。由于啮合齿数较多，因而误差得到均化。同时，通过调整，齿侧间隙较小，回差较小，因而传动精度高。

（4）可以向密封空间传递运动或动力。当柔轮被固定后，它既可以作为密封传动装置的壳体，又可以产生弹性变形，即完成错齿运动，从而达到传递运动或动力的目的。因此，它可以用来驱动在高真空、有原子辐射或其他有害介质的空间工作的传动机构。这一特点是现有其他传动机构所无法比拟的。

（5）传动平稳，基本上无冲击振动。这是由于齿的啮入与啮出按正弦规律变化，无突变载荷和冲击，磨损小，无噪声。

（6）传动效率较高。单级传动的效率一般在 69%～96%，寿命长。

（7）结构简单、体积小、质量小。

谐波齿轮传动的缺点如下：

（1）柔轮承受较大的交变载荷，对柔轮材料的抗疲劳强度、加工和热处理要求较高，工艺也比较复杂。

（2）传动比的下限值较高。

（3）不能做成交叉轴和相交轴的结构。

谐波齿轮传动到目前已有不少厂家专门生产，并形成系列化。用于如机器人、无线电天线伸缩器、手摇式谐波传动增速发电机、雷达、射电望远镜、卫星通信地面站天线的方位和俯仰传动机构、电子仪器、仪表、精密分度机构、小侧隙和零侧隙传动机构等。

**3. 谐波齿轮的传动比计算**

谐波齿轮传动中，刚轮、柔轮和波形发生器这三个基本构件，其中任何一个都可作为主动件，其余两个一个作为从动件，另一个作为固定件。设波形发生器相当于行星轮系的转臂 H，柔轮相当于行星轮 r，刚轮相当于中心轮 g，则有

$$i_{rg}^{H} = \frac{\omega_r - \omega_H}{\omega_g - \omega_H} = \frac{z_g}{z_r} \tag{2-28}$$

按式（2-28），单级谐波齿轮传动的传动比可按表 2-1 计算。

表 2-1　单级谐波齿轮传动的传动比

| 三个基本构件 | | | 传动比计算 | 功能 | 输入与输出运动的方向关系 |
|---|---|---|---|---|---|
| 固定 | 输入 | 输出 | | | |
| 刚轮 2 | 波形发生器 H | 柔轮 1 | $i_{H1}^{2} = -z_r/(z_g - z_r)$ | 减速 | 异向 |
| 刚轮 2 | 柔轮 1 | 波形发生器 H | $i_{1H}^{2} = -(z_g - z_r)/z_r$ | 增速 | 异向 |
| 柔轮 1 | 波形发生器 H | 刚轮 2 | $i_{H2}^{1} = z_g/(z_g - z_r)$ | 减速 | 同向 |
| 柔轮 1 | 刚轮 2 | 波形发生器 H | $i_{2H}^{1} = (z_g - z_r)/z_g$ | 增速 | 同向 |

图 2-18（a）所示为波形发生器输入、刚轮固定、柔轮输出工作图，图 2-18（b）所示为波形发生器输入、柔轮固定、刚轮输出工作图。

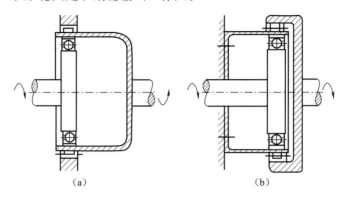

图 2-18　谐波齿轮的传动比计算

（a）波形发生器输入、刚轮固定、柔轮输出；（b）波形发生器输入、柔轮固定、刚轮输出

**4. 谐波齿轮传动中柔轮与刚轮材料**

（1）柔轮。柔轮处在反复弹性变形的状态下工作，需选用强度和耐疲劳性能好的合金结构钢来制造，如轴承钢、铬钢、铬锰硅钢、铬锰钛钢、铬钼钒钢等。目前较普通的有 35CrMoSiA、60SiZ、50CrMn、40Cr 等。对小功率的传动装置，有时也可选用尼龙 1010、尼龙 6 和含氟塑料等材料。

（2）刚轮。刚轮材料可用 45 钢、40Cr 或用高强度铸铁、球墨铸铁等，与钢制柔轮组成减摩运动副。

**5. 谐波齿轮减速器**

图 2-19 所示为单级谐波齿轮减速器。高速轴 1 带动波形发生器凸轮 3，经柔性轴承 4 使柔轮 2 的齿产生弹性变形，柔轮 2 的齿与刚轮 5 的齿相互作用，实现减速功能。

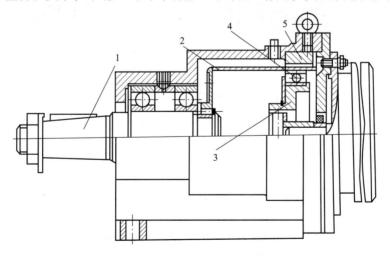

图 2-19　单级谐波齿轮减速器

1—高速轴；2—柔轮；3—波形发生器凸轮；4—柔性轴承；5—刚轮

单级谐波齿轮减速器的型号由产品代号、规格代号和精度等级三部分组成。例如：XBD 100-125-250-Ⅱ，表示为

XBD：产品代号。表示卧式双轴伸型谐波齿轮减速器（电子工业部标准）；

100：柔轮内径为 100 mm；

125：传动比为 125（每种机型有 3～5 种传动比）；

250：输出转矩为 250 N·m；

Ⅱ：精度等级，Ⅰ级为精密级，Ⅱ级为普通级。

谐波齿轮减速器是机器人关节中常用的关节装置，各种规格的谐波齿轮减速器的有关参数和技术指标可参见标准 SJ2604-85。

### 2.4.2 滚珠传动装置

螺旋传动中最常见的是滑动螺旋传动。但是，由于滑动螺旋传动的接触面间存在着较大的滑动摩擦阻力，故其传动效率低，磨损快，精度不高，使用寿命短，已不能适应机电一体化设备与产品在高速度、高效率、高精度等方面的要求。滚珠丝杠螺母副则是为了适应机电一体化机械传动系统的要求而发展起来的一种新型传动机构。

#### 1. 滚珠花键传动

滚珠花键传动装置由花键轴、花键套、循环装置及滚珠等组成，如图 2-20 所示。在花键轴 8 的外圆上，配置有等分的三条凸缘。凸缘的两侧，就是花键轴的滚道。同样，在花键套上也有相对应的六条滚道。滚珠就位于花键轴和花键套的滚道之间。于是滚动花键副内就形成了六列负荷滚珠，每三列传递一个方向的力矩。当花键轴 8 与花键套 4 做相对转动或相对直线运动时，滚珠就在滚道和保持架 1 内的通道中循环运动。因此，花键套与花键轴之间，既可做灵敏、轻便的相对直线运动，也可以轴带套或以套带轴做回转运动。所以滚动花键副既是一种传动装置，又是一种新颖的直线运动支撑。

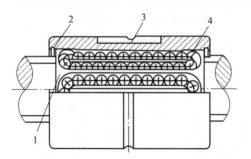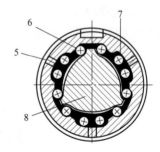

图 2-20 滚珠花键传动装置

1—保持架；2—橡皮密封圈；3—键槽；4—外筒；5—油孔；6—负荷滚珠列；7—退出滚珠列；8—花键轴

花键套开有键槽以备连接其他传动件，保持架使滚珠互不摩擦，并通过油孔润滑以减少摩擦。且拆卸时不会脱落，用橡皮密封垫防尘以提高使用寿命。

如图 2-21 所示，滚珠中心圆为半径 $r_0$，滚珠与花键套和花键轴滚道的接触角为 $\alpha = 45°$。因此滚珠花键既能承受径向载荷，又能传递力矩。滚道的曲率半径 $r = (0.52 \sim 0.54)d_b$（滚珠直径），所以承载能力较大。通过选配滚珠的直径，使滚珠花键副内产生过盈（即预加载荷），可以提高接触刚度、运动精度和抗

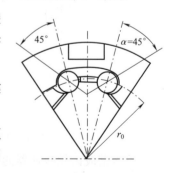

图 2-21 滚珠花键工作图

冲击的能力。滚珠花键传动主要用于高速场合，运动速度可达 60 m/min。

滚珠花键传动目前广泛地用于镗床、钻床、组合机床等的主轴部件；各类测量仪器、自动绘图仪中的精密导向机构；压力机、自动搬运机等机械的导向轴；各类变速装置及刀架的精密分度轴以及各类工业机器人的执行机构等。滚珠花键副 1979 年荣获日本发明振兴协会的"发明大奖"。

**2. 滚珠丝杠传动**

1）工作原理

螺旋槽的丝杠螺母间装有滚珠作为中间元件的传动机构称为滚珠丝杠副，如图 2-22 所示。当丝杠或者螺母转动时，滚珠沿螺旋槽滚动，滚珠在丝杠上滚过数圈后，通过回程引导装置，逐个地滚回到丝杠和螺母之间，构成了一个闭合的循环回路。这种机构把丝杠和螺母之间的滑动摩擦变成滚动摩擦。

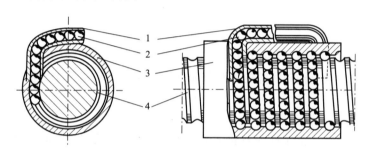

视频：滚珠丝杠

图 2-22　滚珠丝杠副
1—插管式回珠器；2—滚珠；3—螺母；4—丝杠

2）滚珠丝杠副的特点

滚珠丝杠副与滑动丝杠副相比，具有其明显的特点。

（1）传动效率高、摩擦损失小。丝杠螺母副的传动效率 $\eta$ 为

$$\eta = \frac{\tan\lambda}{\tan(\lambda + \psi)} \tag{2-29}$$

式中：$\lambda$ 为中径处的螺旋线升角；$\psi$ 为当量摩擦角（对于滚珠丝杠为 $8' \sim 12'$）。

滚动摩擦阻力很小，实验测得的摩擦系数一般为 $0.002\,5 \sim 0.003\,5$，因而传动效率很高，可达 $0.92 \sim 0.96$（滑动丝杠为 $0.2 \sim 0.4$），相当于普通滑动丝杠副的 $3 \sim 4$ 倍。这样滚珠丝杠副相对于滑动丝杠副来说，仅用较小的扭矩就能获得较大的轴向推力，功率损耗只有滑动丝杠副的 $1/4 \sim 1/3$，这对于机械传动系统小型化、快速响应能力及节省能源等方面，都具有重要意义。

（2）传动的可逆性、不可自锁性。一般的螺旋传动是指其正传动，即把回转运动转变成直线运动。而滚珠丝杠副不仅能实现正传动，还能实现逆传动——将直线运动变为旋转运动。这种运动上的可逆性是滚珠丝杠副所独有的，而且逆传动效率同样高达 90% 以上。滚珠丝杠副传动的特点，可使其开拓新的机械传动系统，但其应用范围也受到限制，在一些不允许产生逆运动的地方，如横梁的升降系统等，必须增设制动或自锁机构才可使用。

（3）传动精度高。传动精度主要是指进给精度和轴向定位精度。滚珠丝杠副属于精密机械传动机构，丝杠与螺母经过淬硬和精磨后，本身就具有较高的定位精度和进给精度。高

精度滚珠丝杠副，任意 300 mm 的导程累积误差为 4 μm/300 mm。

滚珠丝杠副采用专门的设计，可以调整到完全消除轴向间隙，而且还可以施加适当的预紧力，在不增加驱动力矩和基本不降低传动效率的前提下，提高轴向刚度，可进一步提高正向、反向传动精度。

滚珠丝杠副的摩擦损失小，因而工作时本身温度变化很小，丝杠尺寸稳定，有利于提高传动精度。由于滚动摩擦的启动摩擦阻力很小，所以滚珠丝杠副的动作灵敏，且滚动摩擦阻力几乎与运动速度无关，这样就可以保证运动的平稳性，即使在低速下，仍可获得均匀的运动，保证了较高的传动精度。

正是由于这些特点使得滚珠丝杠副在机电一体化设备与产品中得到了广泛的应用。

（4）磨损小、使用寿命长。滚动磨损要比滑动磨损小得多，而且滚珠、丝杠和螺母都经过淬硬，所以滚珠丝杠副长期使用仍能保持其精度，工作寿命比滑动丝杠副高 5 ~ 6 倍。

### 3. 滚珠丝杠副结构与调整

各种设计制造的滚珠丝杠副，尽管在结构上式样很多，但其主要区别是在螺纹滚道截面的形状、滚珠循环的方式，以及轴向间隙的调整和施加预紧力的方法这三个方面，下面主要阐述前两个方面。

1）滚珠丝杠副螺纹滚道的截面形状

螺纹滚道的截面形状和尺寸是滚珠丝杠最基本的结构特征。图 2-23 所示为滚珠丝杠副螺纹滚道的法向截面形状，其中滚珠与滚道型面接触点法线与丝杠轴线的垂线间的夹角称为接触角 β。滚道型面是指通过滚珠中心作螺旋线的法截平面与丝杠、螺母螺纹滚道面的交线所在平面。常用的滚道型面有单圆弧和双圆弧两种。

（1）单圆弧滚道型面。单圆弧滚道型面如图 2-23（a）所示，其形状简单，磨削螺纹滚道的砂轮成形比较简便，易于获得较高的加工精度。但其接触角 β 随着轴向负载的大小不同而变化，因而使得传动效率、承载能力及轴向刚度等变得不稳定。

（2）双圆弧滚道型面。图 2-23（b）所示为双圆弧滚道型面，它是由两个不同圆心的圆弧组成。由于接触角 β 在工作过程中能基本保持不变，因而传动效率、承载能力和轴向刚度较稳定。一般均取 β = 45°。另外，由于采用了双圆弧，螺旋槽底部不与滚珠接触，形成小小

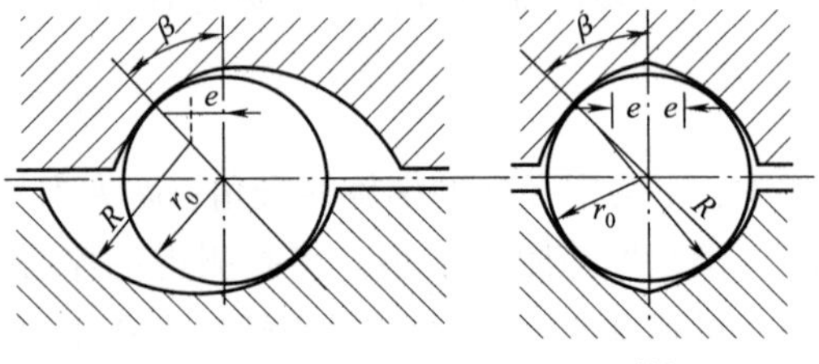

图 2-23  滚珠丝杠副螺纹滚道的法向截面形状

的空隙，可容纳润滑油，使磨损减小，对滚珠的流畅运动大有好处。因此，双圆弧滚道型面是目前普遍采用的滚道形状。

螺纹滚道的曲率半径（即滚道半径）$R$ 与滚珠半径 $r_0$ 比值的大小，对滚珠丝杠副承载能力有很大影响，一般取 $R/r_0 = 1.04 \sim 1.11$。比值过大摩擦损失增加，比值过小承载能力降低。

2）滚珠的循环方式

滚珠的循环方式及其相应的结构对滚珠丝杠的加工工艺性、工作可靠性和使用寿命都有很大的影响。目前使用的有内循环和外循环两种。

（1）内循环。滚珠在循环过程中和丝杠始终不脱离接触的循环方式称为内循环。图 2-24 所示为内循环中螺母的结构。螺母外侧开有一定形状的孔，并装上一个接通相邻滚道的反向器，通过反向器迫使滚珠翻越过丝杠的齿顶返回相邻的滚道，构成一圈一个循环的滚珠链。通常在一个螺母上装有多个反向器，并沿螺母的圆周等分分布，对应于双列、三列、四列或六列结构，反向器分别沿圆周方向互错 180°、120°、90° 或 60°。反向器的轴向间距视反向器的结构不同而变化，选择时应尽可能使螺母轴向尺寸紧凑。内循环滚珠丝杠副的径向外形尺寸小，便于安装；反向器刚性好，固定牢靠，不容易磨损；内循环是以一圈为循环，循环回路中的滚珠数目少，运行阻力小，启动容易，不易发生滚珠的堵塞，灵敏度较高。但内循环的螺母不能做成大螺距的多线螺纹传动副，否则滚珠将会发生干涉。另一个不足之处是反向器回珠槽为空间曲面呈 S 形，用普通设备加工困难，需要用三坐标的铣床加工，另外，装配调整也不方便。

（2）外循环。滚珠在循环过程中有一部分与丝杠脱离接触的循环方式称为外循环。外循环方式中的滚珠在循环返向时，离开丝杠螺纹滚道，在螺母体内或体外做循环运动。从结构上看，外循环有以下三种形式。

①螺旋槽式：如图 2-25 所示。在螺母 2 的外围表面上铣出螺纹凹槽，槽的两端钻出两个与螺纹滚道相切的通孔，螺纹滚道内装入两个挡珠器 4 引导滚珠 3 通过这两个孔，应用套筒 1 盖住凹槽，构成滚珠的循环回路。这种结构的特点是工艺简单、径向尺寸小、易于制造。但是挡珠器刚性差、易磨损。

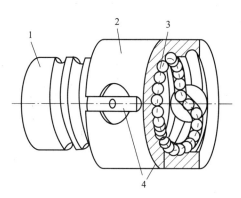 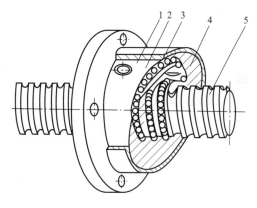

图 2-24　内循环中螺母的结构

1—丝杠；2—螺母；3—滚珠；4—反向回珠器

图 2-25　螺旋槽式外循环结构

1—套筒；2—螺母；3—滚珠；4—挡珠器；5—丝杠

②插管式：如图 2-26 所示。用一弯管 1 代替螺纹凹槽，弯管的两端插入与螺纹滚道 5 相切的两个内孔，用弯管的端部引导滚珠 4 进入弯管，构成滚珠的循环回路，再用压板 2 和螺钉将弯管固定。插管式结构简单、容易制造。但是径向尺寸较大，弯管端部用作挡珠器比较容易磨损。

③端盖式：如图 2-27 所示。在螺母 1 上钻出纵向孔作为滚子回程滚道，螺母两端装有的块扇形盖板或套筒 2，滚珠的回程道口就在盖板上。滚道半径为滚珠直径的 1.4～1.6 倍。这种方式结构简单、工艺性好，但滚道吻接和弯曲处圆角不易做准确而影响其性能，故应用较少。

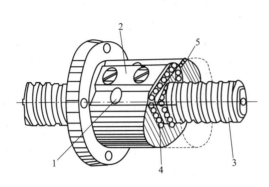

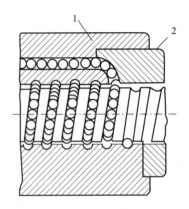

图 2-26　插管式外循环结构

1—弯管；2—压板；3—　　；4—滚珠；5—螺纹滚道

图 2-27　端盖式外循环结构

1—螺母；2—套筒

### 2.4.3　同步带传动

同步带是一种新型的带传动，如图 2-28 所示。它是利用同步带的齿形与带轮的轮齿依次相啮合传递运动或动力。同步带传动在数控机床、办公自动化设备等机电一体化产品上得到了广泛应用。

同步带传动具有如下特点：

（1）传动过程中无相对滑动，因而可以保持恒定的传动比，传动精度较高。

（2）工作平稳，结构紧凑，无噪声，有良好的减振性能，无须润滑。

（3）无须特别张紧，故作用在轴和轴承上的载荷较小，传动效率较高，高于 V 带 10%。

（4）制造工艺较复杂，传递功率较小，寿命较低。

#### 1. 同步带的结构

根据齿形的不同，同步带可以分成两种。一种是梯形齿同步带，另一种是圆弧齿同步带。图 2-29 所示是这两种同步带的纵向截面，主要由强力层、带齿和带背组成，此外在齿面上覆盖了一层尼龙帆布，用以减小传动齿与带轮的啮合摩擦。

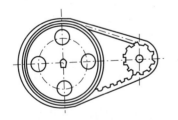

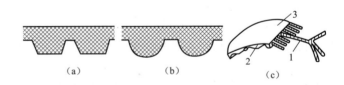

图 2-28　同步带传动

图 2-29　同步带

（a）梯形齿；（b）圆弧齿；（c）齿形带的结构

1—强力层；2—带齿；3—带背

强力层的常用材料有钢丝、玻璃纤维、芳香族聚酰胺纤维（简称芳纶），带背、带齿一般采用相同材料制成，常用材料是聚氨酯橡胶和氯丁橡胶两种材料。

梯形齿同步带在传递功率时，由于应力集中在齿根部位，使功率传递能力下降。同时由于梯形齿同步带与带轮是圆弧形接触，当小带轮直径较小时，将使梯形齿同步带的齿形变形，影响与带轮齿的啮合，不仅受力情况不好，而且在速度很高时，会产生较大的噪声和振动，这对于速度较高的主传动来说是很不利的。因此，梯形齿同步带在数控机床特别是加工中心的主传动中很少使用，一般仅在转速不高的运动传动或小功率传动的动力传动中使用。

而圆弧齿同步带克服了梯形齿同步带的缺点，均化了应力，改善了啮合。因此，在加工中心上，无论是主传动还是伺服进给传动，当需要用带传动时，总是优先考虑采用圆弧齿同步带。

**2. 同步带的主要参数与规格**

同步带的主要参数是带齿的节距 $t$，如图 2-30 所示。

1）节距 $t$

节距 $t$ 是指相邻两齿在节线上的距离。由于强力层在工作时长度不变，所以强力层的中心线被规定为齿形线的节线（中性层），并以节线的周长 $L_p$ 作为同步带的公称长度。

2）模数 $m$

同步带的基本特征尺寸是模数，它是节距 $t$ 与 $\pi$ 之比，即 $m = t/\pi$，是同步带尺寸计算的一个主要依据，一般取值范围为 $1 \sim 10$ mm。

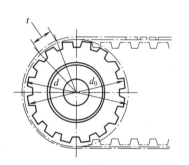

图 2-30　同步带主要参数
$d$—节圆直径；$d_0$—实际外圆直径

3）同步带的其他参数和尺寸

除了模数外，同步带设计计算需要的其他参数还有齿数、宽度、齿距等。同步带的图样标注方法为：模数×宽度×齿数（$m \times b \times z$）。

4）应用同步带的注意事项

（1）为了减小带轮的转动惯量，带轮常用密度小的材料制成。带轮所允许的最小直径，根据有效齿数及平面包角，由同步带厂确定。

（2）在驱动轴上的带轮应直接安装在电动机上，尽量避免在驱动轴上采用离合器而引起的附加转动惯量过大。

（3）为了对同步带长度的制造公差进行补偿并防止间隙，同步带必须预加载。

（4）对于较长的自由同步带（一般是长度大于宽度的 9 倍），常使用张紧轮衰减同步带的振动。张紧轮可以安装在同步带内部的牙轮上，但是更好的方式是在同步带外部采用圆筒形滚轮，这种方式使同步带的包角增大，有利于传动。为了减小运动噪声，应使用背面抛光的同步带。

国家标准 GB/T 11616—2013 对同步带型号、尺寸做了规定。同步带有单面齿（仅一面有齿）和双面齿（两面都有齿）两种形式。双面齿又按齿排列的不同分为 D I 型（对称齿形）和 D II 型（交错齿形），两种形式的同步带均按节距不同分为七种规格，见表 2-2，带长度见表 2-3，带宽见表 2-4。

视频：同步带

表 2-2　同步带的型号与节距　　　　　　　　　　　　单位：mm

| 型号 | MXL | XXL | XL | L | H | XH | XXH |
|---|---|---|---|---|---|---|---|
| 节距 $t$/mm | 2.032 | 3.175 | 5.080 | 9.525 | 12.700 | 22.225 | 31.75 |

**表 2-3 XL、L、H、XH、XXH 型带长度**　　　　单位：mm

| 长度代号 | 230 | 240 | 250 | 255 | 260 | 270 | 285 | 300 | 322 | 330 | 345 |
|---|---|---|---|---|---|---|---|---|---|---|---|
| 节线长 | 584.2 | 609.6 | 635 | 647.7 | 660.4 | 685.8 | 723.9 | 762 | 819.15 | 838.2 | 876.3 |
| 长度代号 | 360 | 367 | 390 | 420 | 450 | 480 | 507 | 510 | 540 | 560 | 570 |
| 节线长 | 914.4 | 933.45 | 990.6 | 1 066.8 | 1 143 | 1 219.2 | 1 289.05 | 1 295.4 | 1 371.6 | 1 422.4 | 1 447.8 |
| 长度代号 | 600 | 630 | 660 | 700 | 750 | 770 | 800 | 840 | 850 | 900 | 980 |
| 节线长 | 1 524 | 1 600.2 | 1 676.4 | 1 778 | 1 905 | 1 955.8 | 2 032 | 2 133.6 | 2 159 | 2 286 | 2 489.2 |

**表 2-4 MXL、XL、L、H、XH、XXH 型带宽度**　　　　单位：mm

| 代号 | 025 | 031 | 037 | 050 | 075 | 100 | 150 | 200 | 300 | 400 | 500 |
|---|---|---|---|---|---|---|---|---|---|---|---|
| 标准宽度 | 6.4 | 7.9 | 9.5 | 12.7 | 19.1 | 25.4 | 38.1 | 50.8 | 76.2 | 101.6 | 127 |

### 3. 同步带的标记

标记包括长度代号、型号和宽度代号。双面齿同步带还在标记中表示型式代号。例如：

（1）单面齿同步带标记，例：420 L 050

420：长度代号（节线长度 1 066.8 mm）；

L：型号（节距 9.525 mm）；

050：宽度代号（带宽 12.7 mm）。

（2）双面齿同步带标记，例：800 DⅠ H 300

800：长度代号（节线长度 2 032 mm）；

DⅠ：双面对称齿；

H：型号（节距 12.7 mm）；

300：宽度代号（带宽 76.2 mm）。

### 4. 同步带轮

1）带轮的结构、材料

同步带轮结构如图 2-31 所示。为防止工作带脱落，一般在小带轮两侧装有挡圈。带轮材料一般采用铸铁或钢。高速、小功率时可采用塑料或轻合金。

2）带轮的参数及尺寸规格

（1）齿形。与梯形齿同步带相匹配的带轮，其齿形有直线形和渐开线形两种。直线齿形在啮合过程中，与带齿工作侧面有较大的接触面积，齿侧载荷分布较均匀，从而提高了带的承载能力和使用寿命。渐开线齿形的齿槽形状随带轮齿数而变化。在齿数多时，齿廓近似于直线。这种齿形优点是有利于带齿的啮入，

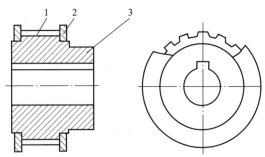

图 2-31　同步带轮结构
1—齿圈；2—挡圈；3—轮毂

其缺点是齿形角变化较大，在齿数少时，易影响带齿的正常啮合。

（2）齿数 $z$。在传动比一定的情况下，带轮齿数越少，传动结构越紧凑，但齿数过少，使工作时同时啮合的齿数减少，易造成带齿承载过大而被剪断。此外，还会因带轮直径减

小，使与之啮合的带产生弯曲疲劳破坏。

（3）带轮的标记。国家标准 GB 11361—2008 同步带轮标准与 GB 11616—2013 同步带标准相配套，对带轮的尺寸及规格等做了规定。与同步带一样有 MXL、XXL、XL、L、H、XH、XXH 七种。

带轮的标记由带轮齿数、带的型号和轮宽代号表示。

例：30　L　075

30：带轮齿数 30；

L：带型号（节距 9.525 mm）；

075：带轮宽（19.1 mm）。

## 【小结与拓展】

机电一体化系统设计中，机电产品必须完成相互协调的若干机械运动，每个机械运动可由单独的控制电动机、传动件和执行机构组成的若干系统来完成，由计算机来协调与控制。机电一体化机械传动精度方面要考虑的三大结构是：①传动机构：考虑与伺服系统相关的精度、稳定性、快速响应等伺服特性；②导向机构：考虑低速爬行现象；③执行机构：考虑灵敏度、精确度、重复性、可靠性。

由于受到当前技术发展水平的限制，机械传动链还不能完全被取消。但是，机电一体化机械系统中的机械传动装置，已不仅仅是用来做运动转换和力或力矩变换的变换器，已成为伺服系统的重要组成部分，要根据伺服控制的要求来进行设计和选择。所以在一般情况下，应尽可能缩短传动链，而不是取消传动链。

机电一体化机械系统中机械传动的主要性能取决于传动类型、方式、精度、动态特性及可靠性等。在伺服控制中，还要考虑其对伺服系统的精度、稳定性和快速性的影响。此外，机电一体化系统中的传动链还需满足小型、轻量、高速、低冲击振动、低噪声和高可靠性等要求。

传统的机械系统和机电一体化系统的主要功能都是完成一系列的机械运动，但由于它们的组成不同，导致它们实现运动的方式也不同。传统机械系统一般是由动力件、传动件、执行件三部分加上电器、液压和机械控制等部分组成，而机电一体化中的机械系统是由计算机协调与控制的，用于完成包括机械力、运动和能量流等动力学任务的机械和（或）机电部件相互联系的系统组成。其核心是由计算机控制的，包括机、电、液、光、磁等技术的伺服系统。机电一体化中的机械系统需使伺服电动机和负载之间的转速与转矩得到匹配，也就是在满足伺服系统高精度、高响应速度、良好稳定性的前提下，还应该具有较大的刚度、较高的可靠性和重量轻、体积小、寿命长等特点。

因此，机电一体化中的机械系统除了满足一般机械设计的要求以外，还必须满足传动精度方面的特殊要求，否则传动误差就会吞没先进控制方法的高精度。

## 【思考与习题】

2-1. 试述在机电一体化系统设计中，系统模型建立的意义。

2-2. 机电一体化系统中，机械传动的功能是什么？

2-3. 机电一体化系统的机械传动设计往往采用"负载角加速度最大原则"，为什么？

2-4. 系统的稳定性是什么含义?

2-5. 你认为转动惯量对机械传动精度有什么影响?为什么?

2-6. 摩擦和阻尼会降低效率,但是设计中要适当选择参数,而不是越小越好,为什么?

2-7. 从动态特性角度分析产品的组成零部件和装配精度高,但系统的精度并不一定就高的原因。

2-8. 为什么说机械系统中的间隙对整体传动精度有影响?

2-9. 试述滚珠花键传动原理,以及其精度高的原因。

2-10. 试述滚珠丝杠传动原理及其传动副调整的方法?

2-11. 滚珠丝杠传动副是如何分类的?

2-12. 同步带传动为何说属于精度高的传动?

# 第3章

# 机电一体化运动执行装置

## 【目标与解惑】

（1）熟悉机电一体化技术中常用机械执行装置；

（2）掌握机电一体化技术中常用电动执行装置；

（3）掌握机电一体化技术中液压系统执行装置；

（4）理解机电一体化技术中气动系统执行装置；

（5）了解其他新型执行装置。

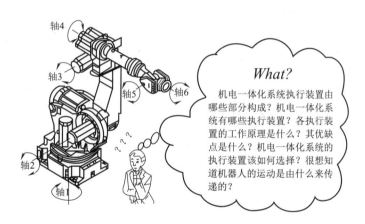

*What?*

机电一体化系统执行装置由哪些部分构成？机电一体化系统有哪些执行装置？各执行装置的工作原理是什么？其优缺点是什么？机电一体化系统的执行装置该如何选择？很想知道机器人的运动是由什么来传递的？

## 3.1 执行装置概述

### 3.1.1 执行机构的组成及要求

**1. 执行机构的构成**

执行机构能将输入的各种形式的能量转换为机械能，如电动机、液动机、气缸、内燃机等分别把输入的电能、液压能、气压能和化学能转换为机械能。

执行机构一般由能源、运算控制装置、能量转换控制装置和动力产生装置构成。执行机构的功率可大到几万 kW，小到 1IW 以下的不同规格。从控制角度来看，执行机构主要有以下三个作用：

（1）高效率地给负载提供动力。

（2）正确控制动力产生装置产生的力或运动。

（3）快速实现对动力产生装置的控制。

**2. 机电一体化系统对执行机构的要求**

1）惯量小、动力大

表征执行元件惯量的性能指标为质量 $m$（直线运动）或转动惯量 $J$（回转运动）。表征输出动力的性能指标为推力 $F$、转矩 $T$ 或功率 $P$。不管是直线运动还是回转运动，人们都希望执行元件的惯量小、动力大，能适应启停频繁的要求。

2）体积小、重量轻

既要缩小执行元件的体积、减轻重量，同时又要增大其动力，故通常采用执行元件单位重量所能达到的输出功率或比功率，即功率密度或比功率密度，来评价这项指标。

3）适宜进行计算机控制

根据这项要求，使用计算机控制最方便的是电气式执行元件。因此机电控制系统中所使用执行元件的主流是电气式，其次是液压式和气动式。近些年，电气式执行元件得到尤为迅速的发展。例如：数控机床的发展。

4）便于安装维修

要求执行元件便于安装、维修。

### 3.1.2 执行装置及其分类

执行装置就是"按照电信号的指令，将来自电、液压和气压等各种能源的能量转换成旋转运动、直线运动等方式的机械能的装置"。

按照动力产生装置的种类，可将执行元件分为电气式、液压式和气动式等几种类型，其使用能量有所不同。电气式是将电能转换成电磁力，并用该电磁力驱动运行机构运动；液压式是先将电能转换为液压能并用电磁阀改变液压油的流向，从而使液压执行元件驱动运行机构运动；气动式与液压式的原理相同，只是将介质由油改为气体而已。其他执行元件与使用材料有关，如使用双金属片、形状记忆合金或压电元件。

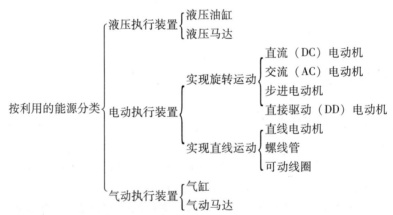

**1. 电气式执行元件**

电气式执行元件的能源通常是工业电源，通过晶闸管、功率晶体管等构成的电力变换装置产生电力，供给电气式执行元件，由气动执行元件产生所需要的力和运动。

常用的电气式执行元件有控制用电动机、直线式电动机、超声波电动机及电磁铁等。控制用伺服电动机有直流电动机、交流电动机和步进电动机。直流伺服电动机响应速度快、可控性好，用于高精度伺服系统中。交流伺服电动机又分感应电动机和同步电动机。同步电动机主要用于机床进给机构，而感应电动机主要用于机床主轴驱动等。由于交流伺服电动机控制技术的发展，采用向量控制的感应电动机也完全可以取代直流电动机用于位置、速度伺服系统。步进伺服电动机主要用于办公自动化机械、计算机终端设备、测试装置等小型伺服系统。功率步进电动机也常用于一些需较大功率的场合，如中、小型数控机床伺服进给驱动。

电气式执行元件主要以电动机控制技术为基础。控制用电动机驱动系统一般由电源供给电力，经电力转换后输送给电动机，使电动机做回转（或直线）运动，驱动负载机械（运行机械）运动，并在指令器给定的指令位置定位停止。对控制用电动机的性能除了要求稳定运转这一性能之外，还要求具有良好的加速、减速性能和伺服性能等动态性能。

**2. 液压式执行元件**

液压式执行元件的能源来自液体的压力，通过控制阀转换成可控制的能量，由液压电动机产生所需要的力和运动。在同样的输出功率下，液压驱动装置具有重量轻、惯量小、快速性好等优点。它通常不使用减速器便可以直接驱动机构得到平滑的运动，且无死区。

执行元件主要包括往复运动的油缸、回转油缸、液压马达等。目前，世界上已开发出各种数字式液压式执行元件，如电—液伺服马达和电—液步进马达，这些电—液式马达的最大优点是比电动机的转矩大，可以直接驱动运行机构，具有高精确度和定位性能好等特点。

当然，液压控制也有一些缺点，如对管道的安装、调整以及防止整个油路的污染及维护等性能要求较高。管路中不可避免的泄漏、输油管引起的动态延迟等都将使控制特性变坏。因此，在中、小规模的机电系统中更多地使用电动驱动装置。

**3. 气动式执行机构**

执行元件除了使用压缩空气作为工作介质外，与液压式执行元件无其他区别，其驱动功率在液压和电动之间，具有代表性的气动式执行元件有气缸、气动马达等，气动式执行元件具有结构简单、可靠性高、价格低等优点。

气压传动和控制是生产过程自动化和机械化最有效的手段之一，但其工作介质（压缩空气）制造成本高，能量利用率又相当低。气动执行元件主要用于做直线往复运动。工程实际中，这种运动形式应用最多，如许多机器或设备上传送装置、产品加工时工件进给、工件定位和夹紧、工件装配以及材料成形加工等都是直线运动形式。但有些气动执行元件也可以做旋转运动，如摆动气缸的摆动角度可达 360°。

近年来，气动驱动系统得到了广泛的应用。其主要特点是动作迅速、反应快、维护简单、成本低；同时由于空气黏度很小，压力损失小，节能高效，适用于远距离输送；工作环境适应性好，特别适合在易燃、易爆、强振、辐射等恶劣环境中工作。

气动控制系统的最大优点是具有随意的积木搭建性能，气动控制系统的动力源可经过一个公用的多路接头为所有的气动模块所共享，并可利用标准构件组建起一个任意复杂的系统。具体来讲就是单个气动元件如气缸和控制阀等，都可以看成是模块式元件，这些气动元件必须进行组合才能形成一个用于完成某一特定作业的控制回路。广义上讲，气动设备可以应用于任何工程领域。同时，气动控制系统的组成具有可复制性，这为组合气动元件的产生与应用打下了基础。一般来说，组合气动元件内带有许多预定功能，如具有 12 步的气—机械步进开关，被装配成一个控制单元，可用来控制几个气动执行元件；而有些可作为整个机器的一个部件来提供，如间歇式进料器等。因此，这就大大简化了气动系统的设计成本，减少了设计人员和现场安装调试人员的工作量，使气动系统成本大大降低。

执行装置的特点有以下几点：

（1）电动执行装置。能源容易获得，使用方便。

（2）液压执行装置。体积小，输出功率大。

（3）气动执行装置。重量轻，价格便宜。

### 3.1.3 执行装置的基本动作原理

**1. 电动执行装置**

电动执行装置的基本工作原理都差不多，都是由电磁力来产生直线驱动力和旋转驱动力矩，如图 3-1 所示。

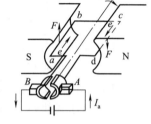

使左手的中指等和拇指垂直，当磁力线（N→S）穿过手掌，中指指向电流流动方向时，拇指所指的方向就是所产生的电磁力方向。

当电流通过磁场中的线圈时，在线圈上产生电磁力，方向由左手定律确定，力的大小可以由公式 $F = BLi$ 而得。其中 $B$ 为磁场强度；$L$ 为线圈有效长度；$i$ 为线圈电流。

力矩（转矩）$T = BLir$，其中 $r$ 为线圈半径。

图 3-1　电动机工作原理

可见转矩与电流成正比。

**2. 液压和气动执行装置**

液压和气动执行装置的基本原理比较简单：用油压或空气压力推动活塞或叶片产生直线运动的力或旋转运动的力矩。

1）液压油缸的工作原理（图 3-2）

设进入油缸腔内的工作油的体积流量为 $Q$，活塞的有效受压面积为 $A$，左右两油腔的压力差为 $\Delta p$，由油缸产生的力 $F$ 为 $F = A\Delta p$，活塞的速度为 $v = Q/A$。

由此可见：速度与流量成正比。通过阀门来控制流量从而达到控制速度的目的。

活塞上的功率（力×速度）：$P = Fv = Q\Delta p$。

视频：液压马达

2）叶片式液压马达的工作原理（图 3-3）

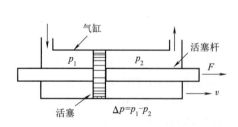

图 3-2　液压油缸的工作原理

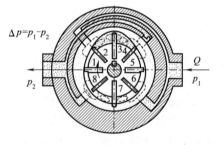

图 3-3　叶片式液压马达工作原理

设供给马达的工作油流量为 $Q$，叶片旋转一周排出的工作油的体积为 $V$，液压马达的输出力矩（转子上的转矩）：$T = V\Delta p/(2\pi)$。

转子的角速度 $\omega = 2\pi Q/V$。

由此可见：速度与流量成正比。通过阀门来控制流量从而达到控制速度的目的。

马达的输出功率（力矩×角速度）：$P = T\omega = Q\Delta p$。

对于气动装置，由于空气具有可压缩性（体积缩小），问题就复杂些。

### 3.1.4　执行装置的特点与性能

**1. 特点**

1）电动执行装置

电动执行装置的优点如下：

（1）以电源为能源，在大多数情况下容易得到。

（2）容易控制。

（3）可靠性、稳定性和环境适应性好。

（4）与计算机等控制装置的接口简单。

电动执行装置的缺点如下：

（1）在多数情况下，为了实现一定的旋转运动或直线运动，必须使用齿轮等运动传递和变换机构。

（2）容易受载荷的影响。

（3）获得大功率比较困难。

2）液压执行装置

液压执行装置的优点如下：

（1）容易获得大功率。

（2）功率/重量比大，可以减小执行装置的体积。

（3）刚度高，能够实现高速、高精度的位置控制。

（4）通过流量控制可以实现无级变速。

液压执行装置的缺点如下：

（1）必须对油的温度（防爆炸）和污染进行控制，稳定性较差。

（2）有因漏油而发生火灾的危险。

（3）液压油源和进油、回油管路等附属设备占空间较大。

3）气动执行装置

气动执行装置的优点如下：

（1）利用气缸可以实现高速直线运动。

（2）利用空气的可压缩性容易实现力控制和缓冲控制。

（3）无火灾危险和环境污染。

（4）系统结构简单，价格低。

气动执行装置的缺点如下：

（1）由于空气的可压缩性，高精度的位置控制和速度控制都比较困难。

（2）虽然撞停等简单动作速度较高，但在任意位置上停止的动作速度很慢。

（3）能量效率较低。

**2. 性能**

气动执行装置的相关性能见表3-1。

表 3-1　气动执行装置的相关性能

| 比较项目 | 电动式 | 液压式 | 气动式 |
|---|---|---|---|
| 输出功率/重量比 | 小 | 大 | 中 |
| 快速响应特性 | 中～20 Hz | 大～100 Hz | 小～10 Hz |
| 简单动作速度 | 慢 | 一般 | 快 |
| 控制特性 | 良好 | 一般 | 差 |
| 减速机构 | 需要 | 不需要 | 不需要 |
| 占用空间 | 小 | 大 | 大 |
| 使用环境 | 良好 | 差 | 良好 |
| 可靠性 | 良好 | 差 | 一般 |
| 防爆性能 | 差 | 一般 | 良好 |
| 价格 | 一般 | 贵 | 便宜 |

**3. 应用**

电动执行装置虽然有功率不能太大的缺点，但由于其良好的可控性、稳定性和对环境的适应性等优点，在许多领域都得到了广泛的应用。在有利于环境保护的电动汽车和混合能源汽车上也有希望得到应用。电动机的用途很广。

液压执行装置的最大优点是输出功率大，因此，在轧制、成形、建筑机械等重型机械上和汽车、飞机上都得到了应用。

气动执行装置由于其重量轻、价格低、速度快等优点，适用于工件的夹紧、输送等生产线自动化方面，应用领域也很广。此外，在一些可以利用气体可压缩性的领域，也希望使用气动执行装置。在开发和改进执行装置时要考虑的问题有以下几个：

（1）功率/重量比。

（2）体积和重量。

（3）响应速度和操作力。

（4）能源及自身检测功能。

（5）成本及寿命。

（6）能量的效率等。

### 3.1.5　新型执行装置

新型执行装置主要有以下几种：

（1）压电执行装置。压电效应：压电陶瓷等材料上施加电压而产生形变。

（2）静电执行装置。采用硅的微细加工技术制造，利用静电引力原理。

（3）形状记忆合金执行装置。利用镍钛合金等材料具有的形状随温度变化，温度变化恢复时形状也恢复的形状记忆性质。

（4）FMA 执行装置。利用纤维强化胶在流体压力的作用下产生变形的原理。

（5）MH 执行装置。利用储氢合金在温度变化时吸收和放出气体的性质。

此外，还有以下几种：

流体执行装置：ER 流体、EHD 流体；ICPF 膜执行装置；光执行装置。

这些新型执行装置有望作为微型执行装置使用（在微机械、微型机器人等中使用）。

## 3.2 电动执行装置

### 3.2.1 直流伺服电动机

**1. 特点**

优点：启动转矩大、体积小、重量轻、转矩和转速容易控制、效益高。

缺点：由于转子上有电刷和换向器，需要定时维护、更换，因此存在寿命短、噪声大等问题，在速度和位置控制时需要角度传感器来实现闭环控制。

**2. 构造与工作原理**

组成：永磁铁定子、线圈转子（电枢）、电刷和换向器构成。

直流电动机的构造原理如图 3-4 所示。

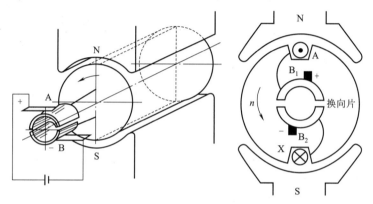

视频：电枢回路的
电压平衡方程

图 3-4　直流电动机的构造原理

**3. 特性与驱动方式**

（1）电动机的输出力矩：

$$T = K_{\mathrm{T}}i \tag{3-1}$$

式中：$K_{\mathrm{T}} = Bir$ 为转矩常数。

（2）电枢回路的电压平衡方程：$U = Ri + K_{\mathrm{E}}\omega$

式中：$R$ 为电枢回路的总电阻；$K_{\mathrm{E}}$ 为电动势常数；$\omega$ 为角速度。

则电动机的角速度（转速）：$\omega = (U - Ri)/K_{\mathrm{E}}$。

电动机转矩—角速度特性表达式：

$$T = (U - K_{\mathrm{E}}\omega)K_{\mathrm{T}}/R \tag{3-2}$$

视频：直流伺服电动机

根据式（3-1）和式（3-2）可以得到直流电动机的两种控制方法。

（3）控制方法：电流控制和电压控制，其对应的特性曲线如图 3-5 所示。

由式（3-1）得图 3-5（a）：电流控制，得到恒转矩控制曲线。

由式（3-2）得图 3-5（b）：电压控制，得

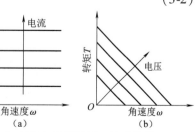

图 3-5　DC 电动机转矩—转速特性

（a）电流控制；（b）电压控制

到随着转速增大转矩减小的理想下降特性。

（4）驱动方法：电动机的基本控制是转速和转矩控制，对直流电动机，可以通过改变电压或电流，从而成比例地控制其转速和转矩。相应地，有两种驱动方法：

其一是利用晶体管放大器的功率放大特性（利用晶体管放大器等的线性驱动方式，对输入信号按比例进行功率放大）。

其二是利用晶体管放大器的开关特性（利用开关放大器的开关驱动方式），主要采用脉宽调制（PWM：puls width modulation），它是电压控制方式。

常用的 PWM 载波信号：锯齿波、三角波、方波。

补充内容：

讲述 PWM 原理。

### 3.2.2 交流伺服电动机

**1. 特点**

优点：没有电刷和换向器，无须维护，也没有产生火花的危险。

缺点：驱动电路复杂，价格高。

**2. 工作原理与种类**

AC 电动机的构造示意图如图 3-6 所示。

视频：无刷电机与有刷电机

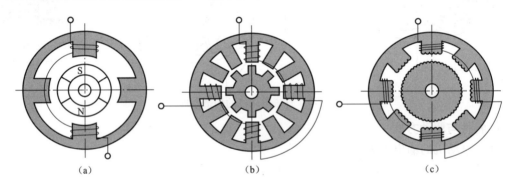

图 3-6　AC 电动机的构造示意图

（a）同步电动机；（b）异步电动机；（c）无刷直流电动机

交流伺服电动机有以下几种类型：

（1）同步：与直流电动机相反，转子为永磁体，定子为线圈（定子绕组）。

（2）异步：定子和转子都有线圈绕组。定子绕组称为一次绕组，转子为二次绕组。异步交流电动机的工作原理如图 3-7 所示。

（3）无刷直流电动机：构造与同步电动机相同。电刷和换向器分别被磁极检测传感器、转角传感器、晶体管换向器代替（电子式换向装置）。

无刷电动机的工作原理与同步电动机相同，其特性与直流电动机相同。这种电动机由于没有电刷及电刷上的电压降和摩擦损耗，而且转子储量小，所以具有稳定、可靠、效率高、响

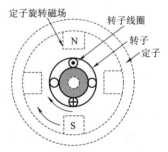

图 3-7　异步交流电动机的工作原理

应速度快等直流电动机和交流电动机共同的优点，在各种伺服系统中应用范围很广。近来更是出现了将控制电路缩小，并直接装在电动机内部的新产品。

**3. 特性与控制方式**

（1）矩频特性曲线：异步交流电动机的转矩—转速特性曲线，如图 3-8 所示。

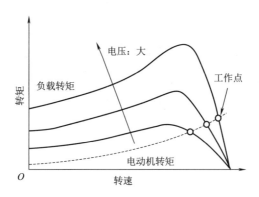

图 3-8 异步交流电动机的转矩—转速特性曲线

转速越大，转矩也越大，超过一定转矩，变成与直流电动机相似的下降特性。

电动机的负载随转速增大而变大。

工作点：负载曲线与电动机特性曲线的交点。

（2）控制方式有以下两种：

电压控制方式：改变定子绕组上的电压就可以控制异步电动机的转速。

频率控制方式：控制旋转磁场的频率就可以控制转速（变频器）。

### 3.2.3 步进电动机

**1. 特点**

步进电动机也称为脉冲电动机，每当输入一个脉冲时，电动机就旋转一个固定的角度（称为步距角）。因此，角度与脉冲个数成正比，转速与脉冲频率成正比。

优点：不需要传感器（反馈），多用于开环控制。接口容易（直接用数字信号控制）；维护方便、寿命长等（无电刷）；启动、停止、正反转易控制。

缺点：能量转换效率低，存在失步现象。

**2. 工作原理与种类**

按产生转矩的方式，步进电动机可分为以下三种：

（1）永磁体（PM，Permanent Magnet）：转子永磁体，定子电磁铁（线圈绕组）。

在定子电磁铁和转子永磁体之间的排斥力和吸引力的作用下，驱动转子转动。

步距角：7.5 ~ 90，转矩小，多用于计算机外设、办公设备等。

（2）可变磁阻（VR，Variable Reluctance）式：转子齿轮状的铁心，定子电磁铁（线圈绕组）。

定子电磁铁与转子铁心之间的吸引力驱动转子转动。在定子磁场中，转子始终转向磁阻最小的位置。

步距角：0.9 ~ 15，转矩中等。

（3）混合式（HB：Hybrid）：是 PM 和 VR 的复合形式。

转子永磁体，表面有许多轴向的齿槽。定子电磁铁，表面有许多轴向的齿槽。产生转矩的原理与 PM 相同，转子、定子的形状与 VR 式相似。

步进电动机的构造如图 3-9 所示。

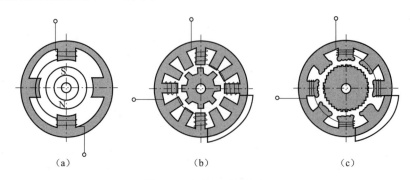

（a）　　　　　　　　　　（b）　　　　　　　　　　（c）

图 3-9　步进电动机构造

（a）永磁体 PM 式；（b）可变磁阻 VR 式；（c）混合 HB 式

### 3. 特性与驱动方式

1）矩频特性曲线

步进电动机的转矩—转速特性如图 3-10 所示。

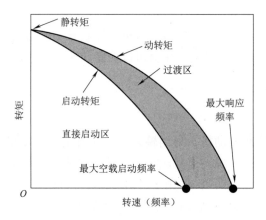

图 3-10　步进电动机的转矩—转速特性

启动转矩：步进电动机从停止状态迅速达到设定转速时，所能驱动的最大负载转矩。

动转矩：当输入脉冲频率一定，负载转矩逐渐增大；或者负载转矩一定，输入脉冲频率逐渐增加时步进电动机不失步的极限转矩。

静转矩：步进电动机转子不转时的电磁转矩。

最大空载启动频率：在空载停止状态下，能够使电动机瞬时启动的最大输入脉冲频率。

最大响应频率：输入脉冲频率缓慢上升时，步进电动机能够不失步运行的极限频率（也称为最大响应频率）。

2）驱动（三种励磁方式）

步进电动机的驱动系统如图 3-11 所示。

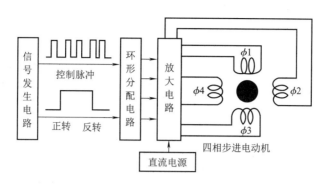

图 3-11 步进电动机的驱动系统

单相：能耗低，转角精度高，但是由于转子的惯性存在，容易产生失步。

双相：输出转矩大，转子过冲小，但电效率低。

单—双向：分辨率高和运转平稳。

### 3.2.4 直接驱动电动机

直接驱动电动机是不用齿轮减速器直接驱动机构如机械手的一种电动机。

优点：无间隙、摩擦小、机械刚度高，可以实现高速、高精度的位置控制和微小力的控制。

缺点：因为没有减速机构，所以容易受载荷的影响。

### 3.2.5 超声波电动机

超声波电动机是以超声波的椭圆振动，使定子产生共振，并利用定子与紧贴定子的转子之间的摩擦力产生转矩的一种电动机。

超声波电动机由两片相位差为 90° 的压电陶瓷、带有放射状齿的弹性体定子和装有摩擦材料的转子构成，如图 3-12 所示。

给压电陶瓷施加一定方向的电压时，各部分产生的应变方向相反（在正电压作用下，正的部分伸长，负的部分压缩），正、负部分交替相接。在交流电压的作用下，压电陶瓷就会沿圆周方向产生交替的伸缩变形，定子弹性体的上下运动产生驻波。此外，由于重叠在一起的两片压电陶瓷的相位差为 90°，所以，在形成驻波的同时也会在水平方向形成行波。这样，在驻波和行波的合成波的作用下，使定子做椭圆运动轨迹的振动。装在定子

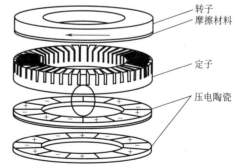

图 3-12 超声波电动机

上的转子在摩擦力的作用下就会产生旋转。在定子上加工出放射状齿形能够使椭圆运动的振幅扩大。因为一般所加交流电压的频率都在 50 kHz 以上，所以这种电动机称为超声波电动机。

超声波电动机具有体积小，重量轻，不用制动器，速度和位置控制灵敏度高，转子惯性小，响应性能好，没有电磁噪声等普通电动机不具备的优点。

### 3.2.6 直线电动机

图 3-13 所示的（a）和（b）分别表示一台旋转电动机和一台扁平型直线电动机。

直线电动机可以认为是旋转电动机在结构方面的一种演变，它可看作是将一台旋转电动机沿径向剖开，然后将电动机的圆周展成直线，如图 3-14 所示。这样就得到了由旋转电动机演变而来的最原始的直线电动机。由定子演变而来的一侧称为初级或原边，由转子演变而来的一侧称为次级或副边。

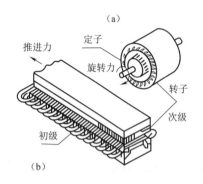

图 3-13　直线电动机与旋转电动机
（a）旋转电动机；（b）直线电动机

图 3-14　直线电动机的演变原理
（a）沿径向剖开；（b）把圆周展成直线

图 3-14 中演变而来的直线电动机，其初级和次级长度是相等的，由于在运行时初级与次级之间要做相对运动，如果在运动开始时，初级与次级正巧对齐，那么在运动中，初级与次级之间互相耦合的部分越来越少，而不能正常运动。为了保证在所需的行程范围内，初级与次级之间的耦合能保持不变，因此实际应用时，是将初级与次级制造成不同的长度。在直线电动机制造时，既可以是初级短、次级长，也可以是初级长、次级短，前者称作短初级长次级，后者称为长初级短次级。

直线电动机实质上是一种将信号转化为直线运动的执行机构，磁悬浮列车就是根据这一科学原理研制的。

直线电动机的特点如下：
（1）速度快。
（2）结构简单。
（3）直接拖动。
（4）适应性强。
（5）灵活性大。
（6）不能连续地做直线运动。

视频：直线电动机

### 3.2.7 音圈电动机

音圈电动机（voice coil motor）是一种特殊形式的直接驱动电动机。它具有结构简单、体积小、高速、高加速、响应快等特性。近年来，随着对高速、高精度定位系统性能要求的提高和音圈电动机技术的迅速发展，音圈电动机不仅被广泛用在磁盘、激光唱片定位等精密定位系统中，在许多不同形式的高加速、高频激励上也得到广泛应用。例如：光学系统中透镜的定位、机械工具的多坐标定位平台、医学装置中精密电子管、真空管控制等，其结构与实物图如图 3-15 所示。本文将系统讨论音圈电动机的工作原理、结构及其应用场合。

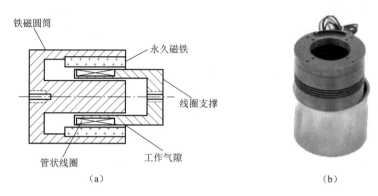

图 3-15　音圈电动机结构与实物图

(a) 电动机结构图；(b) 实物图

**1. 音圈电动机工作原理**

1）磁学原理

音圈电动机的工作原理是依据安培力原理，即通电导体放在磁场中，就会产生力 $F$，力的大小取决于磁场强弱 $B$、电流 $I$ 以及磁场和电流的方向。如果共有长度为 $L$ 的 $N$ 根导线放在磁场中，则作用在导线上的力可表示为 $F = kNBIL$，式中 $k$ 为常数。

由电学理论可知力的方向是电流方向和磁场向量的函数，是二者的相互作用，如果磁场和导线长度为常量，则产生的力与输入电流成比例，在最简单的音圈电动机结构形式中，直线音圈电动机就是位于径向电磁场内的一个管状线圈绕组，铁磁圆筒内部是由永久磁铁产生的磁场，这样的布置可使贴在线圈上的磁体具有相同的极性，铁磁材料的内芯配置在线圈轴向中心线上，与永久磁体的一端相连，用来形成磁回路。当给线圈通电时，根据安培力原理，它受到磁场作用，在线圈和磁体之间产生沿轴线方向的力，通电线圈两端电压的极性决定力的方向。将圆形管状直线音圈电动机展开，两端弯曲成圆弧，就成为旋转音圈电动机。

2）电子学原理

音圈电动机是单相两极装置。给线圈施加电压则在线圈里产生电流，进而在线圈上产生与电流成比例的力，使线圈在气隙内沿轴向运动，通过线圈的电流方向决定其运动方向。当线圈在磁场内运动时，会在线圈内产生与线圈运动速度、磁场强度和导线长度成比例的电压（即感应电动势）。驱动音圈电动机的电源必须提供足够的电流，用于克服线圈在最大运动速度下产生的感应电动势，以及通过线圈的漏感压降等来满足输出力的需要。

3）机械系统原理

音圈电动机经常作为一个由磁体和线圈组成的零部件出售。线圈与磁体之间的最小气隙通常是 $0.254 \sim 0.381$ mm，根据需要此气隙可以增大，只是需要确定引导系统允许的运动范围，同时避免线圈与磁体间摩擦或碰撞。多数情况下，移动

视频：音圈电机

载荷与线圈相连，即动音圈结构。其优点是固定的磁铁系统可以比较大，因而可以得到较强的磁场；缺点是音圈输电线处于运动状态，容易出现断路的问题。同时由于可运动的支撑，运动部件和环境的热接触很恶劣，动音圈产生的热量会使运动部件的温度升高，因而音圈中所允许的最大电流较小，当载荷对热特别敏感时，可以把载荷与磁体相连，即固定音圈结构。该结构线圈的散热不再是大问题，线圈允许的最大电流较大，但为了减小运动部分的质量，采用了较小的磁铁，因此磁场较弱。

直线音圈电动机可实现直接驱动，且从旋转转为直线运动无后冲，也没有能量损失。优选的引导方式是与硬化钢轴相结合的直线轴承或轴衬，可以将轴/轴衬集成为一个整体部分，重要的是保持引导系统的低摩擦，以不降低电动机的平滑响应特性。

典型旋转音圈电动机是用轴/球轴承作为引导系统，这与传统电动机是相同的。旋转音圈电动机提供的运动非常光滑，成为需要快速响应、有限角激励应用中的首选装置，比如万向节装配。

## 3.3 液压系统执行装置

### 3.3.1 液压系统的组成

液压系统是由若干具有特定功能的液压元件组成并完成某种具体任务的一个整体，图 3-16 示出了一个典型的液压系统。

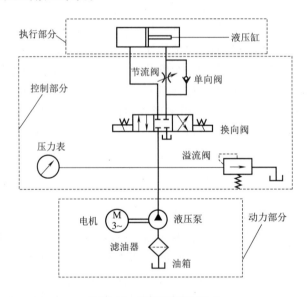

图 3-16 液压系统的组成

通常一个完整的液压系统由以下五个部分组成。

**1. 液压动力元件**

液压动力元件是将原动机的流体能转换成机械能，典型的动力元件为液压泵。在图 3-16 中液压泵把油箱中的液压油打入液压系统中去。

**2. 液压执行元件**

液压执行元件是将液体的压力能转换成机械能,如液压马达等。从原理上讲液压泵和液压马达具有互逆性,就像发电机和电动机一样。但是为了提高其工作性能,在其各自结构上采取的措施限制了这种可逆性。另一种重要的执行元件是液压缸。液压缸分为直线往复式和摆动式两种,直线往复式又有单作用与双作用、单出杆与双出杆、活塞式与柱塞式等区别。单作用指的是液压只能在一个方向上推动活塞,活塞的返回要靠弹簧。图 3-16 中的液压缸即为典型的双作用单出杆活塞缸,这种缸通过两个油口液压油的进出实现活塞杆的双向直线运动。

**3. 液压控制元件**

液压控制元件对系统压力、执行机构的运动速度和运动方向实行控制。利用控制元件对系统中的液体压力、流量及方向进行控制或调节,以满足工作装置对传动的要求。控制元件主要是各种各样的阀。

溢流阀:其作用是在压力过大时让部分油返回油箱,从而控制系统中的油压。

单向阀:又称逆止阀,主要防止液压油逆向流动。

换向阀:只具有开关切换的功能,而节流阀因为可以通过改变阀口通流面积或通流道的长度来改变流阻,则使其具有连续调节流量的功能。

在需要系统具有开关切换功能,且使系统的输出自动地、快速地和准确地跟踪输入时,就需要采用伺服阀。液压伺服阀有滑阀式、射流管式、喷嘴挡板式、转阀式和电液式等。

**4. 液压辅助元件**

液压辅助元件起辅助作用,如油箱、滤油器、管路、管接头及各种控制、检测仪表等。其作用是储存、输送、净化工作液及监控系统等。在有些系统中,为了进一步改善系统性能,还采用了蓄能器、加热器及散热器等辅助元件。

**5. 工作介质**

液压系统中的工作介质为液压油或水基液体,它们存在于上述四种元件之中,起传递动力和能量的作用。

上述各种元件之间的关系如图 3-17 所示。

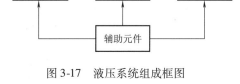

图 3-17　液压系统组成框图

**3.3.2　液压系统的优缺点**

理论上液压系统可以用来实现与负载无关的任意运动规律,很容易实现对液体压力、流量和运动方向的控制,从而实现对输出力、速度和运动方向的控制。因此,液压系统在控制上获得了广泛应用。

**1. 液压系统的优点**

(1) 液压传动可在运行过程中方便地实现大范围的无级调速,调速范围可达 1 000:1。液压传动装置可在极低的速度下输出很大的力。例如,当液压马达转速达 1 r/min 时仍具有良好的特性,这是电气传动不能实现的,如果采用机械传动装置减速,其减速器结构往往十分复杂。

(2) 在输出相同功率的情况下,液压传动装置的体积小、重量轻、结构紧凑、惯性小。

由于液压系统中的压力比电枢磁场中单位面积上的磁力大 30 ~ 40 倍，液压传动装置的体积和质量只占相同功率电动机的 12% 左右。因此，液压传动易于实现快速启动、制动及频繁换向，每分钟的换向次数可达 500 次（左右摆动）或 1 000 次（往复移动）。

（3）液压传动易于实现自动化，特别是采用电液和气液传动时，可实现复杂的自动控制。

（4）液压装置易于实现过载保护。当液压系统超负荷（或系统承受液压冲击）时，液压油可以经溢流阀排回油箱，使系统得到过载保护。

（5）易于设计、制造。液压元件已实现了标准化、系列化和通用化。液压系统的设计、制造和使用都比较方便。液压元件的排列布置也有很大的灵活性。

**2. 液压系统的缺点**

（1）不能保证严格的传动比。这是由于液压介质的可压缩性和不可避免的泄漏等因素造成的。

（2）系统工作时，对温度的变化较为敏感。液压介质的黏性随温度变化而变化，从而使液压系统不易保证在高温和低温下都具有良好的工作稳定性。

（3）在液压传动中，能量需经过两次转化。且液压能在传递过程中有流量和压力损失，所以系统能量损失较大，传输效率较低。

（4）元件的制造精度高、造价高，对其使用和维护提出了较高的要求。

（5）出现故障时，比较难以查找和排除，对维修人员的技术水平要求较高。

## 3.4 气动系统执行装置

### 3.4.1 气动系统的组成

基本的气动系统组成如图 3-18 所示，它是由压缩空气的产生、输送系统、压缩空气消耗系统等主要部分组成的。

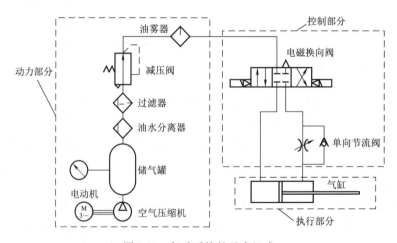

图 3-18　气动系统的基本组成

（1）气压发生装置：空气压缩机将大气压力的空气压缩并以较高的压力输出给气动系

统而进行动态控制，这样就将原动机输出的机械能转变为空气的压力能；电动机则给压缩机提供机械能，主要是把电能转变成机械能；储气罐用来储存压缩空气，它的尺寸大小由压缩机的容量来决定，储气罐的容积越大，压缩机运行时间间隔就越长。

（2）控制元件是用来控制压缩空气的压力、流量和流动方向的，以保证执行元件具有一定的输出力和速度，并按设计的程序正常工作。常见的有压力阀、流量阀、方向阀、安全阀和逻辑阀等。如让空气从压缩机进入储气罐时必须有一单向阀，当压缩机关闭时，用于阻止压缩空气反方向流动。方向控制阀则通过对气缸两个接口交替地加压和排气，来控制运动方向。

（3）执行元件是将空气的压力能转变为机械能的能量转换装置，如气缸、气动马达。

（4）辅助元件是用于辅助保证气动系统正常工作的一些装置，如主管道过滤器，用来清除管道内灰尘、水分和油，同时过滤器必须具有油雾分离能力。另外，空气干燥器、空气过滤器、消声器和油雾器也是必不可少的。

### 3.4.2　气动控制系统优缺点

#### 1. 气动控制系统的优点

（1）空气作为工作介质，取之不尽，用后排气处理简单，不污染环境。

（2）工作环境适应性好。即使在易燃、易爆、多尘埃、辐射、强磁、振动、冲击等恶劣环境中，气压传动系统也可安全可靠地工作。对于要求高净化、无污染的场合，如食品加工、印刷、精密检测等更具有独特的适应能力，优于液压、电气控制系统。

（3）由于空气流动损失小，空气黏度小，只有油的 0.01%；流动阻力小，管路损失仅为油路损失的 0.1%。便于介质集中供应和远距离输送。

（4）与液压传动相比，气动传动动作迅速、反应快，可在较短的时间内达到所需的压力和速度。

（5）气动系统压力等级低，因此装置结构简单、轻便、安装维护方便，使用较为安全。气动元件结构简单，易于加工制造，使用寿命低，可靠性高，适于标准化、系列化、通用化。

（6）维护简单，管道不易堵塞，不存在介质变质、补充和更换等问题。

#### 2. 气动控制系统的缺点

（1）由于空气压缩性大，气缸的动作速度易随负载的变化而变化，稳定性较差，给位置控制和速度控制精度带来较大影响。

（2）目前气动系统的压力级（一般为 0.4 ~ 0.8 MPa）不高，总的输出力不大。

（3）空气没有润滑性，系统中必须采取措施进行给油润滑。

（4）噪声大，尤其在超声速排气时，需要加装消声器。

同时，需要明确指出的是气压驱动系统的组成与液压系统有许多相似之处，但在以下两个方面有明显的不同：

（1）空气压缩机输出的压缩空气首先储存于储气罐中，然后供给各个回路使用。

（2）气动回路使用过的空气无须回收，而是直接经排气口排入大气，因而没有回收空气的回气管道。

## 3.5 液压与气动常见装置

### 3.5.1 液压执行装置

**1. 液压系统组成**

液压系统由液压泵、减压阀、管路、控制阀和执行装置组成。

液压泵：将电动机驱动的机械能转变为流体能。

减压阀：液压泵的出口压力保持一定的压力值。

管路：传递流体能和流体信号（相当于电气系统的导线）。

控制阀：用于控制液压油的流量、压力和方向。对应分为流量控制阀、压力控制阀和换向阀。

**2. 执行装置**

执行装置是将流体能转换为机械能的装置。典型的执行装置有液压油缸和液压马达。

1）液压油缸

单行程油缸：活塞单端受液压作用，回程由载荷、重力或弹簧力驱动。

往复油缸：活塞两端都受液压作用，分为单杆型（活塞一端有活塞杆）和双杆型（活塞两端都有活塞杆，性能好，使用广）。

2）液压马达

液压马达有叶片马达、齿轮马达和活塞式马达。

（1）叶片马达：在转子的径向上插入若干（通常为 9 ~ 13）片叶片，叶片的悬伸部分在液压的作用下产生转矩。叶片马达具有输出转矩平稳、噪声低、转矩/重量比高等优点。

（2）齿轮马达：结构简单、重量轻、价格便宜、抗振性好。

（3）活塞式马达：有径向活塞式马达和轴向活塞式马达两种。效率高，但结构复杂。

液压马达构造如图 3-19 所示。

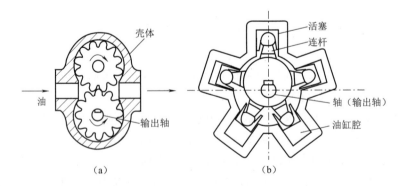

图 3-19 液压马达构造
（a）齿轮马达；（b）径向活塞式马达

**3. 驱动方式与液压控制阀**

为了使液压执行装置正常工作，必须控制工作油的压力、流量和流动的方向。常用的有以下两种控制方法：

（1）泵控制方式：通过改变液压泵的转速来控制液压油的出口流量。优点是结构简单，能量效率高；缺点是响应速度差，控制精度低。

（2）阀控制方式：使液压泵的出口流量一定，用液压阀来调节油路的面积，从而控制执行装置的流量、压力等。优点是响应速度快，控制精度高和价格便宜。

常用的控制阀是用电信号控制的电—液控制阀。分模拟型的电—液伺服阀（比例阀）和开关型的电磁换向阀（简称电磁阀）。

电—液伺服阀构造如图 3-20 所示。

电—液伺服阀的优点：能够用小功率的电能快速、高精度地控制大功率的液压能。

电—液伺服阀的缺点：精度要求高，价格贵，对工作油的清洁程度和温度要求高。

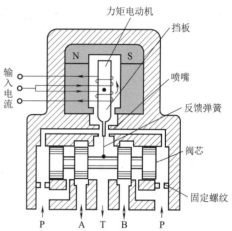

图 3-20　电—液伺服阀构造

### 3.5.2　气动执行装置

#### 1. 气动系统组成

气动系统示意图如图 3-21 所示。

压缩机：由内燃机或电动机驱动，将旋转机械动力转化为流体的动力。

二次冷却器：对压缩机提供的空气进行水冷或者气冷。

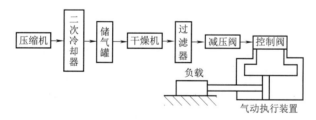

图 3-21　气动系统示意图

储气罐：储存压缩空气，使系统在负荷变化时能够保持一定的气压，并且在停电等意外情况时能够实现紧急处理，同时还能够吸收压缩机产生的压力的波动。

干燥机：用来干燥压缩机产生的湿度较高的气体。

减压阀：用于将管路中供给的高压气体转变成一定的供压状态。

#### 2. 气动马达

叶片气动马达：其结构如图 3-22 所示，优点是转速高（可达 25 000 r/min）、体积小且重量轻，但是启动力矩较小。

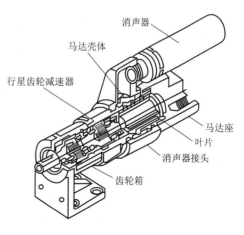

图 3-22　叶片气动马达的结构

**3. 无杆气缸**

无杆气缸结构如图 3-23 所示。

优点：安装空间小。缺点：结构复杂、造价高、摩擦力大。

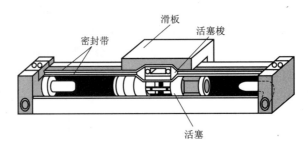

图 3-23   无杆气缸结构

**4. 气动控制阀**

气动控制主要是单纯地基于结构装置行程终点进行控制，所以气动控制阀主要以换向阀和高速电磁开关阀为主，压力比例控制阀及流量比例控制阀等电—气伺服阀使用较少。

## 3.6   其他新型执行装置

随着机器人技术的发展，出现了利用新工作原理制造的新型驱动器，如磁致伸缩驱动器、压电驱动器、静电驱动器、形状记忆合金驱动器、超声波驱动器、人工肌肉、光线驱动器等。

**1. 磁致伸缩驱动器**

磁性体的外部一旦加上磁场，则磁性体的外形尺寸将发生变化（焦耳效应），这种现象称为磁致伸缩现象。此时，如果磁性体在磁化方向的长度增大，则称为正磁致伸缩；如果磁性体在磁化方向的长度减少，则称为负磁致伸缩。从外部对磁性体施加压力，则磁性体的磁化状态会发生变化（维拉利效应），则称为逆磁致伸缩现象。这种驱动器主要用于微小驱动的场合。

**2. 压电驱动器**

压电材料是一种当它受到力作用时其表面上出现与外力成比例电荷的材料，又称压电陶瓷。反过来，把电场加到压电材料上，则压电材料产生应变，输出力或变位。利用这一特性可以制成压电驱动器，这种驱动器可以达到驱动亚微米级的精度。

**3. 静电驱动器**

静电驱动器是利用电荷间的吸力和排斥力互相作用顺序驱动电极而产生平移或旋转运动的。因静电作用属于表面力，它和元件尺寸的二次方成正比，在微小尺寸变化时，能够产生很大的能量。

**4. 形状记忆合金驱动器**

形状记忆合金是一种特殊的合金，一旦使它记忆了任意形状，即使它变形，当加热到某一适当温度时，则它将恢复为变形前的形状。已知的形状记忆合金有 Au-Cd、In-Ti、Ni-Ti、Cu-Al-Ni、Cu-Zn-Al 等几十种。

**5. 超声波驱动器**

所谓超声波驱动器就是利用超声波振动作为驱动力的一种驱动器，即由振动部分和移动部分所组成，靠振动部分和移动部分之间的摩擦力来驱动的一种驱动器。由于超声波驱动器没有铁心和线圈，结构简单、体积小、重量轻、响应快、力矩大，不需配合减速装置就可以低速运行，因此，很适合用于机器人、照相机和摄像机等的驱动。

**6. 人工肌肉**

随着机器人技术的发展，驱动器从传统的电动机—减速器的机械运动机制，向骨架—腱—肌肉的生物运动机制发展。人的手臂能完成各种柔顺作业，为了实现骨骼—肌肉的部分功能而研制的驱动装置称为人工肌肉驱动器。为了更好地模拟生物体的运动功能或在机器人上应用，已研制出了多种不同类型的人工肌肉，如利用机械化学物质的高分子凝胶，形状记忆合金制作的人工肌肉。

**7. 光线驱动器**

某种强电介质（严密非对称的压电性结晶）受光照射，会产生几千伏/厘米的光感应电压。这种现象是压电效应和光致伸缩效应的结果。这是电介质内部存在不纯物、导致结晶严密不对称、在光激励过程中引起电荷移动而产生的。

## 【小结与拓展】

机电一体化机械系统的设计和传统的机械系统的设计有很大的不同。传统机械系统一般是由动力元件、传动元件、执行元件三个部分加上电磁、液压和机械控制部分组成的；而机电一体化中的机械系统应该是"由计算机信息网络协调与控制的，用于完成包括机械力、运动和能量流等动力学任务的机械和机电部件相互联系的系统"，其核心是由计算机控制的，包括机、电、液、光、磁等技术的伺服系统。该系统一般从机械传动设计、机械结构设计以及具体设计方法几方面考虑。

在机电一体化系统中，应该清楚机械装置与电子装置不是简单的独立组合。机电一体化系统的设计目标，应是如何充分发挥机电各自之所长，回避各自之所短，做到机与电的有机集成和融合，从而实现以最合理的成本获得最优的系统整体性能。机电的有机集成是机电一体化系统的特征，也是现代机电一体化系统相比于传统机械的主要技术优势。

## 【思考与习题】

3-1. 什么是执行装置？按利用的能源可分为哪几类？

3-2. 直流电动机的驱动方式有哪些？

3-3. 试述交流伺服电动机的种类。

3-4. 液压系统的组成有哪些？

3-5. 气动系统的组成有哪些？

3-6. 步进电动机按产生转矩的方式可分为哪三种？各有何特点？

3-7. 什么是音圈电动机？其工作原理是什么？

3-8. 液压装置与气压装置比较，各有何优缺点？

3-9. 为什么说形状记忆合金驱动器也是一种执行装置？

3-10. 直线电动机的工作原理是什么？它是如何高精度传递运动的？

# 第4章 机电一体化控制技术基础

## 【目标与解惑】

(1) 熟悉机电一体化技术中控制系统的分类；

(2) 掌握机电一体化技术控制器的典型系统；

(3) 掌握机电一体化技术可编程序控制方法；

(4) 理解机电一体化技术中单片微控制器；

(5) 了解国内外 PLC 产品种类及其品牌。

*Who controls?*

机电一体化系统的控制方式有哪些？其理论基础是什么？单片微控制器与可编程序控制器各自有哪些优缺点？在实际中该如何选用？

各个关节运动是由什么实时控制其精确度的呢？

## 4.1 控制系统的分类

控制系统的分类常常有三种方法，即以自动控制方式分类、以参与控制方式分类和以调节规律分类。

### 4.1.1 以自动控制方式分类

#### 1. 开环控制系统

若计算机开环控制系统的输出对生产过程能行使控制，但控制结果——生产过程的状态没有影响计算机控制的系统，计算机/控制器/生产过程等环节没有构成闭合环路，则称之为计算机开环控制系统。生产过程的状态没有反馈给计算机，而是由操作人员监视生产过程的状态，决定控制方案，并告诉控制计算机使其行使控制作用。

#### 2. 闭环控制系统

计算机对生产对象或过程进行控制时，生产过程状态能直接影响计算机控制的系统，称之为计算机闭环控制系统。控制计算机在操作人员的监视下，自动接受生产过程状态检测结果，计算并确定控制方案，直接指挥控制部件（器）的动作，行使控制生产过程的作用。

在这样的系统中，控制部件按控制机发来的控制信息对运行设备进行控制，另外，运行设备的运行状态作为输出，由检测部件测出后，作为输入反馈给控制计算机，从而使控制计算机/控制部件/生产过程/检测部件构成一个闭环回路。我们将这种控制形式称之为控制计算机闭环控制。计算机闭环控制系统，利用数学模型设置生产过程最佳值与检测结果反馈值之间的偏差，控制达到生产过程运行在最佳状态。

**3. 在线控制系统**

只要计算机对受控对象或受控生产过程，能够行使直接控制，不需要人工干预的都称之为控制计算机在线控制或称联机控制系统。

**4. 离线控制系统**

控制计算机没有直接参与控制对象或受控生产过程，它只完成受控对象或受控过程的状态检测，并对检测的数据进行处理；而后制订出控制方案，输出控制指示，操作人员参考控制指示，人工手动操作使控制部件对受控对象或受控过程进行控制，这种控制形式称之为计算机离线控制系统。

**5. 实时控制系统**

控制计算机实时控制系统是指受控制的对象或受控过程，每当请求处理或请求控制时，控制机能及时处理并进行控制的系统，常用在生产过程是间断进行的场合。

### 4.1.2 以参与控制方式分类

**1. 直接数字控制系统**

由控制计算机取代常规的模拟调节仪表而直接对生产过程进行控制，由于计算机发出的信号为数字量，故得名 DDC 控制。实际上受控的生产过程的控制部件，接收的控制信号可以通过控制机的过程输入/输出通道中的数-模（D-A）转换器，将计算机输出的数字控制量中转换成模拟量；输入的模拟量也要经控制机的过程输入/输出通道的模-数（A-D）转换器转换成数字量进入计算机。

**2. 计算机监督控制系统**

计算机监督控制系统是针对某一种生产过程而言的，依据生产过程的各种状态，按生产过程的数学模型计算出生产设备应运行的最佳给定值，并将最佳值自动地或人工对 DDC 执行级的计算机或对模拟调节仪表进行调正或设定控制的目标值。由 DDC 或调节仪表对生产过程各个点（运行设备）行使控制。SCC 系统的特点是能保证受控的生产过程始终处于最佳状态情况下运行，因而获得最大效益。直接影响 SCC 效果优劣的首先是它的数学模型，为此要经常在运行过程中改进数学模型，并相应修改控制算法和应用控制程序。

**3. 多级控制系统**

在现代生产企业中，不仅需要解决生产过程的在线控制问题，而且还要解决生产治理问题，每日生产品种、数量的计划调度以及月季计划安排，制定长远规划、预告销售前景等，于是出现了多级控制系统。DDC 级主要用于直接控制生产过程，进行 PID 或前馈控制；SCC 级主要用于进行最佳控制或自适应控制或自学习控制计算，并指挥 DDC 级控制同时向 MIS 级汇报情况。DDC 级通常用微型计算机，SCC 级一般用小型计算机或高档微型计算机。

#### 4. 分布控制或分散控制系统

分布控制或分散控制，是将控制系统分成若干独立的局部控制子系统，用以完成受控生产过程自动控制任务。由于微型计算机的出现与迅速发展，为实现分散控制提供了物质和技术基础，近年来分散控制得以异乎平常的发展，且已成为计算机控制发展的重要趋势。自20世纪70年代起，又出现集中分散式的控制系统，简称集散系统，它是采用分散局部控制的新型的计算机控制系统。

### 4.1.3 以调节规律分类

#### 1. 程序控制

假如计算机控制系统是按照预先规定的时间函数进行控制的，这种控制称之为程序控制。这里的程序是指随时间变化就有确定的对应变化值，而不是计算机所运行的程序。

#### 2. 顺序控制

在程序控制的基础上产生了顺序控制，计算机如能根据时间推移确定对应值和此刻以前的控制结果两方面情况行使对生产过程的控制，称之为计算机的顺序控制。

#### 3. 比例—积分—微分 PID 控制

常规的模拟调节仪表可以完成 PID 控制。用微型计算机也可以实现 PID 控制。

#### 4. 前馈控制

通常的反馈控制系统中，对干扰造成一定后果，才能反馈过来产生抑制干扰的控制作用，因而产生滞后控制的不良后果。为了克服这种滞后的不良控制，用计算机接收干扰信号后，在还没有产生后果之前插入一个前馈控制作用，使其刚好在干扰点上完全抵消干扰对控制变量的影响，因而又得名为扰动补偿控制。

#### 5. 最优控制（最佳控制）系统

控制计算机如能使受控对象处于最佳状态运行的控制系统称之为最佳控制系统。如用计算机控制系统就是在现有的限定条件下，恰当选择控制规律（数学模型），使受控对象运行指标处于最优状态。

#### 6. 自适应控制系统

上述的最佳控制，当工作条件或限定条件改变时，就不能获得最佳的控制效果了。假如在工作条件改变的情况下，仍然能使控制系统对受控对象的控制处于最佳状态，这样的控制系统称之为自适应控制系统。这就要求数学模型体现出在条件改变的情况下，如何达到最佳状态。控制计算机检测到条件改变的信息，按数学模型给出的规律进行计算，用以改变控制变量，使受控对象仍能处在最好状态。

#### 7. 自学习控制系统

假如用计算机能够不断地根据受控对象运行结果积累经验，自行改变和完善控制规律，使控制效果越来越好，这样的控制系统被称为自学习控制系统。以上讲到的最优控制、自适应控制和自学习控制都涉及多参数、多变量的复杂控制系统，都属于近代控制理论研究的问题。系统的稳定性的判定，多种因素影响控制的复杂数学模型研究等，都必须有生产治理、生产工艺、自动控制、检测仪表、程序设计、计算机硬件各方面人员相互配合才能得以实现。由受控对象要求反应时间的长短、控制点数多少和数学模型复杂程度来决定选用计算机规模。一般来说需要功能很强（速度与计算功能）的计算机才能实现上述诸种类型的控制，它可以是单一的也可不是单一的，可以几种形式结合对生产过程实现控制，这具体要针对受控对象的实际情况，在系统分析、设计时确定。

## 4.2　控制器的典型系统

尽管机电一体化控制系统的形式多种多样，应用于不同被控对象的控制装置在原理和结构上也有差异，但是从系统的组成来分析，其内部总是包含一些基本的模块，从这些模块学习入手，是掌握机电一体化控制系统设计方法的有效途径。

机电一体化系统控制器的种类选择有多种，但通常采用以下三种控制技术方法，即工业控制计算机、单片微控制器系统和可编程序控制器 PLC。其中有的专业读者也系统学习过相关知识，故本节在简短介绍三种控制技术方法操作基础上说明它们的主要区别所在。

### 4.2.1　工控机的定义

传统定义上讲，用于工业生产过程的测量、控制和管理的计算机统称为工业控制计算机（industrial personal computer，IPC）。但随着科学技术的不断发展与渗透，今天的工业控制计算机的内涵已经远不止这些，其应用范围也已经远远超出工业过程控制。

目前可以这样理解：工业控制计算机是"应用在国民经济发展和国防建设的各个领域、具有恶劣环境适应能力、能长期稳定工作的加固计算机"，简称"工控机"。它采用总线结构，具有重要的计算机属性和特征，如具有计算机 CPU、硬盘、内存、外设及接口，并有实时的操作系统，控制网络和协议，计算能力，友好的人机界面。

工控机的特点有如下几个：

（1）实时性好：是指计算机控制系统在限定的时间内对外来事件做出反应的能力快。工控机对生产现场进行实时在线检测与控制，对工况变化给予快速响应，能实时进行数据采集和输出调节，保证系统的正常运行。

（2）可靠性高：工控机具有在粉尘、高温、潮湿、振动、腐蚀（酸、碱）和电磁干扰等的工业环境，长时间、连续可靠工作的能力，能够抗工业电网的浪涌、失波、跌落和尖峰干扰等，并具备良好的故障诊断和可维护性（快速修复能力—MTTR 一般小于 5 min）。

（3）输入/输出能力强：工控机具有很强的输入/输出功能，与工业现场的各种检测仪表和控制装置，如传感器、变送器、执行器、报警器、显示器等相连接，以完成各种测量控制任务。

（4）应用软件丰富：大多数工控机以 Windows 作为工作平台，支持多种高级语言编程，支持实时多任务操作系统。应用软件极为丰富，特别是组态软件更为用户提供了方便。

（5）硬件配置的可装配、可扩充性强、系统可维护性好。由于采用模块化设计方法，产品一致性好，维修更换模板后，系统的运行状态和精度不受影响；软件和硬件的诊断功能强，在系统出现故障时，能快速准确地定位。

### 4.2.2　工控机的组成

工控机包括硬件和软件两部分。

### 1. 硬件部分

硬件部分包括主机（CPU、RAM、ROM）板、内部总线和外部总线、人—机接口、系统支持板、磁盘系统、通信接口、输入/输出通道。

（1）主板机（CPU、RAM、ROM）—工业控制机的核心，主要进行必要的数值计算、逻辑判断、数据处理等工作。

（2）内、外部总线：内部总线是工控机内部各组成部分进行信息传送的公共通道，它是一组信号线的集合。常用的内部总线有 IBM PC 总线和 STD 总线。

外部总线是工控机与其他计算机和智能设备进行信息传送的公共通道，常用外部总线有 RS-232C 和 IEEE-488 通信总线。

（3）人—机接口：是一种标准总线，即由标准的 PC 键盘、显示器和打印机组成。

（4）系统支持板：主要包括如下部分：

①监控定时器：看门狗。作用是当系统因干扰或软故障等出现异常时，可使系统自动恢复运行，提高可靠性。

②电源掉电检测：目的是在检测到电源掉电后可保护现场，以免数据丢失。

③保护重要数据的后备存储器件：通常容量不大，能在系统掉电后保证数据不丢失，通常采用后备电池的 SRAM 等。

④定时日历时钟：在实际控制系统中往往要有事件驱动和时间驱动的能力。一是在某时刻设置某些控制功能，届时工控机自动执行；二是工控机应能自动地记录某个动作何时发生。所有这些都须配备实时时钟，且在掉电后仍能正常工作。

（5）磁盘系统：软盘、硬盘。

（6）通信接口：工控机和其他计算机或智能仪表通信的接口，常用 RS-232C 和 IEEE-488。

（7）输入/输出通道：工控机和生产过程之间设置的信号传递和变换的连接通道。它的作用有两个，其一是将生产过程的信号变换成主机能够接受识别的代码；其二是将主机输出的控制命令和数据，经变换后作为执行机构电气开关的控制信号。

### 2. 软件部分

软件部分是工业控制机的程序系统，分为系统软件、支持软件和应用软件三部分。

（1）系统软件：包括实时多任务操作系统、引导程序、调度执行程序。

（2）支持软件：包括汇编语言、高级语言、编译程序、编辑程序、调试程序、诊断程序等。

（3）应用软件：系统设计人员针对某个生产过程而编制的控制和管理程序。包括过程输入程序、过程控制程序、过程输出程序、人—机接口程序等。

#### 4.2.3 工控机总线技术

### 1. 总线的定义和作用

（1）总线的定义：是微处理器与外围设备之间传送信息的一组信号线，也是微处理器与外部硬件接口的核心。

（2）总线的作用：总线提供了微处理器（CPU）与存储器、输入输出接口部件的连接线。总线在计算机中的地位，如同人的神经中枢系统，CPU 通过系统总线对存储器的内容进行读写，同样通过总线，实现将 CPU 内数据写入外设，或由外设读入 CPU。

**2. 总线的分类**

按总线所处位置分有：

（1）片总线（C-BUS）：又称元件级总线，是芯片内部引出线，如 8086CPU 的引脚线。

（2）内总线（I-BUS）：是计算机内部各插件之间信息传送的通路，又称系统总线或板级总线。常用内部总线有 STD 总线、PC 总线等。

（3）外总线（E-BUS）：是指用于实现计算机同计算机，或计算机同其他外部设备之间信息交换的信号传输线，又称通信总线。如 RS-232、RS-485、IEEE488 等。

按总线功能分有：

（1）地址总线 AB：向存储器、外设发送地址。

（2）数据总线 DB：在存储器、外设与 CPU 间传送数据。其传送的方向是双向的，数据总线的宽度反映了 CPU 一次处理、传送数据的二进制位数。

（3）控制总线 CB：定时、控制作用，目标是保证计算机同步、协调工作。

**3. 总线的规范**

为使微机系统便于扩展和维护，通过总线连接的各种 CPU 模块、存储器模块、I/O 模块能相互替代与组合，就必须使微机系统中的总线按照一定规范形成一种标准，称为总线规范。

（1）机械结构规范：规定模板尺寸以及总线插头，边沿连接器等规格及位置。

（2）功能规范：规定每个引脚信号的名称与功能，并对各引脚信号间相互的作用及定时关系做出说明。

（3）电气规范：规定总线工作时信号的高低电平、动态转换时间、负载能力及最大额定值。

视频：总线规范

**4. 评价总线性能的主要参数**

（1）总线时钟频率：单位时间内动作的次数，即总线的工作频率，以 MHz 为单位，它是影响总线传输速率的重要因素之一。

（2）总线宽度：总线能同时传送的数据位数，用位（bit）表示，如总线宽度为 8 位、16 位、32 位和 64 位。

（3）总线传输速率：单位时间传输的字节数，以每秒传输多少兆字节（MB/s）为单位。

$$总线传输速率（总线带宽）= 总线时钟频率 \times 总线宽度/8$$

总线带宽就像是高速公路的车流量，总线位宽仿佛高速公路上的车道数，总线时钟工作频率相当于车速，总线位宽越宽，总线工作时钟频率越高，则总线带宽越大。

（4）总线兼容性：低级的功能卡、软硬件是否能在高级的总线结构下使用。

（5）总线负载能力：可连接的扩展板的数量。

**5. 总线的主要功能**

（1）数据传输功能：用总线传输率来表示，单位是 MB/s。

（2）中断功能：是计算机对紧急事务的呼应的机制，是计算机反应灵敏与否的关键。

（3）多主设备支持功能：多个主设备使用同一条总线，通过总线占用请求信号(REQ#)和总线占用得到信号（GET#）解决。

（4）错误处理功能：包含奇偶校验错、系统错、电池失效等错误检测处理及提供相应的保护对策。

### 4.2.4 常用总线特点

**1. RS-232 特点**

（1）RS-232-C 串行总线电气特性：高电平：+3 ~ +15 V，低电平：−15 ~ −3 V，并且 RxD、TxD 使用负逻辑，即高电平表示逻辑 0、低电平表示逻辑 1。其他控制信号使用正逻辑。

（2）RS-232-C 的连接器：使用 9 芯 D 型连接器。1、4、6、7、8、9 信号，均要与 MODEM 联系，2、3、5 信号就可以构成串行通信。

（3）RS-232-C 电平转换电路：采用 1488（TTL-EIA）和 1489（EIA-TTL）。

（4）RS-232-C 总线的不足在于数据传输速率局限于 20 kbit/s，传输距离限于 15 m 之内。另外，接口的各种信号间会产生较强的串扰。

这一方面对于 RS-423A 串行总线来讲其传输率可达 300 kbit/s，传输距离为 10（在 300 bit/s）~ 1 000 m（在 3 kbit/s），同时减少了信号串扰。对于 RS-422A 串行总线来讲其传输率高达 10 Mbit/s，传输距离为 10（在 10 Mbit/s）~ 1 000 m（在 100 kbit/s），同时串扰显著减少。

PPT：RS-232 和 RS-485 总线

**2. RS-485 特点**

（1）串行总线 RS-485 具有抑制共模干扰的能力，传输信号能在千米以外。允许最多并联 32 台驱动器和 32 台接收器。

（2）RS-485 电平转换芯片常用的有 MAX481E/483E/485E/487E/1487E、SN76176 等芯片，实现 TTL 电平到 RS-485 电平的转换；MAX488E/490E 等芯片，实现 TTL 电平到 RS-422 电平的转换。

对于并行总线由于专业所限仅说明如下：

IEEE-488 总线用来连接系统，如微计算机、数字电压表、数码显示器等设备及其他仪器仪表均可用 IEEE-488 总线装配起来。总线上最多可连接 15 台设备。最大传输距离为 20 m，信号传输速度一般为 500 KB/s，最大传输速度为 1 MB/s。

文档：并行总线

IEEE1394 总线是用于传送动画数据的高速总线接口标准，具有 160 MB/s、200 MB/s 和 400 MB/s 这三种传输速率，最高可达 1 GB/s 以上的传输速率。

需要指明的是通用串行总线 USB 具有"即插即用"的特性。特别是 USB 的最高传输率可达 12 Mbit/s，比串口快 100 倍，比并口快近 10 倍，而且 USB 还能支持多媒体。它具有较强的连接能力，并以很低的开销同时连接多种外设，如鼠标、扫描仪、操纵杆、键盘和图形输入板等，将来还可连接 DVD、CD-ROM、数字视频和数字相机、硬盘驱动器等。

### 4.2.5 数据通信技术

**1. 数据传输模式**
数据传输模式包括并行数据传输和串行数据传输。

**2. 数据通信的分类**
根据实现字符同步方式的不同，数据通信可分为异步和同步。

（1）异步传输也称为起止式传输，利用起止法来达到收发同步。每次只传送一个字符，用起始位和停止位来指示被传输字符的开始和结束。

优点：实现字符同步较简单，收发双方的时钟信号不需要精确地同步。

缺点：每个字符增加了 2~3 bit，降低了传输效率。主要应用于 1 200 bit/s 及其以下的低速数据传输。

（2）同步传输以固定的时钟节拍发送数据信号。字符间要求通信双方的时钟在每一位上保持严格同步，两个数据位之间无时间间隔，常用于数据块的传输。

优点：比异步传输快速得多，它不需要对每一个字符单独加起、止信号作为识别字符的标志，只是在一串字符的前后加上标志序列。

缺点：技术上较复杂。

主要用于速率为 2 400 bit/s 及其以上的数据传输。

另外，按消息传送的方向与时间有：单工通信、半双工通信和全双工通信。

**3. 数据传输介质**

有线传输介质（有导向）有双绞线和同轴电缆。

（1）双绞线是由两根直径约 0.5 mm 外包绝缘材料的铜芯线扭绞成有一定规则的螺旋形状，多对（如 4 对）再同样扭绞在一起，可以大大减少或抵消线对线之间的电磁干扰。有屏蔽（STP）双绞线电缆和非屏蔽（UTP）双绞线电缆，它以价格低廉而广泛用于计算机监控系统的底层现场连线。

（2）同轴电缆是由内导体、实心的铜质线、屏蔽层、绝缘层和护套等组成的。特点是抗干扰性能很强。闭路电视系统（CATV）就是采用 75 Ω 的同轴电缆。

（3）光纤（光导纤维）能传输光的极细而柔软的传输介质。用于数据传输领域，计算机监控系统的主干传输网络和一些特殊场合。它是由纤芯和包层组成的。具有单向传输性，但必须成对使用。其特点是光纤带宽非常宽，可以达到 20 THz（实际 20 GHz）以上，通信容量大。抗电磁场干扰能力强。可分为单模光纤和多模光纤，但多模光纤的传输性能较差。

文档：同轴电缆

（4）光缆是由多根光纤外加防护层组成的。光缆重量轻、体积小、成缆后弯曲性能好。光缆的中继距离长（50~100 km 以上）。

**4. 无线传输媒质（非导向）**

（1）短波通信：主要是靠电离层的反射，但短波信道的通信质量较差。

（2）微波：在空间主要是直线传播，如地面微波接力通信。广泛用于电话领域，如蜂窝式无线电话网。

（3）信号通信：是利用电力线传输数据和话音信号的一种通信方式。

### 4.2.6 工控机的发展

20 世纪 80 年代的第一代 STD 总线工控机；解决了当时工控机的有无问题。

20 世纪 90 年代的第二代 IPC 工控机；解决了低成本和 PC 兼容性问题。

21 世纪的第三代 Compact PCI 总线工控机时期；解决的是可靠性和可维护性问题。

专业统计发现以上每个时期大约要持续 15 年的时间。

1978 年，STD 总线标准推出，STD 总线工控机诞生，其后的 STD32 总线工控机更成为高端的工业计算机。

1981 年，VME 总线工控机开始广泛应用于图像处理、工业控制、军事通信等领域。

1987 年，VXI 总线，即 VME 扩展仪器仪表总线推出，兼容主流计算机市场的应用软件开发工具包、外设和驱动软件。

1992 年，Intel 开发了 PCI 总线规范，加固型 PCI/ISA 总线工控机问世，是对基于大母板的桌面 PC 的工业化改造。

1994 年，为了将 ISA 总线 PC 机应用在恶劣的工业环境中，由德国 Siemens 公司发起制定了 AT96 总线欧洲卡标准（IEEE996），并在欧洲得到了推广应用。它具有抗强振动和冲击能力。

1995 年，PICMIG 颁布 Compact PCI 规范，基于 Wintel 架构、面向高可靠性应用设计的 CPCI 总线工控机成为新宠。

**1. 第一代工控机开创了低成本工业自动化技术的先河**

标志性产品是 STD 总线工控机，国际上主要的 STD 总线工控机制造商有 Pro-Log（普络公司），国内企业主要有北京康拓公司和北京工业大学。STD 总线工控机得到了当时急需用廉价而可靠的计算机来改造和提升传统产业的中小企业的广泛欢迎和采用，广泛应用于工业生产过程控制、工业机器人、数控机床、钢铁冶金、石油化工等各个领域，成为我国中小型企业和传统工业改造方面主要的机型之一。国内的总安装容量接近 20 万套，在中国工控机发展史上留下了辉煌的一页。

**2. 第二代工控机技术造就了一个 PC-based 系统时代**

IPC 机借助于规模化的硬件资源、丰富的商业化软件资源和普及化的人才资源，迅速进入工业控制机市场。目前，中国 IPC 工控机的大小品牌约有 15 个，主要有研华、凌华、研祥、深圳艾雷斯和华北工控等。比如我国重庆钢铁公司这样的大型企业全部采用大型加热炉，拆除了原来 DCS 或单回路数字式调节器，而改用工业 PC 来组成控制系统，并采用模糊控制算法，获得了良好效果。

**3. 迅速发展和普及的第三代工控机技术 Compact PCI**

Compact PCI 是一种基于标准 PCI 总线的小巧而坚固的高性能总线技术。1994 年 PICMG（PCI Industrial Computer Manufacturers Group，PCI 工业计算机制造商联盟）提出了 Compact PCI 技术，它定义了更加坚固耐用的 PCI 版本。在电气、逻辑和软件方面，它与 PCI 标准完全兼容。卡安装在支架上，并使用标准的 Eurocard 外形。Compact PCI 工控机具有开放性、良好的散热性、高稳定性、高可靠性及可热插拔等特点，非常适合于工业现场和信息产业基础设备的应用。采用模块化的 Compact PCI 总线工控机技术开发产品，可以缩短开发时间、降低设计费用、降低维护费用、提升系统的整体性能。目前，我国已把 Compact PCI 总线工控机列为主要产业化项目之一。

## 4.3 单片微控制器

微控制器是为工业测控而设计的，又称单片机，具有明显的三高优势（集成度高、可靠性高、性价比高）。

### 4.3.1 单片机简介

单片微机是早期 single chip microcomputer 的直译，忠实地反映了早期单片微机的形态和本质。

单片微型计算机简称单片机（single chip microcomputer），又称微控制器（microcomputer unit）。将计算机的基本部件微型化，使之集成在一块芯片上。片内含有 CPU、ROM、RAM、并行 I/O、串行 I/O、定时器/计数器、中断控制、系统时钟及总线等。

随后，按照面向对象、突出控制功能，在片内集成了许多外围电路及外设接口，突破了传统意义的计算机结构，发展成 micro-controller 的体系结构，目前国外已普遍称之为微控制器 MCU（micro controller unit）。

鉴于它完全作嵌入式应用，故又称为嵌入式微控制器（embedded micro-controller）。

**1. 硬件基本结构**

（1）由运算器、控制器、存储器、输入设备和输出设备五大部分组成。

（2）总线：地址总线（AB）、数据总线（DB）和控制总线（CB）。

文档：Keil 编程软件介绍

**2. 软件基本结构**

（1）指令与程序。

指令：控制计算机完成各种操作的命令。

程序：一系列指令的有序集合。

（2）机器语言、汇编语言和高级语言。

二进制代码形式的程序就是机器语言。

（3）汇编、编译与解释程序。

汇编语言程序与高级语言程序统称为源程序。

机器语言程序称为目标程序。

文档：Proteus 仿真软件

**3. 计算机中常用的编码**

（1）美国信息交换标准代码（AS Ⅱ码）。

用 7 位二进制表示一位字符。

（2）BCD 码（二进制编码的十进制数）。

用 4 位二进制数表示 1 位十进制数（压缩 BCD 码）。

用 8 位二进制数表示 1 位十进制数（非压缩 BCD 码）。

视频：Keil 编程软件

**4. 单片机常用编程环境和硬件仿真软件介绍**

（1）Keil 编程软件（扫码）。

（2）Proteus 仿真软件（扫码）。

视频：Proteus 仿真软件

### 4.3.2　单片机特点及应用

单片机是将 CPU、存储器（RAM 和 ROM）、定时器/计数器以及 I/O 接口主要部件集成在一块芯片上的微型计算机。单片机是单片微机的简称，但准确反映单片机本质的名称应是微控制器 MCU（micro control unit）。

**1. 单片机的特点**

（1）CPU 的抗干扰性强，工作温度范围宽。

（2）CPU 可靠性强。

（3）CPU 控制功能强，但数值计算能力差。

（4）CPU 指令系统比通用微机系统简单。

（5）CPU 更新换代速度比通用微机慢。

**2. 单片机的应用**

（1）单片机在智能仪表中的应用。

（2）单片机在机电一体化中的应用。

（3）单片机在实时控制中的应用。

（4）单片机在军工领域的应用。

（5）单片机在分布式多机系统中的应用。

（6）单片机在民用电子产品中的应用。

### 4.3.3  常用的单片机产品种类

**1. 51 系列单片机**

51 单片机目前已有多种型号，8031/8051/8751 是 Intel 公司早期的产品，而 Atmel 公司的 AT89C51、AT89S52 更实用。Atmel 公司的 51 系列还有 AT89C2051、AT89C1051 等品种，这些芯片是在 AT89C51 的基础上将一些功能精简掉后形成的精简版。而市场上目前供货比较足的芯片还要算 Atmel 的 51、52 芯片，Hyundai 的 GMS97 系列，Winbond 的 78e52、78e58、77e58 等。

文档：51 系列
单片机

**2. PIC 系列单片机**

在全球都可以看到 PIC 单片机从计算机的外设、家电控制、电讯通信、智能仪器、汽车电子到金融电子各个领域的广泛应用。PIC 系列单片机又分：基本级系列，如 PIC16C5X，适用于各种对成本要求严格的家电产品选用；中级系列，如 PIC12C6XX，该级产品其性能很高，如内部带有 A-D 转换器、E2PROM 数据存储器、比较器输出、PWM 输出、I2C 和 SPI 等接口；PIC 中级系列，产品适用于各种高、中和低档的电子产品的设计中。高级系列，如 PIC17CXX，具有丰富的 I/O 控制功能，并可外接扩展 EPROM 和 RAM，适用于高、中档的电子设备中使用。

文档：PIC 系列
单片机

**3. AVR 系列单片机**

AVR 单片机是 1997 年由 Atmel 公司研发出的增强型内置 Flash 的 RISC（reduced instruction set CPU）精简指令集高速 8 位单片机。可以广泛应用于计算机外部设备、工业实时控制、仪器仪表、通信设备、家用电器等各个领域。AVR 单片机是 Atmel 公司 1997 年推出的 RISC 单片机。RISC（精简指令系统计算机）是相对于 CISC（复杂指令系统计算机）而言的。RISC 并非只是简单地去减少指令，而是通过使计算机的结构更加简单合理而提高运算速度的。

文档：AVR 系列
单片机

AVR 单片机的推出，彻底打破了这种旧设计格局，废除了机器周期，抛弃复杂指令计算机（CISC）追求指令完备的做法；采用精简指令集，以字作为指令长度单位，将内容丰富的操作数与操作码安排在一字之中（指令集中占大多数的单周期指令都是如此），取指周期短，又可预取指令，实现流水作业，故可高速执行指令。当然这种速度上的升跃，是以高可靠性为其后盾的。

#### 4. ARM 微处理器

ARM 即 advanced RISC machines 的缩写，是对一类微处理器的通称。它采用了新型的 32 位 ARM 核处理器，使其在指令系统、总线结构、调试技术、功耗以及性价比等方面都超过了传统的 51 系列单片机，同时 ARM 单片机在芯片内部集成了大量的片内外设，所以功能和可靠性都大大提高。ARM 单片机是以 ARM 处理器为核心的一种单片微型计算机，是近年来随着电子设备智能化和网络化程度不断提高而出现的新兴产物。ARM 是一家微处理

文档：ARM 微
处理器

器设计公司的名称，ARM 既不生产芯片也不销售芯片，是专业从事技术研发和授权转让的公司，世界知名的半导体电子公司都与 ARM 建立了合作伙伴关系，包括国内许多公司也从 ARM 购买芯核技术用于设计专用芯片。ARM 单片机以其低功耗和高性价比的优势逐渐步入高端市场，成了时下的主流产品。

ARM 同时还是微处理器行业的一家知名企业，设计了大量高性能、廉价、耗能低的 RISC 处理器、相关技术及软件。ARM 单片机技术具有性能高、成本低和能耗省的特点。适用于多种领域，比如嵌入控制、消费/教育类多媒体、DSP 和移动式应用等。

#### 5. DSP 微处理器

DSP（digital signal processor）是一种独特的微处理器，是以数字信号来处理大量信息的器件。其工作原理是接收模拟信号，转换为 0 或 1 的数字信号，再对数字信号进行修改、删除、强化，并在其他系统芯片中把数字数据解译回模拟数据或实际环境格式。它不仅具有可编程性，而且其实时运行速度可达每秒数以千万条复杂指令程序，远远超过通用微处理器，是数字化电子世界中日益重要的计算机芯片。它的强大数据处理能力和高运行速度，是

文档：DSP 微
处理器

最值得称道的两大特色。目前主流的 DSP 芯片主要有 TI 公司的 TI 2000 系列、TI 5000 系列、TI 6000 系列以及 ADI 公司的 ADI DSP 系列。

#### 6. MIPS 处理器

MIPS（microprocessor without interlocked piped stages）是世界上很流行的一种 RISC 处理器。MIPS 的意思是"无内部互锁流水级的微处理器"，其机制是尽量利用软件办法避免流水线中的数据相关问题。

文档：MIPS
处理器

MIPS 最早是在 20 世纪 80 年代初期由斯坦福（Stanford）大学 Hennessy 教授领导的研究小组研制出来的。MIPS 公司的 R 系列就是在此基础上开发的 RISC 工业产品的微处理器。这些系列产品为很多计算机公司采用构成各种工作站和计算机系统。可以说，MIPS 是卖得最好的 RISC CPU，从任何地方，如 Sony、Nintendo 的游戏机，Cisco 的路由器和 SGI 超级计算机，都可以看见 MIPS 产品在销售。和英特尔相比，MIPS 的授权费用比较低，这也就为除英特尔外的大多数芯片厂商所采用。之后，MIPS 公司发生战略变化，开始以嵌入式系统为重心，陆续开发了高性能、低功耗的 32 位处理器内核（core）MIPS32-4Kc 与高性能 64 位处理器内核 MIPS64 5Kc。2000 年，MIPS 公司发布了针对 MIPS32-4Kc 的版本以及 64 位 MIPS64-20Kc 处理器内核。

MIPS 最新的 R12000 芯片已经在 SGI 的服务器中得到应用，目前其主频最大可达 400 MHz。MIPS-K 系列微处理器是目前仅次于 ARM 的用得最多的处理器之一（1999 年以前 MIPS 是世界上用得最多的处理器），其应用领域覆盖游戏机、路由器、激光打印机、掌上计

算机等各个方面。MIPS 除了在手机中应用的比例极小外，在一般数字消费性、网络语音、个人娱乐、通信与商务应用市场有着相当不错的成绩。而其应用最为广泛的应属家庭视听电器（包含机顶盒）、网通产品以及汽车电子等方面。

## 4.4 可编程序控制器基础

### 4.4.1 PLC 概述

#### 1. PLC 定义

可编程序控制器（programmble controller）简称 PC 或 PLC。它是在电器控制技术和计算机技术的基础上开发出来的，并逐渐发展成为以微处理器为核心，把自动化技术、计算机技术、通信技术融为一体的新型工业控制装置。目前，PLC 已被广泛应用于各种生产机械和生产过程的自动控制中，成为一种最重要、最普及、应用场合最多的工业控制装置，被公认为现代工业自动化的三大支柱（PLC、机器人、CAD/CAM）之一。

国际电工委员会（IEC）于 1987 年颁布了可编程序控制器标准草案第三稿。在草案中对可编程序控制器定义如下："可编程序控制器是一种数字运算操作的电子系统，专为在工业环境下应用而设计。它采用可编程序的存储器，用来在其内部存储执行逻辑运算、顺序控制、定时、计数和算术运算等操作的指令，并通过数字式和模拟式的输入和输出，控制各种类型的机械或生产过程。可编程序控制器及其有关外围设备，都应按易于与工业系统联成一个整体，易于扩充其功能的原则设计。"

定义强调了 PLC 应直接应用于工业环境，必须具有很强的抗干扰能力、广泛的适应能力和广阔的应用范围，这是区别于一般微机控制系统的重要特征。同时，也强调了 PLC 用软件方式实现的"可编程序"与传统控制装置中通过硬件或硬接线的变更来改变程序的本质区别。

近年来，可编程序控制器发展很快，几乎每年都推出不少新系列产品，其功能已远远超出了上述定义的范围。

#### 2. PLC 的发展

在可编程序控制器出现前，在工业电气控制领域中，继电器控制占主导地位，应用广泛。但是电器控制系统存在体积大、可靠性低、查找和排除故障困难等缺点，特别是其接线复杂、不易更改，对生产工艺变化的适应性差。

1968 年美国通用汽车公司（G. M）为了适应汽车型号的不断更新，生产工艺不断变化的需要，实现小批量、多品种生产，希望能有一种新型工业控制器能尽可能减少重新设计和更换电器控制系统及接线，以降低成本，缩短周期。于是就设想将计算机功能强大、灵活、通用性好等优点与电器控制系统简单易懂、价格便宜等优点结合起来，制成一种通用控制装置，而且这种装置采用面向控制过程、面向问题的"自然语言"进行编程，使不熟悉计算机的人也能很快掌握使用。

1969 年美国数字设备公司（DEC）根据美国通用汽车公司的这种要求，研制成功了世界上第一台可编程序控制器，并在通用汽车公司的自动装配线上试用，取得了很好的效果。从此这项技术迅速发展起来。

早期的可编程序控制器仅有逻辑运算、定时、计数等顺序控制功能，只是用来取代传统的继电器控制，通常称为可编程序逻辑控制器（programmable logic controller）。随着微电子技术和计算机技术的发展，20 世纪 70 年代中期微处理器技术应用到 PLC 中，使 PLC 不仅具有逻辑控制功能，还增加了算术运算、数据传送和数据处理等功能。

20 世纪 80 年代以后，随着大规模、超大规模集成电路等微电子技术的迅速发展，16 位和 32 位微处理器应用于 PLC 中，使 PLC 得到迅速发展。PLC 不仅控制功能增强，同时可靠性提高，功耗、体积减小，成本降低，编程和故障检测更加灵活方便，而且具有通信和联网、数据处理和图像显示等功能，使 PLC 真正成为具有逻辑控制、过程控制、运动控制、数据处理、联网通信等功能的名副其实的多功能控制器。

自从第一台 PLC 出现以后，日本、德国、法国等也相继开始研制 PLC，并得到了迅速的发展。目前，世界上有 200 多家 PLC 厂商，400 多个品种的 PLC 产品，按地域可分成美国、欧洲和日本三个流派产品，各流派 PLC 产品都各具特色，如日本主要发展中小型 PLC，其小型 PLC 性能先进，结构紧凑，价格便宜，在世界市场上占有重要地位。著名的 PLC 生产厂家主要有美国的 A-B（Allen-Bradly）公司、GE（General Electric）公司，日本的三菱电机（Mitsubishi Electric）公司、欧姆龙（Omron）公司，德国的 AEG 公司、西门子（Siemens）公司，法国的 TE（Telemecanique）公司等。

我国的 PLC 研制、生产和应用也发展很快，尤其在应用方面更为突出。20 世纪 70 年代末和 80 年代初，我国随国外成套设备、专用设备引进了不少的 PLC。此后，在传统设备改造和新设备设计中，PLC 的应用逐年增多，并取得了显著的经济效益，PLC 在我国的应用越来越广泛，对提高我国工业自动化水平起到了巨大的作用。目前，我国不少科研单位和工厂在研制和生产 PLC，如辽宁无线电二厂、无锡华光电子公司、上海香岛电机制造公司、厦门 A-B 公司等。

从近年的统计数据看，在世界范围内 PLC 产品的产量、销量、用量高居工业控制装置榜首，而且市场需求量一直以每年 15% 的比率上升。PLC 已成为工业自动化控制领域中占主导地位的通用工业控制装置。

### 4.4.2　PLC 特点

PLC 技术之所以高速发展，除了工业自动化的客观需要外，主要是因为它具有许多独特的优点。它较好地解决了工业领域中普遍关心的可靠、安全、灵活、方便、经济等问题。PLC 技术主要有以下特点：

**1. 可靠性高、抗干扰能力强**

可靠性高、抗干扰能力强是 PLC 最重要的特点之一。PLC 的平均无故障时间可达几十万个小时，之所以这样是由于它采用了一系列的硬件和软件的抗干扰措施：

（1）硬件方面：I/O 通道采用光电隔离，有效地抑制了外部干扰源对 PLC 的影响；对供电电源及线路采用多种形式的滤波，从而消除或抑制了高频干扰；对 CPU 等重要部件采用良好的导电、导磁材料进行屏蔽，以减少空间电磁干扰；对有些模块设置了连锁保护、自诊断电路等。

（2）软件方面：PLC 采用扫描工作方式，减少了由于外界环境干扰引起的故障；在

PLC 系统程序中设有故障检测和自诊断程序，能对系统硬件电路等故障实现检测和判断；当由外界干扰引起故障时，能立即将当前重要信息加以封存，禁止任何不稳定的读写操作，一旦外界环境正常后，便可恢复到故障发生前的状态，继续原来的工作。

**2. 编程简单、使用方便**

目前，大多数 PLC 采用的编程语言是梯形图语言，它是一种面向生产、面向用户的编程语言。梯形图与电器控制线路图相似，形象、直观，不需要掌握计算机知识，很容易让广大工程技术人员掌握。当生产流程需要改变时，可以现场改变程序，使用方便、灵活。同时，PLC 编程器的操作和使用也很简单，这也是 PLC 获得普及和推广的主要原因之一。

许多 PLC 还针对具体问题，设计了各种专用编程指令及编程方法，进一步简化了编程。

**3. 功能完善、通用性强**

现代 PLC 不仅具有逻辑运算、定时、计数、顺序控制等功能，而且还具有 A-D 和 D-A 转换、数值运算、数据处理、PID 控制、通信联网等许多功能。同时，由于 PLC 产品的系列化、模块化，有品种齐全的各种硬件装置供用户选用，可以组成满足各种要求的控制系统。

**4. 设计安装简单、维护方便**

由于 PLC 用软件代替了传统电气控制系统的硬件，控制柜的设计、安装接线工作量大为减少。PLC 的用户程序大部分可在实验室进行模拟调试，缩短了应用设计和调试周期。在维修方面，由于 PLC 的故障率极低，维修工作量很小；而且 PLC 具有很强的自诊断功能，如果出现故障，可根据 PLC 上指示或编程器上提供的故障信息，迅速查明原因，维修极为方便。

**5. 体积小、重量轻、能耗低**

由于 PLC 采用了集成电路，其结构紧凑、体积小、能耗低，因而是实现机电一体化的理想控制设备。

### 4.4.3　PLC 的分类

PLC 产品种类繁多，其规格和性能也各不相同。对 PLC 的分类，通常根据其结构形式的不同、功能的差异和 I/O 点数的多少等进行大致分类。

**1. 按结构形式分类**

根据 PLC 的结构形式，可将 PLC 分为整体式和模块式两类。

（1）整体式 PLC：整体式 PLC 是将电源、CPU、I/O 接口等部件都集中装在一个机箱内，具有结构紧凑、体积小、价格低的特点。小型 PLC 一般都采用这种整体式结构。整体式 PLC 由不同 I/O 点数的基本单元（又称主机）和扩展单元组成。基本单元内有 CPU、I/O 接口、与 I/O 扩展单元相连的扩展口，以及与编程器或 EPROM 写入器相连的接口等。扩展单元内只有 I/O 和电源等，没有 CPU。基本单元和扩展单元之间一般用扁平电缆连接。整体式 PLC 一般还可配备特殊功能单元，如模拟量单元、位置控制单元等，使其功能得以扩展。

（2）模块式 PLC：模块式 PLC 是将 PLC 各组成部分，分别做成若干个单独的模块，如 CPU 模块、I/O 模块、电源模块（有的含在 CPU 模块中）以及各种功能模块。模块式 PLC 由框架或基板和各种模块组成。模块装在框架或基板的插座上。这种模块式 PLC 的特点是配置灵活，可根据需要选配不同规模的系统，而且装配方便，便于扩展和维修。大、中型 PLC 一般都采用模块式结构。

还有一些 PLC 将整体式和模块式的特点结合起来，构成所谓叠装式 PLC。叠装式 PLC 其 CPU、电源、I/O 接口等也是各自独立的模块，但它们之间是靠电缆进行连接的，并且各模块可以一层层地叠装。这样，不但系统可以灵活配置，体积还可做得小巧。

**2. 按功能分类**

根据 PLC 所具有的功能不同，可将 PLC 分为低档、中档、高档三类。

（1）低档 PLC：具有逻辑运算、定时、计数、移位以及自诊断、监控等基本功能，还可有少量模拟量输入/输出、算术运算、数据传送和比较、通信等功能。主要用于逻辑控制、顺序控制或少量模拟量控制的单机控制系统。

（2）中档 PLC：除具有低档 PLC 的功能外，还具有较强的模拟量输入/输出、算术运算、数据传送和比较、数制转换、远程 I/O、子程序、通信联网等功能。有些还可增设中断控制、PID 控制等功能，适用于复杂控制系统。

（3）高档 PLC：除具有中档机的功能外，还增加了带符号算术运算、矩阵运算、位逻辑运算、平方根运算及其他特殊功能函数的运算、制表及表格传送功能等。高档 PLC 机具有更强的通信联网功能，可用于大规模过程控制或构成分布式网络控制系统，实现工厂自动化。

**3. 按 I/O 点数分类**

根据 PLC 的 I/O 点数的多少，可将 PLC 分为小型、中型和大型三类。

（1）小型 PLC：I/O 点数为 256 点以下的为小型 PLC。其中，I/O 点数小于 64 点的为超小型或微型 PLC。

（2）中型 PLC：I/O 点数为 256 点以上、2 048 点以下的为中型 PLC。

（3）大型 PLC：I/O 点数为 2 048 以上的为大型 PLC。其中，I/O 点数超过 8 192 点的为超大型 PLC。

在实际中，一般 PLC 功能的强弱与其 I/O 点数的多少是相互关联的，即 PLC 的功能越强，其可配置的 I/O 点数越多。因此，通常所说的小型、中型、大型 PLC，除指其 I/O 点数不同外，同时也表示其对应功能为低档、中档、高档。

### 4.4.4　PLC 应用领域

目前，在国内外 PLC 已广泛应用于冶金、石油、化工、建材、机械制造、电力、汽车、轻工、环保及文化娱乐等各行各业，随着 PLC 性能价格比的不断提高，其应用领域不断扩大。从应用类型看，PLC 的应用大致可归纳为以下几个方面：

**1. 开关量逻辑控制**

利用 PLC 最基本的逻辑运算、定时、计数等功能实现逻辑控制，可以取代传统的继电器控制，用于单机控制、多机群控制、生产自动线控制等。例如：机床、注塑机、印刷机械、装配生产线、电镀流水线及电梯的控制等。这是 PLC 最基本的应用，也是 PLC 最广泛的应用领域。

**2. 运动控制**

大多数 PLC 都有拖动步进电动机或伺服电动机的单轴或多轴位置控制模块。这一功能广泛用于各种机械设备，如对各种机床、装配机械、机器人等进行运动控制。

**3. 过程控制**

大、中型 PLC 都具有多路模拟量 I/O 模块和 PID 控制功能，有的小型 PLC 也具有模拟量输入输出。所以 PLC 可实现模拟量控制，而且具有 PID 控制功能的 PLC 可构成闭环控制，用于过程控制。这一功能已广泛用于锅炉、反应堆、水处理、酿酒以及闭环位置控制和速度控制等方面。

**4. 数据处理**

现代的 PLC 都具有数学运算、数据传送、转换、排序和查表等功能，可进行数据的采集、分析和处理，同时可通过通信接口将这些数据传送给其他智能装置，如计算机数值控制（CNC）设备，进行处理。

**5. 通信联网**

PLC 的通信包括 PLC 与 PLC、PLC 与上位计算机、PLC 与其他智能设备之间的通信，PLC 系统与通用计算机可直接或通过通信处理单元、通信转换单元相连构成网络，以实现信息的交换，并可构成"集中管理、分散控制"的多级分布式控制系统，满足工厂自动化（FA）系统发展的需要。

## 4.5 国内外 PLC 产品介绍

世界上 PLC 产品可按地域分成三大流派：一个流派是美国产品，一个流派是欧洲产品，一个流派是日本产品。美国和欧洲的 PLC 技术是在相互隔离情况下独立研究开发的，因此美国和欧洲的 PLC 产品有明显的差异性。而日本的 PLC 技术是由美国引进的，对美国的 PLC 产品有一定的继承性，但日本的主推产品定位在小型 PLC 上。美国和欧洲以大中型 PLC 而闻名，而日本则以小型 PLC 著称。

**1. 美国 PLC 产品**

美国是 PLC 生产大国，有 100 多家 PLC 厂商，著名的有 A-B 公司、通用电气（GE）公司、莫迪康（Modicon）公司、德州仪器（TI）公司、西屋公司等。其中 A-B 公司是美国最大的 PLC 制造商，其产品约占美国 PLC 市场的一半。

A-B 公司产品规格齐全、种类丰富，其主推的大、中型 PLC 产品是 PLC-5 系列。该系列为模块式结构，CPU 模块为 PLC-5/10、PLC-5/12、PLC-5/15、PLC-5/25 时，属于中型 PLC，I/O 点配置范围为 256 ～ 1 024 点；当 CPU 模块为 PLC-5/11、PLC-5/20、PLC-5/30、PLC-5/40、PLC-5/60、PLC-5/40L、PLC-5/60L 时，属于大型 PLC，I/O 点最多可配置到 3 072 点。该系列中 PLC-5/250 功能最强，最多可配置到 4 096 个 I/O 点，具有强大的控制和信息管理功能。大型机 PLC-3 最多可配置到 8 096 个 I/O 点。A-B 公司的小型 PLC 产品有 SLC500 系列等。

GE 公司的代表产品是：小型机 GE-1、GE-1/J、GE-1/P 等，除 GE-1/J 外，均采用模块结构。GE-1 用于开关量控制系统，最多可配置到 112 个 I/O 点。GE-1/J 是更小型化的产品，其 I/O 点最多可配置到 96 点。GE-1/P 是 GE-1 的增强型产品，增加了部分功能指令（数据操作指令）、功能模块（A-D、D-A 等）、远程 I/O 功能等，其 I/O 点最多可配置到 168 点。中型机 GE-Ⅲ比 GE-1/P 增加了中断、故障诊断等功能，最多可配置到 400 个 I/O 点。大型机 GE-Ⅴ比 GE-Ⅲ增加了部分数据处理、表格处理、子程序控制等功能，并具有较强的通信功能，最多可配置到 2 048 个 I/O 点。GE-Ⅵ/P 最多可配置到 4 000 个 I/O 点。

德州仪器（TI）公司的小型 PLC 新产品有 510、520 和 TI100 等，中型 PLC 新产品有

TI300、5TI 等，大型 PLC 产品有 PM550、530、560、565 等系列。除 TI100 和 TI300 无联网功能外，其他 PLC 都可实现通信，构成分布式控制系统。

莫迪康（Modicon）公司有 M84 系列 PLC。其中 M84 是小型机，具有模拟量控制、与上位机通信功能，最多 I/O 点为 112 点。M484 是中型机，其运算功能较强，可与上位机通信，也可与多台联网，最多可扩展 I/O 点为 512 点。M584 是大型机，其容量大、数据处理和网络能力强，最多可扩展 I/O 点为 8 192 点。M884 是增强型中型机，它具有小型机的结构、大型机的控制功能，主机模块配置 2 个 RS-232C 接口，可方便地进行组网通信。

**2. 欧洲 PLC 产品**

德国的西门子（Siemens）公司、AEG 公司、法国的 TE 公司是欧洲著名的 PLC 制造商。德国西门子的电子产品以性能精良而久负盛名。在中、大型 PLC 产品领域与美国的 A-B 公司齐名。

西门子 PLC 主要产品是 S5、S7 系列。在 S5 系列中，S5-90U、S-95U 属于微型整体式 PLC；S5-100U 是小型模块式 PLC，最多可配置到 256 个 I/O 点；S5-115U 是中型 PLC，最多可配置到 1 024 个 I/O 点；S5 115UH 是中型机，它是由两台 SS-115U 组成的双机冗余系统；S5-155U 为大型机，最多可配置到 4 096 个 I/O 点，模拟量可达 300 多路；SS-155H 是大型机，它是由两台 S5-155U 组成的双机冗余系统。而 S7 系列是西门子公司在 S5 系列 PLC 基础上近年推出的新产品，其性能价格比高，其中 S7-200 系列属于微型 PLC，S7-300 系列属于中小型 PLC，S7-400 系列属于中高性能的大型 PLC。

**3. 日本 PLC 产品**

日本的小型 PLC 最具特色，在小型机领域中颇具盛名，某些用欧美的中型机或大型机才能实现的控制，日本的小型机就可以解决。在开发较复杂的控制系统方面明显优于欧美的小型机，所以格外受用户欢迎。日本有许多 PLC 制造商，如三菱、欧姆龙、松下、富士、日立、东芝等，在世界小型 PLC 市场上，日本产品约占有 70% 的份额。

三菱公司的 PLC 是较早进入中国市场的产品。其小型机 F1/F2 系列是 F 系列的升级产品，早期在我国的销量也不小。F1/F2 系列加强了指令系统，增加了特殊功能单元和通信功能，比 F 系列有了更强的控制能力。继 F1/F2 系列之后，20 世纪 80 年代末三菱公司又推出 FX 系列，在容量、速度、特殊功能、网络功能等方面都有了全面的加强。FX2 系列是在 20 世纪 90 年代开发的整体式高功能小型机，它配有各种通信适配器和特殊功能单元。FX2N 几年推出的高功能整体式小型机，它是 FX2 的换代产品，各种功能都有了全面的提升。近年来还不断推出满足不同要求的微型 PLC，如 FX0S、FX1S、FX0N、FX1N 及 α 系列等产品。

三菱公司的大中型机有 A 系列、QnA 系列、Q 系列，具有丰富的网络功能，I/O 点数可达 8 192 点。其中 Q 系列具有超小的体积、丰富的机型、灵活的安装方式、双 CPU 协同处理、多存储器、远程口令等特点，是三菱公司现有 PLC 中最高性能的 PLC。

欧姆龙（Omron）公司的 PLC 产品，大、中、小、微型规格齐全。微型机以 SP 系列为代表，其体积极小，速度极快。小型机有 P 型、H 型、CPM1A 系列、CPM2A 系列、CPM2C、CQM1 等。P 型机现已被性价比更高的 CPM1A 系列所取代，CPM2A/2C、CQM1 系列内置 RS-232C 接口和实时时钟，并具有软 PID 功能，CQM1H 是 CQM1 的升级产品。中型机有 C200H、C200HS、C200HX、C200HG、C200HE、CS1 系列。C200H 是前些年畅销的高性能中型机，配置齐全的 I/O 模块和高功能模块，具有较强的通信和网络功能。

C200HS 是 C200H 的升级产品，指令系统更丰富、网络功能更强。C200HX/HG/HE 是 C200HS 的升级产品，有 1 148 个 I/O 点，其容量是 C200HS 的 2 倍，速度是 C200HS 的 3.75 倍，有品种齐全的通信模块，是适应信息化的 PLC 产品。CS1 系列具有中型机的规模、大型机的功能，是一种极具推广价值的新机型。大型机有 C1000H、C2000H、CV（CV500/CV1000/CV2000/CVM1）等。C1000H、C2000H 可单机或双机热备运行，安装带电插拔模块，C2000H 可在线更换 I/O 模块；CV 系列中除 CVM1 外，均可采用结构化编程，易读、易调试，并具有更强大的通信功能。

松下公司的 PLC 产品中，FPO 为微型机，FP1 为整体式小型机，FP3 为中型机，FP5/FP10、FP10S（FP10 的改进型）、FP20 为大型机，其中 FP20 是最新产品。松下公司近几年 PLC 产品的主要特点是：指令系统功能强；有的机型还提供可以用 FP-BASIC 语言编程的 CPU 及多种智能模块，为复杂系统的开发提供了软件手段；FP 系列各种 PLC 都配置通信机制，由于它们使用的应用层通信协议具有一致性，这就给构成多级 PLC 网络和开发 PLC 网络应用程序带来了方便。

### 4. 国产 PLC 品牌

我国 PLC 技术在中小型产品方面已取得不错的成绩，但是在高端产品领域则面临严重的不足，这也是我国装备制造业的通病。国内 PLC 厂商能够确切了解中国用户的需求，并适时地根据中国用户的要求开发、生产适销对路的 PLC 产品。例如，和利时公司具有 12 年的控制类产品生产、销售及工程实施经验，积累了大量客户资源，了解国内不同行业、不同地区、不同所有制用户的真正需求，因此在产品设计时可以充分考虑中国用户的需求和使用习惯，产品的针对性和易用性更强。

我国有许多厂家、科研院所从事 PLC 的研制与开发，如中国科学院自动化研究所的 PLC-0088，北京联想计算机集团公司的 GK-40，上海机床电器厂的 CKY-40，上海起重电器厂的 CF-40MR/ER，苏州电子计算机厂的 YZ-PC-001A，原机电部北京机械工业自动化研究所的 MPC-001/20、KB-20/40，杭州机床电器厂的 DKK02，天津中环自动化仪表公司的 DJK-S-84/86/480，上海自立电子设备厂的 KKI 系列，上海香岛机电制造有限公司的 ACMY-S80、ACMY-S256，无锡华光电子工业有限公司（合资）的 SR-10、SR-20/21 等。

此外，中国品牌还有信捷、深圳奥越信、和利时、德维深、浙大中控、浙大中自、合信、台达（台）、兰州全志、科威、科赛恩、盟立（台）、士林（台）、永宏（台）、智国（台）、台安（台）、正航、厦门海为、智达、丰炜（台）、亿维、伟创、南大傲拓等。

由于是完全本地化的研发、生产、销售和技术支持，国内 PLC 厂商可以根据用户的特殊需求定制个性化产品。在实际工作中，有些用户希望在一个 PLC 模块上同时具有开关量输入、开关量输出、模拟量输入和模拟量输出等功能，同时输出既要有继电器的，还要有晶体管的。这种一般通用 PLC 不能提供的特殊需求，国内 PLC 厂商可以快速为用户专门定制。跨国公司的中国用户和中国雇员很难迅速将这种特殊需求直接反馈到国外的生产厂家，难以促成产品的改进。这将促进我国的 PLC 技术在赶超世界先进水平的道路上快速发展。

文档：嵌入式系统

以上分别说明了单片机与 PLC 的控制基本知识，但实际工程中，它们并不是各自独立而使用的，目前涌现出嵌入式系统，就是将单片机系统嵌入 PLC 的功能用于控制系统，简单地说就是系统的应用软件与系统的硬件一体化，类似于 BIOS 的工作方式。具有软件代码小、高度自动化、响应速度快等特点。特别适合于要求实时的和多任务的体系，这样可大大简化单片机系统的研制时间，性能得到保障，效益也就有保证。

## 【小结与拓展】

机电一体化系统中使用了多种控制技术。按输出量对控制作用的影响，可分为顺序控制和反馈控制。顺序控制依据时间、逻辑、条件等顺序决定被控对象的运行步骤，是开环控制系统；反馈控制系统依据被控对象的运行状态决定被控对象的变化趋势，亦称闭环控制系统，具有抑制系统内部和外部各种干扰对系统输出影响的能力。

用来精确地跟随或复现某个过程的反馈控制系统，又称随动系统。在很多情况下，伺服系统专指被控制量（系统的输出量）是机械位移或位移速度、加速度的反馈控制系统，其作用是使输出的机械位移（或转角）准确地跟踪输入的位移（或转角）。伺服控制系统最初用于船舶的自动驾驶、火炮控制和指挥仪中，后来逐渐推广到很多领域，特别是自动车床、天线位置控制、导弹和飞船的制导等。采用伺服系统主要是为了达到下面几个目的：①以小功率指令信号控制大功率负载；②在没有机械连接的情况下，由输入轴控制位于远处的输出轴，实现远距同步传动；③使输出机械位移精确地跟踪电信号，如记录和指示仪表等。

按系统输出量的形式，可分为位置控制、速度控制、加速度控制、力和力矩控制。按系统输入信号的变化规律，可将控制系统分为定值控制系统、过程控制系统和随动系统。定值控制系统的特点是，在外界干扰作用下使系统输出仍基本保持为常量，如恒温调节系统等；过程控制系统的特点是，在外界条件作用下系统的输出按预定程序变化，如机床的数控系统等；随动系统的特点是，系统的输出以一定的精度复现系统的输入信号，能相应于输入在较大范围内按任意规律变化，如自动火炮系统。

按系统中所处理信号的形式，可将控制系统分为连续控制系统和离散控制系统。在连续控制系统中，信号是以连续的模拟信号形式被处理和传递的，控制器采用硬件模拟电路实现。在离散控制系统中，主要采用计算机对数字信号进行处理，控制器是以软件计算法为主的数字控制器。

按系统输出功率，控制系统可分为仪表伺服控制和功率伺服控制。仪表伺服控制的功率在 200 W 以下，功率伺服控制功率范围在几十到几百 kW。

按被控对象自身的特性，还可将控制系统分成线性系统与非线性系统、确定系统与随机系统、集中参数系统与分布参数系统、时变系统与时不变系统等。

## 【思考与习题】

4-1. 什么是工业控制计算机？

4-2. 工业控制计算机有什么特点和要求？

4-3. STD 总线工控机和 PC 总线工控机有哪些特点？

4-4. 什么是总线？总线怎样分类？

4-5. 数据传输介质有哪几类？应用场合如何？

4-6. 简述单片机的发展过程。

4-7. AT89C51 单片机内部结构由哪几部分组成？

4-8. ARM 嵌入式系统的含义是什么？

4-9. 程序计数器 PC 的作用是什么？它怎样工作？

4-10. 什么是对 I/O 接口的"读—修改—写"操作？

4-11. IPC 与 PC 有什么区别？

4-12. 单片机的种类有哪些？各自有什么特点？

4-13. PLC 与电器控制、微机控制相比主要优点是什么？

4-14. PLC 主要的编程语言有哪几种？各有什么特点？

4-15. 按结构形式不同，PLC 可分为哪几类？各有什么特点？

4-16. PLC 有什么特点？为什么 PLC 具有高可靠性？

4-17. PLC 主要性能指标有哪些？各指标的意义是什么？

4-18. PLC 控制与电器控制比较，有何不同？

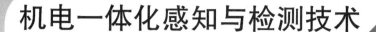

# 第5章 机电一体化感知与检测技术

## 【目标与解惑】

(1) 熟悉机电一体化检测系统的功用与特性；
(2) 掌握机电一体化中常用传感器的特点；
(3) 掌握机电一体化中检测系统的组成及其原理；
(4) 理解莫尔条纹传感检测原理及其物理意义；
(5) 了解模拟量检测与数字量检测的组成及工作原理。

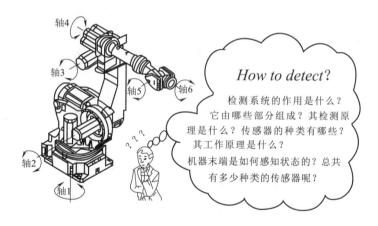

## 5.1 检测系统的功用与特性

### 5.1.1 检测系统的基本功能

检测系统是机电一体化系统的一个基本要素，其功能是对系统运行中所需的自身和外界环境参数及状态进行检测，将其变换成系统可识别的电信号，传递给信息处理单元。如果把机电一体化系统中的机械系统看作人的手足，信息处理系统看作人的大脑，则检测系统好比人的"感觉器官"。

根据被检测物理量特性不同，检测系统可以分为运动学参数检测系统，主要完成位移、速度、加速度及振动的检测；力学参数检测系统，主要检测拉压力、弯扭力矩及应力等；其他物理量检测系统，如温度检测、湿度检测、酸碱度检测、光照强度及声音检测等；图像检测系统，主要指利用摄像头及图像采集电路完成图像的输入。

机电一体化检测系统关键部件——传感器，同时具有其静态特性与动态特性。

传感器的静态特性是指传感器的输入信号不随时间变化或变化非常缓慢时所表现出来的输出响应特性。因为这时输入量和输出量都和时间无关，所以传感器的静态特性可用一个不含时间变量的代数方程，或以输入量作为横坐标，以与其对应的输出量作为纵坐标而画出的特性曲线来描述。表征传感器静态特性的主要参数有：线性范围、线性度、灵敏度、精确度、分辨率、迟滞和稳定性等。

所谓传感器的动态特性，是指其输出对随时间变化的输入量的响应特性。在实际工作中，传感器的动态特性常用它对某些标准输入信号的响应来表示。这是因为传感器对标准输入信号的响应容易用实验方法求得，并且它对标准输入信号的响应与它对任意输入信号的响应之间存在一定的关系，往往知道了前者就能推定后者。最常用的标准输入信号有阶跃信号和正弦信号两种。传感器的动态特性常用阶跃响应和频率响应来表示。

文档：传感器的
动态特性

### 5.1.2 检测系统的基本要求

根据检测信号的时间特性不同，检测系统又可分为模拟量检测系统和数字量检测系统。模拟量检测系统在完成时间上连续、具有幅值意义的连续信号检测，而数字量检测系统在完成时间上不连续、没有幅值意义的脉冲信号检测。

在满足检测系统基本功能要求的前提下，在工程实际中应以技术上合理可行，经济上节约为基本原则，对设计的检测系统应提出基本要求。

#### 1. 灵敏度及分辨率

灵敏度 $S$ 是检测系统的一个基本参数。当检测系统的输入 $x$ 有一个微小的增量 $\Delta x$ 时，引起输出 $y$ 发生相应变化 $\Delta y$，则称

$$S = \Delta y / \Delta x \tag{5-1}$$

为该系统的绝对灵敏度，如一位移检测装置在位移变化 1 mm 时，输出的电压变化为 30 mV，则其灵敏度为 30 mV/mm。

分辨率是检测系统对被测量敏感程度的另一种表示形式，它是指系统能检测到的被检测量的最小变化，如一个位移检测系统的分辨率为 0.2 mm，是指当位移变化小于 0.2 mm 时，不能保证系统的输出在允许的误差范围内。一般情况下系统灵敏度越高，其分辨能力就越强，而分辨率高也意味着系统具有高的灵敏度。

原则上说，检测系统的灵敏度应尽可能高一些，高灵敏度意味着它能"感知"到被检测对象的微小变化。但是，高灵敏度或高分辨率系统对信号中的噪声成分也同样敏感，噪声也可能被系统的放大环节放大。如何达到既能检测到微小的被检测量的变化，又能使噪声被抑制到最小程度，是检测系统主要技术目标之一。

高灵敏度或高分辨率的检测系统，其有效量程范围往往不是很宽，稳定性也往往不是很好。因此，在选择设计测试系统时，应综合考虑上述各因素，合理确定测试系统的灵敏度及分辨率。

#### 2. 精确度

精确度又称准确度，它表示检测系统所获得的检测结果与被测量真值的一致程度，精确度在一定程度上反映出检测系统各类误差的综合情况。精确度越高，表明检测结果中包含系统自身误差和随机误差就越小。

根据误差理论，一个检测系统的精确度取决于组成系统的各环节精确度的最小值。所以在选择设计检测系统时，应该尽可能保持各环节具有相同或相近的精确度。如果某一环节精确度太低，会影响整个系统的精确度。若不能保证各环节具有相同的精确度，应该按前面环节精确度高于后面环节的原则布置系统。

选择一个检测系统的精确度，应从检测系统的最终目的及经济情况等几方面综合考虑，如为了控制农机具的入土深度而进行的地表不平度的检测，由于入土深度并不要求很高的准确度，则检测系统的精确度也不必选择很高。如果为了控制机械手进行某项精确的作业，其机械手的各位置及姿态检测就应要求达到较高的精确度。另外，精确度高的设备或部件，其价格通常也很高，为了获得最佳的系统性能价格比，也应适当、合理地选择检测系统的精确度。

**3. 系统的频率响应特性**

一个检测系统，对不同频率的输入信号的响应总有一定差别，在一定频率范围内保持这种差别最小是十分重要的。系统响应特性表现在两个方面，一是将等幅值不同频率的信号输入给测试系统，其输出信号的幅值不可能保持完全相等，总要有一定的变化。某一频率附近的输出幅值可能大于其他频率的幅值，对于测试系统，这种变化会产生一定的系统误差。二是系统的输出信号和输入信号相比，在时间上总会有一些延迟，显然这种延迟时间越短越好。在选择设计测试系统时，特别是被检测信号频率较高，或要求能对被测量的变化做出快速反应的系统，应该充分考虑检测系统的频率响应特性。

**4. 稳定性**

稳定性表示在规定的测试条件下，检测系统的特性随时间的推移而保持不变的能力。影响系统稳定性的因素主要有环境参数、组成系统元器件的特性等。如温度、湿度、振动情况、电源电压波动情况、元件温度变化系数等。

在被测量不变的情况下，经过一定时间后，其输出发生变化，这种现象称为漂移。如果输入量为零，这种漂移又叫零漂。系统的漂移或零漂一般是由于系统本身对温度的变化敏感，以及元器件特性不稳定等因素引起的。显然这种漂移是我们所不希望的，设计检测系统时应采取一定措施减小这种漂移。

**5. 线性特性**

检测系统的线性特性反映了系统的输入、输出能否像理想系统那样保持常值的比例关系。检测系统的线性特性可用系统的非线性度来表示。所谓非线性度是指在有效量程范围内，测量值与由测量值拟合成的直线间最大相对偏差。系统产生非线性度的因素主要是由于组成系统的元件存在非线性，或系统设计参数选择不合理，使某些环节或部件工作状态进入非线性区。在选择设计检测系统时，非线性度应该控制在一定的范围内。

**6. 检测方式**

检测系统在实际工作条件下的测量方式也是设计选择系统时应考虑的因素之一，如接触式与非接触式检测、在线检测与非在线检测等。采用不同的检测方式，对系统的要求也有所不同。

对运动学参数量的检测，一般采用非接触式检测方法。接触检测不仅会对被检测量产生一定程度的不良影响，而且存在着许多难以解决的技术问题，如接触状态的变化、检测头的磨损等。对非运动参数的检测，如非运动部件的受力检测、温度的检测等，可以或必须采用接触方式进行检测，接触式检测不但更容易获得信号，而且系统的造价也要低一些。

在线检测是指在被检测系统处于正常工作情况下的检测，显然在线检测可以获得更真实的数据，在机电一体化系统中的检测多数为在线检测。在线检测必须在现场实时条件下进行，在选择设计检测系统时应充分考虑系统的工作环境和一些不可控因素对被检测量的影响及对检测系统工作状态的影响等因素。

## 5.2 常用传感器

传感器是将机电一体化系统中被检测对象的各种物理变化量变为电信号的一种变换器，主要用于检测机电一体化系统自身与作业对象、作业环境的状态，为有效地控制机电一体化系统的动作提供信息。所以说，在机电一体化产品中，传感器及其检测系统不仅是一个必不可少的组成部分，而且已成为机与电有机结合的一个重要纽带。机电一体化系统中常用的传感器主要有位移（位置）传感器、速度传感器、压力传感器、转矩传感器、温度传感器等。本节主要介绍线位移传感器、角位移传感器及转速传感器、加速度与速度传感器、力传感器、接近传感器与距离传感器、温度、流量传感器。

传感器是检测系统中的第一个环节，其性能直接影响检测系统的性能。因此，合理选择设计传感器是整个检测系统设计的关键。

由于机电一体化系统中被检测物理量的种类较多，并且传感器的工作原理不同，因此传感器的种类也很繁多。有些传感器可以同时检测多个参数，而一种参数又可以用不同类型的传感器进行检测。表 5-1 列举了传感器的常见分类方法。

表 5-1 传感器的常见分类方法

| 分类方法 | 传感器种类 | 说　明 |
|---|---|---|
| 按被检测量 | 角位移传感器、线位移传感器、速度传感器、加速度传感器、温度传感器、压力传感器等 | 以被检测物理量命名 |
| 按工作原理分类 | 应变式传感器、电感式传感器、电磁式传感器、光电式传感器、压电式传感器、热电式传感器 | 根据传感器工作原理命名 |
| 按输出信号分类 | 模拟量传感器<br>数字量传感器 | 输出为模拟量<br>输出为数字量 |

### 5.2.1 线位移传感器

线位移传感器是利用敏感元件某些电参数随位移变化而改变的特性进行工作的。常用的线位移传感器有电阻式、电感式、电容式、编码式和光栅式等。

**1. 电阻式线位移传感器**

电阻式线位移传感器又分为电位器式和电阻应变式。电位器式传感器结构原理如图 5-1 所示。被测部件的移动通过拉杆带动电刷 $C$ 移动，从而改变 $C$ 点的电位，通过检测 $C$ 点的电位即可达到检测 $C$ 点位移的目的。电阻器可以是一段均匀的电阻丝，也可以利用线绕电阻器，对小位移的测量也可以采用精密的直线碳膜线性电阻。

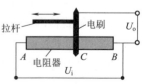

图 5-1 电位器式
传感器结构原理

电阻应变式位移传感器是通过检测弹性元件位移而产生应变的原理来间接检测位移的。

## 2. 电感式线位移传感器

电感式线位移传感器分为差动电感式和差动变压器式两种类型。差动电感式线位移传感器利用磁芯在感应绕组中位置的变化引起两个绕组电感的改变原理，实现位移检测，其结构原理如图 5-2 所示。磁芯一般采用铁氧体，线圈管可采用硬质绝缘树脂管或硬质塑料管，两绕组要求匝数及疏密相同，以保证感抗相同。差动变压器式是在互感传感器基础上，在两个互感绕组中间再增加一个励磁绕组，并利用一定频率的电流进行励磁，产生交变磁场，在绕组 A 和绕组 B 上分别产生感应电压。

两种电感式传感器绕组接法都接成差动式。差动电感式接线图如图 5-3 所示，两绕组接入交流电桥的邻臂，当两绕组电感不相同时，电桥失去平衡，进而通过电桥的输出检测出磁芯的位移。电感式线位移传感器具有动态范围宽、分辨率高及线性度好等特点，缺点是回程误差较大。动态范围最大一般可达到 500 ~ 1 000 mm，非线性度一般小于 1%，最小分辨率可以达到 0.01 μm。

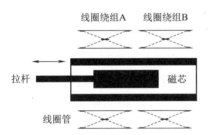

图 5-2　差动电感式线位移传感器结构原理

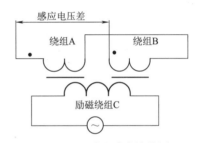

图 5-3　差动电感式接线图

## 3. 电容式线位移传感器

电容式线位移传感器具有灵敏度高、精度高等优点。相对于其他传感器来说，电容式线位移传感器的温度稳定性好，其结构简单，易于制造，并保证高的精度，能在高温、低温、强辐射及强磁场等各种恶劣环境条件下工作，适应性强；它的静电引力小，动态响应好，可用于测量高速变化的参数，如测量振动、瞬时压力等；它能够实现非接触测量，在被测件不能受力，或高速运动，或表面不连接，或表面不允许划伤等不允许采用接触测量的情况下，电容式线位移传感器可以完成测量任务；当采用非接触测量时，电容式线位移传感器具有平均效应，可以减少工件表面粗糙度等对测量的影响。因其所需的输入力和输入能量极小，因而可测极低的压力、很小的加速度、位移等。

由电学知识可知，平行板电容器的电容值 $C$ 取决于极板的有效面积 $S$，极板间介质的介电常数 $\varepsilon$，以及两极板间的距离 $\delta$，参数之间关系如下：

$$C = \varepsilon S / \delta \tag{5-2}$$

显然，只要改变其中任意一个参数，就会引起电容值的变化。如改变两极板的有效面积，通过检测电路将电容量的变化转变成电信号输出，即可确定位移的大小。

电容式线位移传感器具有结构简单、动态特性好、灵敏度高等特点，并可用于非接触检测，故被广泛应用于检测系统中。

## 4. 编码式线位移传感器

编码式线位移传感器是利用一组电刷拾取按一定编码方式，对不同位置进行 0/1 编码的编码尺上的电位来检测电刷的位置。图 5-4 所示为一具有四位码的编码式线位移传感器原理图。

为了减少两组相邻编码之间由于过多改变位码数而造成的编码竞争，在安排编码时应保证相邻两组编码间只有一位变化，图 5-4 中给出了 16 个编码的安排方案，这点与二进制编码方法不同。

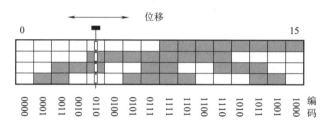

图 5-4　编码式线位移传感器原理图

由于编码式线位移传感器利用电刷拾取编码，其分辨率不会太高，也容易由于磨损等原因造成编码错误，并且工作时需要经常维护，因此这种传感器已逐渐被光栅式传感器所取代。

**5. 光栅式线位移传感器**

光栅式线位移传感器结构原理如图 5-5 所示。传感器由光栅和光电组件组成，当光栅和光电组件产生相对位移时，光敏晶体管便产生相应的脉冲信号，通过检测电路（或计算机系统）对产生的脉冲进行计数，即可确定其相对位移量。所谓光栅实际上是一条均匀刻印条纹的塑料带，条纹间距可以做得很小，一般可以做到 μm 级，以提高位移检测精度。光栅式线位移传感器具有动态范围大、分辨率高等特点，广泛应用在精密仪器、数控机床上。

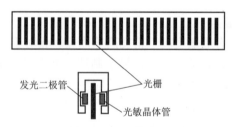

图 5-5　光栅式线位移传感器结构原理

对于栅距 $d$ 相等的指示光栅和标尺光栅，当两光栅尺沿线纹方向保持一个很小的夹角 $\theta$、刻划面相对平行且有一个很小的间隙（一般取 0.05 mm，0.1 mm 放置）时，在光源的照射下，由于光的衍射或遮光效应，在与两光栅线纹角 $\theta$ 的平分线相垂直的方向上，形成明暗相间的条纹，这种条纹称"莫尔条纹"。由于 $\theta$ 角很小，所以莫尔条纹近似垂直于光栅的线纹，故有时称莫尔条纹为横向莫尔条纹。莫尔条纹中两条亮纹或两条暗纹之间的距离称为莫尔条纹的宽度，以 $w$ 表示，如图 5-6 所示。

莫尔条纹具有如下特性：

1）起放大作用

不难证明，在倾斜角 $\theta$ 很小时，莫尔条纹宽度 $w$ 与栅距 $d$ 之间有如下关系：

$$w = \frac{d}{2\sin\dfrac{\theta}{2}} \approx \frac{d}{\theta} \tag{5-3}$$

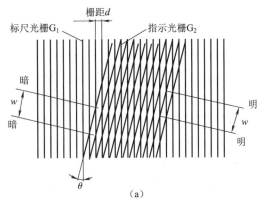
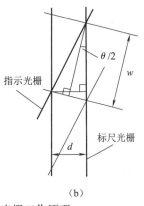

视频：莫尔条纹

图 5-6　斜交重叠光栅工作原理

（a）莫尔条纹形成原理；（b）莫尔条纹放大原理

放大比 $k$ 为

$$k = \frac{w}{d} = \frac{1}{\theta} \tag{5-4}$$

若取 $d = 0.01$ mm，$\theta = 0.02$ rad，则 $w = 5$ mm，$k = 500$。可见，无须复杂的光学系统和电子放大线路，利用光的干涉现象，就能把光栅的栅距 $d$ 转换成放大 500 倍的莫尔条纹宽度 $w$。

2）实现平均误差作用

莫尔条纹是由大量光栅线纹干涉共同形成的，使得栅距之间的相邻误差被平均化了，消除了由光栅线纹的制造误差导致的栅距不均匀而造成的测量误差。

3）莫尔条纹的移动与栅距之间的移动成比例

当光栅移动一个栅距时，莫尔条纹也相应移动一个莫尔条纹宽度；若光栅移动方向相反，则莫尔条纹移动方向也相反。莫尔条纹移动方向与两光栅夹角 $\theta$ 移动方向垂直。这样，测量光栅水平方向移动的微小距离就可用检测莫尔条纹的变化代替。

### 5.2.2　角位移传感器及转速传感器

#### 1. 电阻式角位移传感器

电阻式角位移传感器的工作原理和电位器式线位移传感器相似，不同之处是将电阻器做成圆弧形，电刷绕中心轴做旋转运动，这样电刷输出的电压就反映了电刷的转角。电阻式角位移传感器具有结构简单、动态范围大、输出信号强等特点；缺点是在圆弧形电阻器各段电阻率不一致的情况下，会产生误差。

#### 2. 旋转变压器角位移传感器

旋转变压器实际上是初级和次级绕组之间的角度可以改变的变压器。常规变压器的两个绕组之间是固定的，其输入电压和输出电压之比保持常数。旋转变压器励磁绕组和输出绕组分别安装在定子和转子上，如图 5-7 所示。如果两绕组夹角为 $\theta$，励磁电压为 $U_i$，则在次级感应的输出电压为

$$U_o = kU_i\cos\theta \tag{5-5}$$

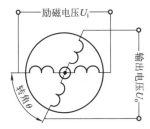

图 5-7　旋转变压器
传感器原理图

其中 $k$ 是一个与绕组匝数及铁心结构有关的常数。旋转变压器具有精度高、可靠性好等特点，广泛应用在各种机电一体化系统中。

**3. 电容角位移传感器**

电容角位移传感器的工作原理如图 5-8 所示。当动极板产生角位移时，电容器的工作面积发生变化，电容量随之改变；检测电路检测这种电容量变化，即可确定角位移。实际电容角位移传感器可以采用多极板并联，这样可以在减小体积的同时增大电容量，提高检测精度。

**4. 光栅角位移传感器**

与光栅式线位移传感器相比，光栅角位移传感器是将光栅刻印在圆盘的圆周上，当圆盘转动时，光敏晶体管即有脉冲输出，对脉冲进行计数即可得角位移。为了识别光栅盘的转动方向，可以利用相差 $(n+1/4)$ 个光栅间距的两个光电组件拾取光栅脉冲，如图 5-9 所示，根据两个脉冲序列的相位差就可以识别方向，如 A 光敏晶体管输出的脉冲比 B 提前 1/4 个周期，说明光栅盘逆时针旋转，如果 B 比 A 提前 1/4 个周期，说明光栅盘顺时针旋转。光栅角位移传感器可以测量任意转角，并可利用增速齿轮将被测转角进行放大，得到高精度的角位移测量值。

图 5-8　电容角位移传感器的工作原理

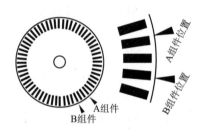

图 5-9　光栅式角位移传感器原理

如果对光栅的脉冲信号进行等时间段计数，或检测出两相邻脉冲的时间间隔，即可计算出转速。

此外，接触式码盘是一种重要的检测装置，可直接把被测转角用数字代码表示出来，且每一个角度位置均有表示该位置的唯一对应的代码，因此这种测量方式即使断电或切断电源，也能读出转动角度。它分为绝对式与相对式两种。

图 5-10（a）所示为 4 位二进制码盘。它在一个不导电基体上做成许多同心圆形码道和周向等分扇区，其中涂黑部分为导电区，用"1"表示；其他部分为绝缘区，用"0"表示。这样，在每一个扇区，都有由"1""0"组成的二进制代码，即每个扇区都可由 4 位二进制码表示。最里一圈是公共圈，它和各码道所有导电部分连在一起，经电刷和电阻接电源正极。除公用圈以外，4 位二进制码盘的四圈码道上也都装有电刷，电刷经电阻接地。由于码盘是与被测转轴连在一起的，而电刷位置是固定的，则当码盘随被测轴一起转动时，电刷和码盘的位置发生相对变化，若电刷接触的是导电区域，则经电刷、码盘、电阻和电源形成回路，该回路中的电阻上有电流流过，为"1"；反之，若电刷接触的是绝缘区域，则不能形成回路，电阻上无电流流过，为"0"，由此可根据电刷的位置得到由"1""0"组成的 4 位二进制码。通过图 5-10 可看出电刷位置与输出二进制代码的对应关系。

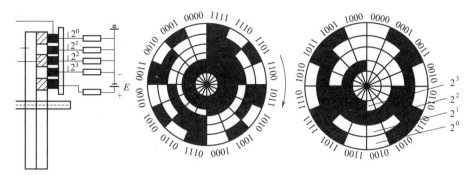

图 5-10　接触式码盘

（a）4 位二进制码盘；（b）4 位格雷码盘

不难看出，码道的圈数就是二进制的位数，且高位在内，低位在外。由此可以推断出，若是 $n$ 位二进制码盘，就有 $n$ 圈码道，且圆周均分为 $2n$ 等份，即共有 $2n$ 个数据来分别表示其不同位置，所能分辨的最小角度 $\alpha$ 为：$\alpha = 360° / (2n)$。

显然，位数 $n$ 越大，所能分辨的角度越小，测量精度就越高。所以，若要提高分辨力，就必须提高码道数，即二进制位数。目前接触式码盘一般可以做到 8～14 位二进制。若要求位数更多，则采用组合码盘，一个作为粗计码盘，另一个作为精计码盘。精计码盘转一圈，粗计码盘依次转一格。如果一个组合码盘是由两个 8 位二进制码盘组合而成的，那么便可得到相当于 16 位的二进制码盘，这样就使测量精度大大提高，但结构相当复杂。

接触式绝对值编码器优点是简单、体积小、输出信号强。缺点是电刷磨损造成寿命降低，转速不能太高（每分钟几十转），精度受外圈（最低位）码道宽度限制，因此使用范围有限。

**5. 磁电式角位移传感器及转速传感器**

如果利用导磁材料制成的齿轮代替光栅传感器的光栅盘，利用磁钢芯绕组代替光电组件，由于齿轮的转动会影响磁路的磁阻，使磁通量发生变化，进而在绕组中会产生相应的感应脉冲电压。对脉冲电压整形后进行计数，也可以达到测量角位移及角速度的目的。

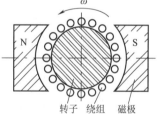

图 5-11　测速发电机结构原理

检测转速还可以使用测速发电机，其结构原理如图 5-11 所示。由于导线在均匀磁场中做切割磁力线运动所产生的感应电压与运动的速度成正比，因此发电机产生的电压就能够反映其转速。

### 5.2.3　加速度与速度传感器

**1. 压电式加速度传感器**

一些晶体材料，如石英、钛酸钡等，受到外压力作用发生变形时，其内部发生极化，在材料的表面上会产生电荷，形成电场。压力发生变化，表面电荷量也会随之发生变化，这种现象叫压电效应。利用压电效应，可以把机械力变化转换成电荷量的变化，做成压电传感器。

压电材料通常分为两类，一类为单晶体压电材料，如石英；另一类为多晶体压电陶瓷，如钛酸钡。石英晶体具有性能稳定、机械强度高、绝缘性能好等优点，但石英晶体的压电效应较小、介电常数小，对后继电路要求较高，通常应用在有特殊要求的传感器中。压电陶瓷材料是经人工高温烧结而成的，通过调整材料成分或控制烧结温度等处理，可以制造出具有大的压电常数和介电常数的陶瓷材料。压电陶瓷的稳定性及力学特性不如石英晶体好，特别是在较大加速度的冲击下，会发生零漂现象，产生误差。

图 5-12 所示为压电式加速度传感器原理，当机座在垂直方向产生加速度 $a$ 时，质量块对压电陶瓷片产生作用力 $ma$，使陶瓷片两极产生相应的电荷，通过引线输出到电荷测量电路中，这样可以得到相应的加速度值。

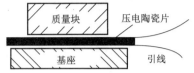

图 5-12　压电式加速度传感器原理

### 2. 电磁式速度传感器

电磁式速度传感器原理如图 5-13 所示，可以用来检测两部件的相对速度。壳体固定在一个试件上，顶杆顶住另一个试件，线圈置于内外磁极构成的均匀磁场中。如果线圈相对磁场运动，线圈由于切割磁力线而产生感应电动势，其大小为

$$e = BWlv\sin\theta \qquad (5-6)$$

式中：$B$ 为磁场强度，T；$W$ 为线圈匝数；$l$ 为每匝线圈有效长度，m；$v$ 为线圈与磁场的相对速度，m/s；$\theta$ 为线圈运动方向与磁场方向的夹角。

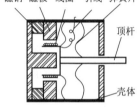

图 5-13　电磁式速度
传感器原理

式（5-6）表明，当 $B$、$W$、$l$、$\theta$ 均为常数时，电动势 $e$ 只与相对速度 $v$ 成正比。实际上只要保证磁场宽度足够大，在一定范围内保持均匀，就可满足 $B$、$W$、$l$、$\theta$ 为常数的要求。因此只要顶杆能跟踪试件的运动，通过检测线圈的电动势，即可检测顶杆和壳体的相对运动速度。

### 5.2.4　力传感器

### 1. 电阻应变片传感器

弹性体在外力的作用下会产生变形，将电阻应变片粘贴在弹性体表面即可检测到这种变形产生的应变，进而可以检测力的大小。电阻应变片输出为电阻变化，通常利用惠斯顿电桥电路将电阻变化转换成电压的变化。利用应变片在弹性体上布片方式的不同或电阻丝形式的不同，可以检测拉压力、弯矩、转矩、剪切力及压力等。由于电阻应变片结构简单、使用灵活，广泛被应用在检测系统中。

### 2. 压力传感器

除了可以利用电阻式应变片检测压力外，对液体或气体压力还可以采用其他方法检测。图 5-14 给出了几种常用的压力敏感元件示意图。随着内外压力差不同，这些敏感元件都会产生变形，通过检测变形大小或变形力的大小，即可检测出压力大小。

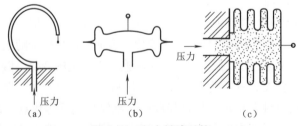

图 5-14　压力敏感元件

（a）波登管；（b）波纹膜腔；（c）波纹管

### 5.2.5　接近传感器与距离传感器

接近传感器是指用于近距离对象的存在检测。目前常用的接近传感器有以下几种。

**1. 电容式接近传感器**

电容式接近传感器是利用检测被检测对象与检测极板间电容的变化，来检测物体的接近程度。图 5-15 所示为电容式接近传感器工作原理，当被检测物体足够远时，两极板间形成恒定的电容量，当物体接近两极板时，两极板间电容就会增大。检测电路通过检测极板间电容量的变化，就可获得物体与传感器间的接近程度。

**2. 电感式接近传感器**

如果检测对象为钢、铁等磁性材料，可以利用其磁通特性检测物体的接近程度。图 5-16 所示为电感式接近传感器工作原理，当磁性材料接近传感器时，由于缝隙的减小，磁芯的磁通量增加，线圈的电感也随之增加。通过检测线圈的电感即可得到物体与传感器间的接近程度。

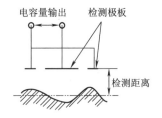

图 5-15　电容式接近传感器工作原理 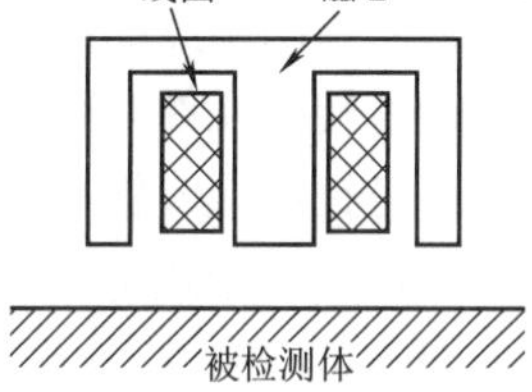　　　图 5-16　电感式接近传感器工作原理

和电容式接近传感器相比，电感式传感器的灵敏度会更高一些，检测电路也要简单一些，但被检测物体必须是磁性体。要检测像地面、水面或生物体时，一般可使用电容式接近传感器。如果需要检测非良导电体，如塑料等材料物体的接近程度，上述两种传感器都无能为力，需要利用光电式或其他类型的传感器。

**3. 光电式接近传感器**

光电式接近传感器工作原理如图 5-17 所示。发光二极管（或半导体激光管）的光束轴线和光敏晶体管的轴线在一个平面上，并成一定的夹角，两轴线在传感器前方交于一点。当被检测物体表面接近交点时，发光二极管的反射光被光敏晶体管接收，产生电信号。当物体远离交点时，反射区不在光

视频：光电式接近
传感器

敏晶体管的视角内，检测电路没有输出。一般情况下，输送给发光二极管的驱动电流并不是直流电流，而是一定频率的交变电流，这样接收电路得到的也是同频率的交变信号。如果对接收来的信号进行滤波，只允许同频率的信号通过，可以有效地防止其他杂光的干扰，并可以提高发光二极管的发光强度。

**4. 超声波距离传感器**

超声波在检测系统中有着广泛的应用，如超声波探伤仪、超声波流量仪、超声波鱼群探测设备等。利用超声波进行距离检测的原理是，将超声波向被检测物体发射，并由被检测物体反射回来，通过检测从发射到接收到反射波所利用的时间来实现距离测量。超声波的发射和接收一般利用压电效应三极管实现，并且发射与接收可以由同一个超声波三极管完成。

图 5-18 是利用超声波进行收割机割台高度自动检测原理图，超声波传感器检测割台距

地面的高度，并和给定高度相比较，再通过控制系统控制割台的升降，以实现割台对地面的自动跟踪。

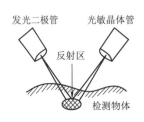

图 5-17　光电式接近传感器工作原理

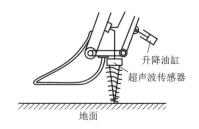

图 5-18　超声波距离传感器工作原理

### 5.2.6　温度、流量传感器

#### 1. 热电偶温度传感器

将两种不同材质的导体 A、B 组成一个闭合回路，若两结点温度不同，在回路中就会产生一定的电流，其大小与两结点的温度差有关，这一现象称为热电效应。利用热电效应原理，由两种材料组成的热电转换元件叫热电偶。国家定型的热电偶元件主要有铂铑—铂电偶、镍铬—镍硅电偶、镍铬—考铜电偶、铜—康铜电偶。不同的热电偶除其温度—电势不同外，适应的温度范围也不同，如铂铑—铂热电偶可短时间内测量高达 1 600 ℃ 的高温，而铜—康铜热电偶检测的最高温度只能达到 200 ℃，这点在使用时应引起足够重视。另外，由于热电偶反映的是两结点间的电势，检测后还要对结果进行修正。

#### 2. 热敏电阻传感器

热敏电阻是另一种温度敏感元件，通常由多种金属氧化物粉末高温烧结而成，其电阻值随温度的升高而下降。另一种热敏元件为半导体 PN 结，在一定范围内，PN 结端电压与其温度有着良好的线性关系，并且具有较大的温度系数，因此，应用越来越广泛。

#### 3. 流量传感器

流量传感器根据工作原理不同分为涡流式和浮子式等多种形式。涡流式流量传感器工作原理如图 5-19 所示。涡轮叶片材料为导磁不锈钢，电磁脉冲检测组件由磁铁及线圈绕组构成。当管道中有液体流过时，涡轮叶片旋转，流速在一定范围内时，流量与涡轮转速成正比，此时电磁脉冲检测组件的输出频率也和流量成正比，只要对脉冲信号进行计数，即可换算出液体流量。

浮子式流量传感器工作原理如图 5-20 所示。当液体向上运动时，浮子上下两侧产生一定的压差，使浮子上浮。随着浮子上升，流体截面面积加大，流速降低，浮力减少，直到浮子的重力与浮力达到平衡。很显然，流量与浮子上升的位移有一定的关系，只要检测出挺杆的位移量，即可换算出液体的流量。测量挺杆位移通常采用电感式或差动变压器式传感器，其目的是减少浮子上下运动的非线性阻力，提高测量准确度。

涡流式流量传感器具有结构简单、精度高、安装方便等优点，但量程范围比较小，流速过小或过大都会产生较大误差。浮子式流量传感器量程范围比较大，但工作条件要求比较高，由于靠重力平衡浮子的浮力，当发生倾斜或大幅度振动时，会造成较大误差，甚至无法工作。

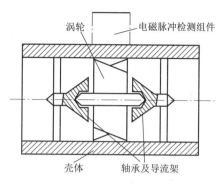

图 5-19　涡流式流量传感器工作原理

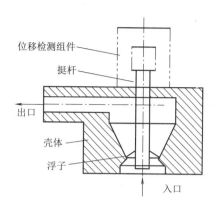

图 5-20　浮子式流量传感器工作原理

## 5.3 检测系统组成及检测原理

　　以前所学的课程中已讲过，检测系统的功用是对系统运行过程中所需的自身和外界环境参数以及所处的状态进行检测，并将这些物理信号转变成系统可识别的电信号，接下来经过对信号的一些必要处理再传递给信息处理单元——控制系统，实现对运行过程的控制。那么在信号传递给控制系统之前，对信号的采入、整理、转换这一系列过程都是检测系统完成的。在上节讲过了传感器是检测系统的第一个关键环节，那么除了传感器之外检测系统还有哪些部分呢？

　　根据检测物理量及传感器的不同，系统的组成形式也不完全相同。同时，由于处理的信号有模拟信号和数字信号，所以检测系统的组成将其划分为模拟量检测系统和数字量检测系统。

### 5.3.1　模拟量检测系统组成及工作原理

　　模拟量检测系统的第一部分是传感器，信号从传感器中输出之后是电阻、电感、电容、电压、电流、频率等模拟信号，对于后三种信号我们可以直接测出，因此可直接通过换算反推出物理信号如位移等的变化，而对于电阻，尤其是电感、电容这样的电信号不容易测出，所以还要借助一些电路来实现由电感、电容、电阻到电压的转换，这些转换的电路就称为基本测量电路，所以传感器和基本测量电路构成了检测系统的第一个主要组成部分——传感器及基本测量电路。

　　接下来从传感器及基本测量电路中输出的信号一般都是微弱的电信号（因为机电一体化产品都非常精密），这种微弱的信号无法推动后续的驱动电路工作，所以需要将其放大，因此下一组成结构是放大电路。而由于放大时采用交流选频耦合，这种放大电路只对特定频带的信号具有恒定的放大作用，对其他频率的信号放大系数比较小，而且存在误差。所以从传感器及基本测量电路出来的信号必须进行处理，这个过程称为调制，而调制、放大后的信号已发生变化，故还要对其还原，即解调和滤波。因此检测系统的第二个部分是调制＋放大＋解调＋滤波电路。

　　因为输入到检测系统的信号是模拟信号，从放大部分这一环节出来的信号是放大了的模拟信号，而计算机能处理的信号是数字信号，所以还需要模-数转换电路，将模拟量转换成数字量。故检测系统的第三个部分是转换电路。

此外，还有接口电路。为了保证传感器有效地工作，降低其他参数对传感器的干扰，提高检测精度，一些检测系统中还有一些必要的辅助电路及处理环节等。

由以上分析，模拟量检测系统的组成：传感器及基本测量电路 + 放大电路（调制 + 放大 + 解调 + 滤波电路）+ 转换电路 + 接口电路及辅助电路等。

下面详细地分析一下部分电路的组成及功用。

### 1. 传感器及基本测量电路

传感器直接感受被检测物理量，并将非电量物理量的变化转换成易于处理的电量的变化。信号从传感器中输出之后的电压、电流、频率等模拟信号可以直接测出，因此可直接通过换算反推出物理信号如位移等的变化，而对于电阻，尤其是电感、电容这样的电信号不容易测出，所以还要借助一些电路来实现由电感、电容、电阻到电压的转换，这些转换的电路就称为基本测量电路，经常采用的是电阻参数测量电路。

1）电阻参数测量电路

电阻参数测量通常采用电桥电路来实现。

电桥电路根据结构的不同分为全桥和半桥；根据电源性质不同，电桥又分为直流电桥和交流电桥；根据组成电桥元器件的不同，电桥又分为电阻电桥、电感电桥和电容电桥。电阻电桥则是由电阻元件组成的电桥。下面以电阻全桥电路为例分析电桥的工作原理。

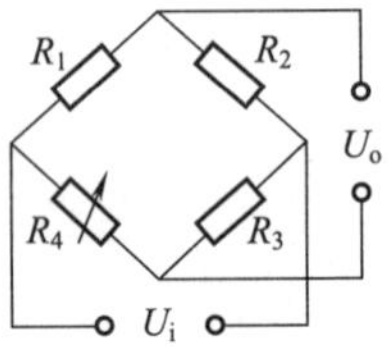

电阻全桥测量电路如图 5-21 所示，输入端电压 $U_i$ 已知，如果使 $U_o = 0$，则有

图 5-21　电阻全桥测量电路

$$U_{R_1} - U_{R_4} = 0 \quad 即 \quad U_{R_1} = U_{R_4}$$

则

$$\frac{R_1}{R_1 + R_2} U_i = \frac{R_4}{R_3 + R_4} U_i$$

$$\frac{R_1}{R_1 + R_2} = \frac{R_4}{R_3 + R_4}$$

即

$$R_1 R_3 = R_2 R_4 \quad （对臂乘积相等） \tag{5-7}$$

则输出电压 $U_o$ 为 0，此时称电桥平衡。当某一个电阻阻值发生了变化，这种平衡被破坏，设 $R_4$ 产生 $\Delta R$ 变化，则输出电压为

$$U_o = \left[ \frac{R_1}{R_1 + R_2} - \frac{R_4 + \Delta R}{R_3 + (R_4 + \Delta R)} \right] U_i \tag{5-8}$$

如果选择四个臂的阻值均相等，即 $R_1 = R_2 = R_3 = R_4 = R$，则式（5-8）可改写成

$$U_o = \left( \frac{1}{2} - \frac{R + \Delta R}{2R + \Delta R} \right) U_i$$

$$U_o = \left[ \frac{2R + \Delta R - 2R - 2\Delta R}{2 (2R + \Delta R)} \right] U_i$$

即

$$U_o = \frac{-\Delta R}{4R + 2\Delta R} U_i \tag{5-9}$$

这种电桥称为等臂电桥。

利用全桥电路可以检测微弱的电阻变化，但其输出电压也很微弱，如利用电阻应变片组成的电桥输入电压为 5 V，等臂电阻阻值为 120 Ω，当 $R_1$ 上产生 0.1 Ω 阻值变化时，根据式（5-9），电桥的输出电压为

$$U_。 = \frac{-0.1}{4 \times 120 + 2 \times 0.1} \times 5 = -0.001\ 04\ （V） = -1.04\ （mV）$$

这样小的输出，难以推动信号转换电路或其他部件工作，因此，必须利用放大器电路对其放大。

2）电容参数测量电路

电容传感器输出为电容量，必须经过测量电路将其转换为电压、电流或频率信号，才能被进一步处理，常用的测量电路有电容电桥测量电路、调频电路及电容比例电路等。

电容电桥电路是将传感器电容作为交流电桥的一部分。当电容传感器值发生变化时，电桥不平衡，输出端有电压输出，经过放大、解调及滤波处理后，输出值即可反映电容量的变化情况。

此外，还有电感类传感器测量电路等。

**2. 放大电路（调制 + 放大 + 解调 + 滤波电路）**

如果测量电路的输出信号比较强，放大电路的放大倍数可以较小，或不用放大。低放大倍数的放大器可以采用简单的单级直流放大电路。

从传感器及基本测量电路中输出的信号一般都是微弱的电信号（因为机电一体化产品都非常精密），这种微弱的信号无法推动后续的驱动电路工作，所以需要将其放大。放大电路的功用就是将传感器的微弱信号进行适当放大，以获得足够大的电压或电流推动后续环节工作。这时必须采用具有多级放大的高倍放大器进行放大。

多级放大器各级间一般采用交流选频耦合，这种放大电路只对特定频带的信号具有恒定的放大作用，对其他频率的信号放大系数比较小。这样可以减少前级电路的噪声干扰等误差进入后级电路。一般的机械信号多为直流信号或低频的缓变信号，为了能利用交流放大器对直流信号或低频信号进行恒定的放大，需要把低频信号或直流信号变成一定频率的交流信号，再送入放大器进行放大。对放大后的信号进行适当处理，从中还原出有用信号。因此，放大环节包括调制 + 放大 + 解调 + 滤波电路。

1）调制电路

将直流或频率较低的缓变信号变成频率比较高的交流信号过程称为调制，调制过程是利用频率较低的信号控制一个频率较高的信号，使频率较高信号的某些特征随着低频信号变化而变化。频率较高的信号称为载波，低频信号称为调制信号。

如果载波被控制的量是幅值，这种调制称为调幅；如果被控制的量是载波信号的频率，则称为调频或调相。

图 5-22 给出调幅载波各波形的关系示意图，实际上调幅过程是两个信号相乘的过程（当调制信号为正时，调制波信号和调制信号相位一致；当调制信号为负时，调制波信号和调制信号相位相差 180°）。

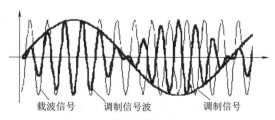

图 5-22　信号调制波形示意图

将频率较高的载波信号作为输入信号加到传感器电路上，即可实现调幅载波调制。由于调幅处理电路实现简单，在检测电路中被广泛使用。

2）解调电路

放大后的调幅载波信号需进行解调才能还原出调制信号，相敏检波器就可实现解调功能。

从调制波中分离出调制信号的过程称为信号的解调。由于当调制信号为正时，调制波信号和调制信号相位一致；当调制信号为负时，调制波信号和调制信号相位相差180°。显然利用简单的单二极管检波电路只能检出调制波信号的正半周（或负半周）。要正确检出调制信号，应根据调制波信号和调制信号相位差情况，分别检出正半周或负半周信号，能完成这样功能的检波电路称为相敏检波器。

3）放大电路

采用交流选频耦合放大器进行放大，将输出的微弱信号进行放大还原处理。

4）滤波电路

相敏检波器输出的信号再经过滤波电路滤掉载波频率，即可还原出调制信号。

**3. 转换电路**

检测系统检测到的信号需要送入信息处理系统做进一步处理，信息处理系统根据处理分析的结果发出指令，以控制执行机构执行动作。如果信息处理系统为数字系统，如计算机系统，就必须将检测到的模拟信号转换为数字信号，才能被数字系统所接受。转换电路的目的是将测量电路或放大电路输出的模拟量转换为数字量。当然，如果信息系统本身是模拟系统，这种转换就不必要了。

完成模拟量到数字量转换的最简单方法是利用模数转换芯片，即 A-D 芯片。所谓模数转换，是指将模拟量离散成数字量的过程。对于一种型号的 A-D 芯片，设允许输入的电压范围为 $0 \sim 5$ V，转换精度为 8 位，如果输入端电平为 0 V，A-D 转换单元的输出为 8 个 0；如果输入电平为 5 V，A-D 转换单元的输出为 8 个 1；反过来，如果 A-D 输出为"10000000"，即 128，则表示其输入端电平为 $5/255 \times 128 = 2.5098$（V），这样可以将 $0 \sim 5$ V 的输入范围离散为 256 个由 8 位"0"和"1"组成的二进制数字形式输出，这就是 A-D 转换的基本原理。很显然，A-D 转换输出的二进制位数越多，转换的精度就越高。

A-D 完成一次转换，需要花费一定的时间。目前常用 12 位的 A-D 芯片的转换时间在几十个微秒以下，也就是说 1 s 可以完成十几万个或几十万个模拟量到数字量的转换。

图 5-23 所示为一种具有模拟量切换开关，8 位转换精度的 A-D 芯片内部逻辑结构图。模-数转换具体由其中的模-数转换器完成，这种 A-D 芯片内部集成了一个模拟量切换开关，目的是分别将多路模拟量分别切入 A-D 转换器进行转换，如果需要将 8 路模拟量分别切入，则需要 3 条地址线来控制哪路切入。A-D 转换后送入锁存器暂时保存，并通过一组门电路输送出去。

A-D 芯片一般是在计算机的 CPU 控制下进行工作的。要完成一次转换，CPU 首先发出 3 位地址码到 A、B、C 三条地址线上，再发出 ALE 指令将地址码锁定在地址译码器中，此时地址译码器选通 8 个模拟输入与转换器的模拟输入端连接；然后 CPU 发出 ST 信号，控制转换芯片开始转换，转换完成后转换器发出完成信号。一方面通知锁存器将转换后的结果保存起来，另一方面通过 EOC 端通知 CPU 转换已完成。CPU 收到 EOC 信号后，发出读指令到锁存器的 OE 端，并将锁存器中的数据读出，完成一次转换。

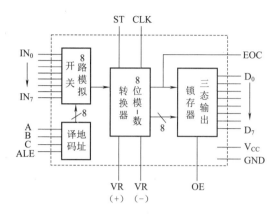

图 5-23　A-D 芯片内部逻辑结构图

除了 A-D 转换芯片可以完成模拟量到数字量的转换外，在转换速度要求不是很高的情况下，还可以使用频率计数方式，间接完成模拟量到数字量的转换。如电感或电容传感器调频检测电路输出信号的频率随传感器检测参数的变化而变化，如果对输出的频率进行定时计数，单位时间内计数器的值就可以反映传感器的测量值。

### 5.3.2　脉冲信号的检测系统

脉冲信号也称数字信号或开关信号。开关信号就是数字信号，指 1 或者是 0，也就是通或者是断。数字信号相对于模拟信号的大小、方向在时间上是连续变化的。由于开关量信号的变化不是连续的，即跳跃变化，故又有脉冲信号的说法。相对于模拟信号它具有抗干扰能力强的特点，广泛应用于现代电子技术信号处理中。

很多类型的传感器，如光栅位移传感器、编码式位移传感器及限位开关触点等的输出都为脉冲信号。脉冲信号的检测方法不同于模拟信号的检测，传感器输出信号经必要的放大、整形后即可通过接口电路直接送入计算机系统处理。

**1. 脉冲信号的拾取及整形电路**

脉冲信号的拾取电路要比模拟信号的测量电路简单一些。下面以目前常用的光电脉冲拾取电路为例，介绍脉冲信号拾取电路的基本原理。

光电脉冲传感器由发光二极管和光敏晶体管组成，发光二极管产生恒定的光线，通过光栅射入光敏晶体管。光敏晶体管光线相当于三极管的基极电流。当无光线射入时，集电极和发射极之间只有微弱的漏电电流流过；当有光线射入时，集电极和发射极之间的电流在一定范围内随光线射入的强度改变而变化。如 3DU2A 型硅光敏晶体管，暗光时电流在 0.3 μA 以下，当光线强度达到 100 lx 时，集电极电流不小于 0.5 mA。

根据光敏晶体管的特性，可以利用简单的共射极电路或共集电极电路将三极管的电流转换成电压输出，图 5-24（a）所示为一发射极输出的转换电路。

由于光电检测的光栅在条纹交替时，会出现一个过渡状态，使光敏晶体管的输出产生抖动现象，如图 5-24（b）所示。为了消除这种抖动，需要对三极管的输出进行整形处理，这种处理通常利用斯密特触发器进行。斯密特触发器具有"回差"特性，输入电压必须高于

上触发电平 $V_{T+}$ 或必须低于下触发电平 $V_{T-}$ 触发器才翻转，两电平的差 $(V_{T+})-(V_{T-})$ 称为"回差"。利用斯密特触发器这一特性，可以很好地消除脉冲边缘的抖动现象。

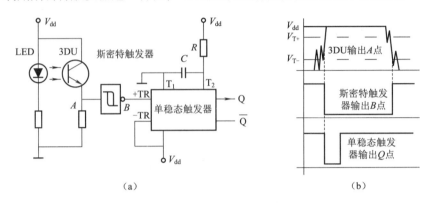

图 5-24　光电脉冲信号拾取及整形原理
（a）光电转换、脉冲整形电路；（b）波形图

另外，光栅运行速度的快慢会直接影响输出脉冲的宽度。要获得固定宽度的脉冲信号，还需要利用单稳态触发器或其他电路对信号做进一步处理。其中单稳态触发器的 $R$ 和 $C$ 值，决定了触发器的输出脉冲宽度，如 $R=20$ kΩ、$C=1\,000$ pF，输出的脉冲宽度为 $20$ μs 左右。

值得注意的是，这些电磁触点开关或电磁开关在工作时因磁场影响会产生较大干扰，如果将这些开关干扰量直接接入检测电路可能造成电路损坏。为了减少干扰，避免造成电路的损坏，通常采用光电耦合元件将现场电路与检测电路进行电隔离。一般型号的光电耦合元件隔离电压可高达 $500$ V 以上。

## 【小结与拓展】

21 世纪是信息化时代，其特征是人类社会活动和生产活动的信息化，传感和检测技术的重要性更为突出。现代信息科学（技术）的三大支柱是信息的采集、传输与处理技术，即传感器技术、通信技术和计算机技术。传感器既是现代信息系统的源头或"感官"，又是信息社会赖以存在和发展的物质与技术基础。在机电一体化系统之中，传感技术应该处在整个系统之首，它的作用很大，相当于整个系统的感受器官，它不但能够精确、快速地获取信息，而且能够经受严酷环境的考验，它是机电一体化系统达到高水平的保证。如果没有这些传感器对系统的状态和对信息精确可靠的检测，信息的自动处理、控制决策等功能就无法谈及和实现。

在机电一体化产品中，无论是机械电子化产品（如数控机床），还是机电相互融合的高级产品（如机器人），都离不开检测与传感器这个重要环节。若没有传感器对原始各种参数进行精确而可靠的自动检测，那么，信号转换、信息处理、正确显示、控制器的最佳控制等都是无法进行和实现的。

传感器是一种以一定精度将被测量（如位移、力、加速度等）转换为与之有确定对应关系的、易于精确处理和测量的某种物理量（如电量）的测量部件或装置。

目前，由于电子技术的进步，使电量具有便于传输、转换、处理、显示等特点，因此普通传感器就是将非电量转换成电量输出的装置。

【思考与习题】

5-1. 检测系统的基本特性是什么？

5-2. 常用的传感器有哪些？

5-3. 说明差动电感式线位移传感器的结构原理。

5-4. 什么是编码式线位移传感器？

5-5. 简述各类传感器的特性及选用原则。

5-6. 莫尔条纹的三大特点是什么？有何用途？

5-7. 光栅线位移传感器是根据什么原理制作的？

5-8. 加速度与速度传感器包含哪些类型？

5-9. 接近传感器与距离传感器包含哪些类型？

5-10. 什么是力传感器？它包含有哪些类型？

5-11. 模拟量检测系统的组成与原理是什么？

5-12. 接近传感器与距离传感器是否是同一种传感器？

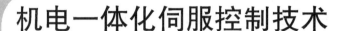

# 第6章 机电一体化伺服控制技术

## 【目标与解惑】

(1) 熟悉伺服系统的基本结构形式及特点；
(2) 掌握伺服系统的执行元件的各种特点；
(3) 掌握常用执行元件的控制与驱动方法；
(4) 理解步进电动机与伺服电动机的异同特征；
(5) 了解机电一体化系统伺服系统设计方案。

*I don't know?*

什么是伺服系统？伺服系统在机电一体化中有何应用？伺服系统有哪些种类？其工作原理是什么？伺服系统的执行元件有哪些？系统是如何对执行元件进行控制和驱动的？伺服系统该如何设计呢？

## 6.1 伺服系统的基本结构形式及特点

### 6.1.1 伺服系统的基本概念

伺服系统是指以机械位置或角度作为控制对象的自动控制系统，又称随动系统或伺服机构。所谓伺服就是"伺候服侍"的意思，是指在控制命令的指挥下，控制执行元件工作，使机械运动部件按照控制命令的要求进行运动，并具有良好的动态性能。

伺服系统是基本的机电一体化控制系统，其输出量是机械位置和角度，是机电一体化产品的一个重要组成部分。伺服系统主要用于机械设备位置和角度的动态控制，广泛应用于工业控制、军事、航空、航天等领域，如数控机床、工业机器人等。

### 6.1.2 对伺服系统的基本要求

伺服系统的驱动与所使用的执行元件有关，常见的执行元件有：直流伺服电动机、交流伺服电动机、步进电动机、液压缸、液压马达、气缸、气压阀等。由于执行元件是直接的被控对象，为了能按照控制命令的要求准确、迅速、精确、可靠地实现对控制对象的调整与控制，对伺服系统提出如下要求：

**1. 高可靠性**

执行元件直接面对被控对象，一般所处的环境恶劣，其工作的可靠性，关系到机电一体化产品及装置的工作性能，系统需适应的工作环境条件：如温度、湿度、防潮、防化、防辐射、抗振动、抗冲击等方面的要求，它是执行元件的首要指标。

**2. 良好的动态性**

对系统基本性能的要求，包括对系统稳态性能和动态性能两方面的要求。动态性能是执行元件在接受控制命令后要有快速的反应，要在很短的时间内动作。例如：漏电保护开关的执行机构必须在几十毫秒内切断电源等。

**3. 动作准确性**

当系统稳态运行时，系统输出轴承受负载力矩做阶跃变化或脉冲扰动变化时，系统的动态响应特征也是考核的内容，通常选取系统动态过程中的最大误差和过渡过程时间等特征量来衡量。同时，根据系统内部参数的可能变化范围、被控对象特征的变化范围、系统工作环境条件的变化范围，对系统性能的鲁棒性提出要求。

从控制角度来看，机电一体化产品的工作精度除了要有良好的控制校正技术外，还依赖于执行元件动作的准确性。

**4. 高效率**

对系统制造成本、运行的经济性、标准化程度、能源条件等方面也有相应要求。执行元件必须具有高效率，在伺服系统的执行元件当中，广泛使用的是伺服电动机，其作用是把电信号转换为机械运动。伺服电动机技术性能直接影响着伺服系统的动态特性、运动精度、调速性能等。

一般情况下，伺服电动机应满足如下的技术要求。

1）具有较硬的机械特性和良好的调节特性

机械特性是指在一定的电枢电压条件下，转速和转矩的关系。调节特性是指在一定的转矩条件下转速和电枢电压的关系。理想情况下，两种特性曲线是一直线，如图 6-1 所示。

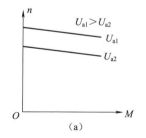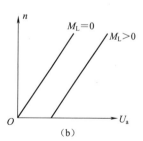

图 6-1　伺服电动机的机械特性和调节特性
(a) 机械特性；(b) 调节特性

2）具有宽广而平滑的调速范围

伺服系统要完成多种不同的复杂动作，需要伺服电动机在控制指令的作用下，转速能够在很广的范围内调节。性能优异的伺服电动机其转速变化可达到 1：10 000。

3）具有快速响应特性

所谓快速响应特性是指伺服电动机从获得控制指令到按指令要求完成动作的时间要短。响应时间越短，说明伺服系统的灵敏度越高。

4）具有小的空载始动电压

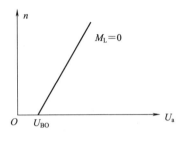

伺服电动机空载时，控制电压从零开始逐渐增加，直到电动机开始连续运转时的电压，称为伺服电动机的空载始动电压。在外加电压低于空载始动电压时，电动机不能转动，这是由于此时电动机所产生的电磁转矩还不够克服电动机空转时所需的空载转矩。可见，空载始动电压越小，电动机启动越快，工作越灵敏。由于空载始动电压的存在，使伺服电动机的调节特性成为不通过原点的直线，如图 6-2 所示。特性曲线与横轴的交点 $U_{BO}$ 即为空载始动电压值。

图 6-2　空载始动电压

### 6.1.3　伺服系统的基本结构形式

伺服系统的结构形式很多，其组成和工作情况也各不相同。广义上伺服系统的一般结构形式采取闭环控制，包含控制器、功率放大器、执行机构和检测装置四个部分，如图 6-3 所示。

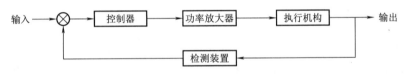

图 6-3　伺服系统的基本组成

**1. 控制器**

控制器的功能是根据输入信号和反馈信号比较的结果，决定控制的方式。常用的控制有 PID 控制和最优控制等。控制器一般由电子线路或计算机组成。

**2. 功率放大器**

控制器输出的信号通常都很微弱，需经功率放大器放大后，才能驱动执行机械动作。功率放大器主要由电子器件组成。

**3. 执行机构**

执行机构直接与被控对象打交道，最终执行控制器的指令，完成某种特定的动作。执行机构要准确、迅速、精确、可靠地实现对被控对象的调整和控制。执行机构主要由各种执行元件和机械传动装置等组成。

**4. 检测装置**

为了提高工作精度和抗干扰能力，伺服系统一般采用闭环控制。检测装置是系统的反馈环节，通过检测装置的测量，将执行机构的输出信号反馈到伺服系统输入端，以实现反馈控制。反馈信号一般为位置反馈信号、速度反馈信号和电流反馈信号，要经多种传感元件进行检测。用来检测位置信号的装置有：自整角机、旋转变压器、光电编码器等；用来检测速度信号的装置有：测速发电机、旋转变压器、光电编码器等；用来检测电流信号的装置有：取样电阻、霍尔集成电路传感器等。对检测装置的要求是精度高、线性度好、可靠性高、响应快。

### 6.1.4　伺服系统的分类

伺服系统按所用驱动元件的类型可分为机电伺服系统、液压伺服系统和气动伺服系统。机电伺服系统又分步进式伺服系统、直流电动机（简称直流电机）伺服系统、交流电动机（简称交流电机）伺服系统。按控制方式划分，有开环伺服系统、闭环伺服系统和半闭环伺服系统等。

**1. 开环伺服系统**

开环伺服系统无反馈环节，主要由驱动电路、执行元件和机床三大部分组成。常用的执行元件是步进电动机，通常称以步进电动机作为执行元件的开环系统为步进式伺服系统，在这种系统中，如果是大功率驱动，则用步进电动机作为执行元件。驱动电路的主要任务是将指令脉冲转化为驱动执行元件所需的信号。

**2. 闭环伺服系统**

一般地，把安装在工作台上的检测元件组成的伺服系统称为闭环系统。闭环系统主要由执行元件、检测单元、比较环节、驱动电路和机床五部分组成。在闭环系统中，检测元件将机床移动部件的实际位置检测出来并转换成电信号反馈给比较环节。常见的检测元件有旋转变压器、感应同步器、光栅、磁栅和编码盘等。

**3. 半闭环伺服系统**

通常把安装在丝杠上的检测元件组成的伺服系统称为半闭环系统；由于丝杠和工作台之间传动误差的存在，半闭环伺服系统的精度要比闭环伺服系统的精度低一些。比较环节的作用是将指令信号和反馈信号进行比较，两者的差值作为伺服系统的跟随误差，经驱动电路，控制执行元件带动工作台继续移动，直到跟随误差为零。

以上所述三种伺服系统中，开环伺服系统无检测反馈环节，结构简单，调试、维护方便，成本低，但精度低，抗干扰能力差，一般用于精度、速度要求不高的机电一体化系统。闭环伺服系统由于采用了反馈控制原理，具有精度高、调速范围宽、动态性能好等优点，但系统结构复杂、成本高，用于高精度、高速度的机电一体化系统。

图 6-4 所示为数控机床伺服系统一般结构图，它是一个位置随动系统，由速度环和位置环构成。速度控制单元由速度调节器、电流调节器及功率驱动电源等组成。位置环由位置控制模块与速度控制单元、位检及反馈等部分构成。

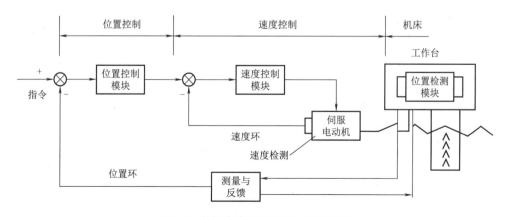

图 6-4　数控机床伺服系统一般结构图

## 6.2 伺服系统的执行元件

### 6.2.1 执行元件的种类及特点

各种机电一体化产品和装置都是为完成某一任务或达到某种特定目标而制造的。但直接参与调节以及完成动作指令的是执行元件，因此，要求执行元件能够按控制器的指令准确、迅速、精确、可靠地实现对被控对象的调整和控制。执行元件的种类繁多，通常按推动执行元件工作的能源形式分为三种：电动式、液压式和气动式。它们各有特点，应用的场合也不完全相同。

**1. 电动执行元件**

电动执行元件以电能作为动力，并把电能转变成位移或转角，以实现对被控对象的调整和控制。电动执行元件主要以电动机为主，具有高精度、高速度、高可靠性、易于控制等特点。常见的有直流伺服电动机、交流伺服电动机和步进电动机等。一般来说，电动机虽然能把电能转换为机械能，但电动机本身缺少控制能力，需要电力变换控制装置的支持。随着电子技术的快速发展，电动执行元件的性能有了显著提高，从而使电动执行元件有了非常广泛的应用。

**2. 液压执行元件**

液压执行元件是将压缩液体的能量转换为机械能，拖动负载实现直线或回转运动。做功介质可以用水，但大多数用油。常见的液压执行元件有液压缸、液压马达等。液压执行元件具有工作平稳、冲击振动小、无级调速范围大、输出转矩大、过载能力强、结构简单以及体积小等优点，应用于机械、冶金等领域。但液压执行元件存在下述缺点：

（1）需要精心维护管理。

（2）噪声大。

（3）远距离操作受到限制。

（4）由于漏油可能污染环境。

（5）性能随油温的变化而变化。

**3. 气动执行元件**

气动执行元件是把压缩气体的能量转换成机械能，拖动负载完成对被拉对象的控制。做功介质可以用空气，也可以用惰性气体。气动执行元件结构简单、工作可靠、维护方便、成本低。但由于是用气体作为介质，所以可压缩性大、精度较差、传输速度低。气动执行元件在机电一体化技术中一般与电动调节仪表、电动单元组合仪表相配合，用于电站、化工、轻工、纺织等领域。

### 6.2.2 直流伺服电动机

直流伺服电动机是用直流电信号控制的伺服电动机，其功能是将输入的电压控制信号快速转变为轴上的角位移或角速度输出。

直流伺服电动机的主要结构及原理与普通直流电动机相比较没有特殊的区别，但为了满足工作需要，在以下几方面直流伺服电动机与普通直流电动机有所不同：

（1）电枢长度与直径的比要大。

（2）磁极的一部分或全部使用叠片工艺。

（3）为进行可逆运行，电刷应准确地位于中性线上，使正、反向特性一致。

（4）为防止转矩不均匀，电枢应制成斜槽形状。

（5）用电枢控制方式时，为了减少磁场磁通变化的影响，应充分使用在饱和状态。

（6）根据控制方式，也有使用分段励磁绕组的形式。

直流伺服电动机的品种很多，按照磁极方式不同可分为电磁式和永磁式；按结构不同分为一般电枢式、无槽电枢式、印刷电枢式、绕线盘式和空心杯电枢式等；按控制方式不同分为磁场控制方式和电枢控制方式。常见的直流伺服电动机为电磁式直流伺服电动机，是他励直流电动机，一般采取电枢控制方式。图 6-5 所示为电枢控制直流伺服电动机的工作原理。

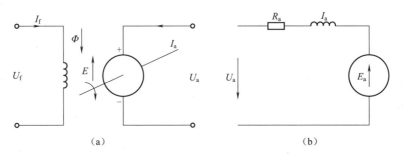

图 6-5　直流伺服电动机的工作原理

（a）工作原理；（b）等效电路

如图 6-5（a）所示，励磁绕组接在电压恒定的直流电源上，即励磁电压 $U_f$ 为常数不变，用以产生恒定的磁通。电枢绕组接在控制电压 $U_a$ 上。当电信号来，即 $U_a \neq 0$ 时，便产生电磁转矩，其大小为

$$M = G\Phi I_a \tag{6-1}$$

式中：$G$ 为直流电动机的转矩系数；$\Phi$ 为主磁极每极磁通量，Wb；$I_a$ 为电枢电流，A；$M$ 为转矩，N·m。

电枢导体在磁场中切割磁力线要产生感应电动势，总的电枢电动势 $E_a$ 为

$$E_a = C_e \Phi n \tag{6-2}$$

式中：$C_e$ 为电动势系数；$n$ 为电枢转速，r/min；$E_a$ 为电动势，V。

在直流电动机的电枢电路中［图 6-5（b）］，外加电压 $U_a$ 等于电枢电阻的电压降 $I_a R_a$ 与电枢电动势 $E_a$ 之和：

$$U_a = E_a + I_a R_a \tag{6-3}$$

故电枢电流 $I_a$ 为

$$I_a = \frac{U_a - E_a}{R_a} \tag{6-4}$$

当电动机稳定运行时，其电磁转矩 $M$ 应与轴上负载反转矩 $M_L$ 相等，因此在 $\Phi$ 一定时，电枢电流 $I_a$ 的大小由反转矩决定。如果电枢电路的外加电压 $U_a$ 一定，则电动势 $E_a$ 及与它对应的电枢转速 $n$ 也都由 $M_L$ 决定。

由式（6-2）和式（6-3）得

$$n = \frac{E_a}{C_e \Phi} = \frac{U_a - I_a R_a}{C_e \Phi} \tag{6-5}$$

由式（6-1）得

$$I_a = \frac{M}{G\Phi} \tag{6-6}$$

将式（6-5）、式（6-4）代入式（6-6）得

$$n = \frac{U_a - \frac{M}{G\Phi} R_a}{C_e \Phi} = \frac{U_a}{C_e \Phi} - \frac{MR_a}{C_e G\Phi^2} \tag{6-7}$$

在 $U_a$ =常数，$I_a$ =常数（即 $\Phi$ 等于常数）的条件下，式（6-7）可写成：

$$n = n_0 - kM \tag{6-8}$$

其中 $n_0 = \dfrac{U_a}{C_e \Phi}$，称为电动机的理想空载转速；$k = \dfrac{R_a}{C_e G\Phi^2}$，是一个很小的常数。由此可见，电动机的机械特性是一条随 $M$ 的增大而略有下降的直线，属于硬特性，如图6-6所示。在改变 $U_a$ 时，机械特性是一组特性曲线。

机械特性说明，随着控制电压增加，机械特性曲线平行地向转速和转矩增加的方向移动，但斜率不变。机械特性是线性的，线性度越高，系统的动态误差越小。

直流伺服电动机的调节特性可从机械特性得到，它反映了电动机在一定转矩下，转速 $n$ 与控制电压 $U_a$ 的关系，如图6-7所示，它也是一组平行直线。

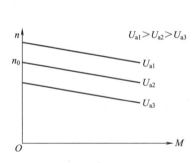
图6-6　直流伺服电动机机械特性

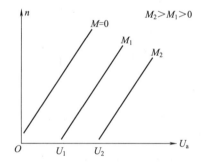
图6-7　直流伺服电动机调节特性

从调节特性看到，$M$ 一定时，控制电压 $U_a$ 高时，转速 $n$ 也高，二者成正比关系。当 $n = 0$ 时，不同转矩 $M$ 需要的控制电压 $U_a$ 也不同。如 $M = M_1$ 时，$U_a = U_1$，说明当控制电压 $U_a > U_1$ 时，电动机才能转起来，称 $U_1$ 为始动电压。$M$ 不同，始动电压不同，$M$ 大的始动电压也大。当电动机理想空载时，只要有信号电压 $U_a$，电动机自然转动。

### 6.2.3　交流伺服电动机

交流伺服电动机是把加在控制绕组上的交流电信号转换为一定的转速和偏角的电动机。与直流伺服电动机相比，交流伺服电动机具有结构坚固、维护简单、便于安装以及转子惯量可以设计得较小和能够高速运转等优点。

交流伺服电动机主要是笼型感应电动机和永磁式同步电动机，常用的是小型或微型的两相感应电动机。这种电动机的定子上装有两个在空间上彼此相差角度为90°的绕组，一个叫

作主绕组，另一个叫作控制绕组。主绕组也叫励磁绕组，始终以恒定的电压进行励磁。控制绕组上接有与主绕组励磁电压频率相同的控制电压，接线原理如图 6-8 所示。电动机的转子通常为笼型，由短路环和铜棒构成。

当在电动机主绕组和控制绕组上加频率相同而相位不同的交流电压时，在主绕组和控制绕组中将产生相位不同的励磁电流和控制电流，从而在电动机气隙中形成一个椭圆形或圆形的旋转磁场。旋转磁场切割转子产生感应电流，感应电流与旋转磁场相互作用，使转子转动。

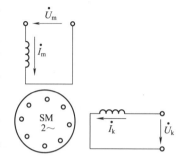

和普通感应电动机相同，两相伺服电动机电磁转矩的大小取决于气隙磁场的每极磁通量和转子电流的大小及相位，也取决于控制电压的大小和相位。所以，可以通过改变控制电压的大小和相位的方法来控制电动机。常用的控制方式包括以下几种：

图 6-8　两相感应电动机原理

**1. 幅值控制**

保持控制电压的相位不变，只改变其幅值大小来控制电动机。即保持控制电压和励磁电压之间的相位差 $\beta$ 为 90°，仅仅改变控制电压的幅值，这种控制方式叫幅值控制。

视频：幅值与
相位控制

**2. 相位控制**

保持控制电压的幅值不变，只改变其相位来控制电动机。即保持控制电压的幅值不变，仅仅改变控制电压与励磁电压的相位差 $\beta$，这种控制方式叫相位控制。例如：可控整流电路中，调节触发信号触发角 $\alpha$，可控制输出电压 $U_d$ 的大小。对应的还有斩波控制、SPWM 控制。

**3. 幅相控制**

同时改变控制电压的幅值和相位来控制电动机。即在励磁电路中串联移相电容，改变控制电压的幅值以引起励磁电压的幅值及其相对于控制电压的相位差发生变化，这种控制方式，叫幅值相位控制（或电容控制）。

永磁式同步电动机的特点是电动机定子铁心上装有三相电枢绕组，接在可控的电源上，用以产生旋转磁场；转子由永磁材料制成，用于产生恒定磁场，无须励磁绕组和励磁电流。当定子接通电源后，电动机异步启动，当转子转速接近同步转速时，在转子磁极产生的同步转矩作用下，进入同步运行。永磁式同步电动机的转速采用改变电源频率的办法来进行控制。

### 6.2.4　步进电动机

步进电动机是一种将电脉冲信号转换成相应的角位移或线位移的控制电机。通俗地讲，就是外加一个脉冲信号于这种电动机时，它就运动一步。正因为它的运动形式是步进式的，故称为步进电动机。步进电动机的输入是脉冲信号，从主绕组内的电流来看，既不是通常的正弦电流，也不是恒定的直流，而是脉冲的电流，所以步进电动机有时也称作脉冲马达。

步进电动机根据作用原理和结构，可分为永磁式步进电动机、反应式步进电动机和永磁感应式步进电动机。其中应用最多的是反应式步进电动机。图 6-9 所示为三相反应式步进电动机结构，定子为三对磁极，磁极对数称作"相"，相对的极属一相，步进电动机可做成三相、四相、五相或六相等。磁极个数是定子相数 $m$ 的 2 倍，即 $2m$，每个磁极上套有该相的控制绕组，在磁极的极靴上制有小齿，转子由软磁材料制成齿状。

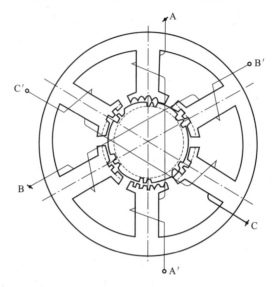

图 6-9　三相反应式步进电动机结构

根据工作要求，定、转子齿距要相同，并满足以下两点：

（1）在同相的磁极下，定、转子齿应同时对齐或同时错开，以保证产生最大转矩。

（2）在不同相的磁极下，定、转子齿的相对位置应依次错开 $1/m$ 齿距。当连续改变通电状态时，可以获得连续不断的步进运动。

齿距 $\theta_Z$ 的计算公式为

$$\theta_Z = 2\pi/Z_R \tag{6-9}$$

式中：$Z_R$ 为转子的齿数。

典型的三相反应式步进电动机的每相磁极在空间互差 $120°$，相邻的磁极则相差为 $60°$，当转子有 40 个齿时，转子的齿距为

$$\theta_Z = 2\pi/40 = 9°$$

步进电动机的工作过程可用图 6-10 来说明。为分析问题方便，考虑定子中的每个磁极都只有一个齿，而转子有四个齿的情况。用直流电源分别对 A、B、C 三相绕组轮流通电。

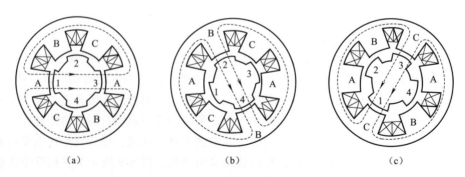

|　（a）　　　　　　　　（b）　　　　　　　　（c）|

图 6-10　三相反应式步进电动机工作原理示意图

开始时，开关接通 A 相绕组，则定、转子间的气隙磁场与 A 相绕组轴线重合，转子受磁场作用便产生了转矩。由于定、转子的相对位置力图取最大磁导位置，在此位置上，转子有自锁能力，所以当转子旋转到 1、3 号齿连线与 A 相绕组轴线一致时，转子上只受径向力而不受切向力，转矩为零，转子停转。即 A 相磁极和转子 1、3 号齿对齐。同时，转子的 2、4 号齿和 B、C 相磁极形成错齿状态 ［图 6-10（a）］。

当 A 相绕组断电，B 相绕组通电时，将使 B 相磁极与转子的 2、4 号齿对齐。转子的 1、3 号齿和 A、C 相磁极形成错齿状态 ［图 6-10（b）］。

当 B 相绕组断电，C 相绕组通电时，使得 C 相磁极与转子 1、3 号齿对齐，而转子的 2、4 号齿与 A、B 相磁极形成错齿状态 ［图 6-10（c）］。

当 C 相绕组断电，A 相绕组通电时，使得 A 相磁极与转子 2、4 号齿对齐，而转子的 1、3 号齿与 B、C 相磁极产生错齿。显然，当对 A、B、C 绕组按 A-B-C-A 顺序轮流通电时，磁场沿 A-B-C 方向转动了 360°，而转子沿 A-B-C 方向转动了一个齿距位置。对图 6-10 而言，转子的齿数为 4，故齿距为 90°，则转子转动了 90°。

对每一相绕组通电的操作称为一拍，则 A、B、C 三相绕组轮流通电需要三拍，从上面分析可知，电动机转子转动一个齿距需要三拍操作。实际上，电动机每一拍都转一个角度，也称前进了一步，这个转过的角度叫作步距角 $\theta_b$：

$$\theta_b = \frac{2\pi}{NZ_R} \text{或 } \theta_b = \frac{360°}{NZ_R} \tag{6-10}$$

式中：$Z_R$ 为转子齿数；$N$ 为转子转过一个齿距的运行拍数。

对于 $Z_R = 40$ 而采用三拍方式工作的步进电动机而言，其步距角 $\theta_b$ 为

$$\theta_b = 2\pi/(40 \times 3) = 3°$$

步进电动机的工作方式是以转动一个齿距所用的拍数来表示的。拍数实际上就是转动一个齿距所需的电源电压换相次数，上述电动机采用的是三相单三拍方式，"单"指每拍只有一相绕组通电。除了单三拍外，还可以有双三拍，即每拍有两相绕组通电，通电顺序为 AB-BC-CA-AB，步距角与单三拍相同。但是，双三拍时，转子在每一步的平衡点受到两个相反方向的转矩而平衡，振荡弱，稳定性好。此外，还有三相单、双六拍等通电方式。

### 6.2.5　其他种类执行元件

在伺服系统的执行元件当中，除电气执行元件外，还广泛应用液压式和气动式执行元件。下面简单介绍液压执行元件中的液压缸和液压马达。

液压缸可实现直线往复运动和往复摆动运动，所以液压缸分为移动液压缸和摆动液压缸两大类。在移动液压缸中，常使用一种双作用液压缸，如图 6-11 所示。所谓双作用是指从活塞两侧交替地输入液压油，使液压缸可以在两个方向上输出能量。图 6-11（a）所示为实心双出杆液压缸，其特点是缸体固定，活塞杆与运动件相连接。当液压油进入液压缸两个腔体时，在油压作用下，活塞移动从而牵动与活塞杆相连的负载移动，改变进入液压缸的液压油的流量，就可控制活塞运动速度。图 6-11（b）所示为空心双出杆液压缸，其特点是活塞杆固定，而缸体和运动部件相连接，通过油压式缸体运动，从而牵动负载移动。

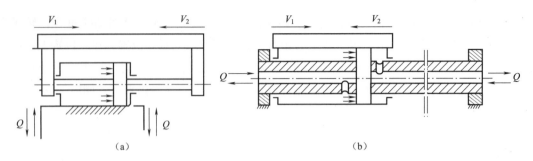

图 6-11　双出杆活塞式液压缸
（a）实心双出杆液压缸；（b）空心双出杆液压缸

液压马达可实现旋转运动，分为齿轮马达、叶片马达、径向柱塞马达、轴向柱塞马达、螺杆马达等。图 6-12 所示为齿轮式液压马达原理图。当液压油进入油腔后，对齿产生不平衡的压力，从而产生转矩使齿轮旋转，拖动负载转动。液压马达的转速仅与输入的流量多少和马达本身的几何尺寸有关，而与压力和转矩无关，其压力和转矩决定于拖动的负载。

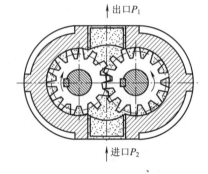

图 6-12　齿轮式液压马达原理图

液压马达的优点是体积小、动态性能好、输出转矩和功率大，调速范围宽，能正、反向转动，制动性能好等。缺点是效率低、噪声大、低速运行时转速的稳定性差。

## 6.3 执行元件的控制与驱动

### 6.3.1 步进电动机的控制与驱动

步进电动机要正常工作，必须配以相应的控制与驱动电路。控制与驱动电路框图如图 6-13 所示。它包括变频信号源、脉冲分配器和功率放大器等部分。

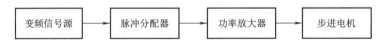

图 6-13　步进电动机控制与驱动电路框图

**1. 变频信号源**

变频信号源是一个从几赫兹到 30 kHz 的连续可变信号发生器，提供不同的脉冲信号推动步进电动机工作。

**2. 脉冲分配器**

脉冲分配器的作用是把脉冲信号按一定的逻辑关系加到功率放大器上，使步进电动机按一定的方式工作。

脉冲分配器电路有多种方案：用普通集成电路实现；用专用集成电路实现；用微机实

现。由普通集成电路组成的三相六拍脉冲分配器电路如图 6-14 所示。如果不断地输入脉冲，步进电动机绕组按 C-CA-A-AB-B-BC-C 的顺序通电，且按一个方向旋转。反之在反向控制端加高电平、正向控制端加低电平，电动机绕组按 C-CB-B-BA-A-AC-C 的顺序通电，且反向旋转。

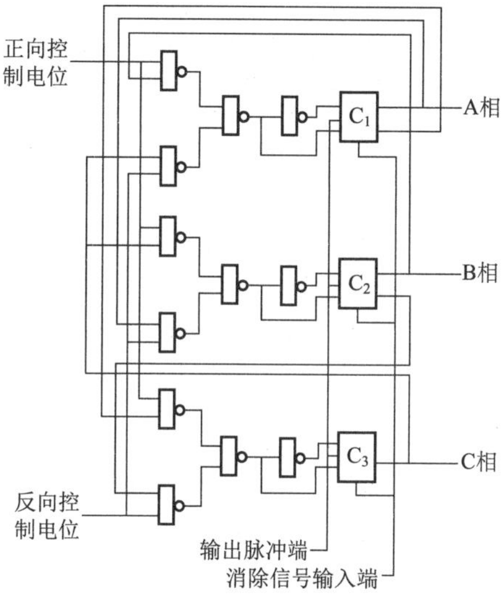

脉冲分配集成电路有 CH250、PMM8713 等。采用集成电路有利于降低系统成本和提高系统的可靠性，而且使用维护方便。

微机控制步进电动机的方案很多。一类是用软件来实现脉冲分配器功能，由并行口发送励磁信号控制驱动电路。这类方案实现分配器功能灵活，但微机负担加重。另一类是微机和专用集成芯片组成控制系统，可以减轻微机的负担，组成多功能的步进电动机驱动电路。

图 6-14　三相六拍脉冲分配器

### 3. 功率放大器

功率驱动电路即功率放大电路，简称驱动电路。步进电动机的驱动电路形式很多，有单电压型驱动电路、高低压驱动电路、单压斩波电路等。

测量电路通常采用对信号周期进行计数的方法实现对位移的测量，若单纯对信号的周期进行计数，则仪器的分辨力就是一个信号周期所对应的位移量。为了提高仪器的分辨力，需要使用细分电路。

信号细分电路又称插补器，是采用电路的手段对周期性的测量信号进行插值提高仪器分辨力。细分驱动是把步进电动机的步距角减小，把原来的一步再细分若干；这样步进电动机的运动近似地变为匀速运动，并能使它在任何位置停步，如图 6-15 所示。采用这种线路可以大大改善步进电动机的低频特性。

因此，为了实现细分驱动目的，步进电动机绕组用阶梯电流波供电，如图 6-15 所示。它是三相六拍四细分的波形图。细分电路是由微机控制实现的。

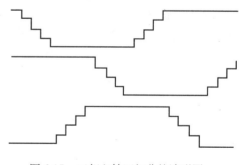

图 6-15　三相六拍四细分的波形图

### 6.3.2　直流伺服电动机的控制与驱动

一个控制驱动系统性能的好坏，不仅取决于电动机本身的特性，而且还取决于驱动电路的性能以及两者之间的相互配合。对驱动电路一般要求频带宽、效率高。目前广泛采用的直流伺服电动机的晶体管驱动电路有线性直流伺服放大器和脉宽调制放大器（PWM）。一般情况下，宽频带低功率系统选用线性放大器（小于几百瓦），而脉宽调制放大器常用在较大的系统中，尤其是那些要求在低速和大转矩下连续运行的场合。

**1. 线性直流伺服放大器**

线性直流伺服放大器通常由线性放大元件（如运算放大器）和功率输出级组成，它的输出电流与控制信号成比例。这类伺服放大器本身的功率消耗较大，适用于功率比较小、电枢具有较高阻抗的情况。它适用于要求特殊的领域，相比普通 PWM 开关型伺服驱动器，其特点是：驱动平滑，无力矩纹波，无电磁开关噪声，高带宽，并可驱动超小电感量的电动机。特别适用于要求低噪声，对 EMI/RFI 电磁辐射敏感和超平滑运动的应用。另外，线性直流伺服放大器可以大大减小电动机发热，延长有刷电动机的电刷寿命。

**2. 脉宽调制放大器**

PWM 放大器的优点是功率放大管工作在开关状态，管耗小、功耗低、效率高、工作可靠等。其基本原理是：利用大功率晶体管的开关作用，将直流电源电压转换成一定频率（如 2 000 Hz）的方波电压，加在直流电动机的电枢上，通过对方波脉冲宽度的控制，改变电枢的平均电压 $U_a$，使电动机的转速运动随之动态响应，从而达到调节电动机转速的目的，即"脉宽调制"原理。

脉宽调制方式一般有三种：定频调宽、定宽调频和调宽调频。实际工程中常常采用定频调宽的方式，因为采用这种方式，电动机在运转时比较稳定，并且在采用单片机产生 PWM 脉冲的软件实现上比较方便。

对于电压/脉宽变换器，其作用是根据控制指令信号对脉冲宽度进行调制，以便用宽度随指令变化的脉冲信号去控制大功率晶体管的导通时间，实现对电枢绕组两端电压的控制。

电压/脉宽变换器由三角波（锯齿波）发生器、加法器和比较器组成。 视频：PWM 脉宽调
三角波发生器用于产生一定频率的三角波 $U_T$，该三角波经加法器与输入的 制放大器
指令信号 $U_1$ 相加，产生信号 $U_T + U_1$，然后送入比较器。比较器是一个工作在开环状态下的运算放大器，具有极高的开环增益及限幅开关特性。两个输入端的信号差的微弱变化，会使比较器输出对应的开关信号。

一般情况下，比较器输入端接地，信号 $U_T + U_1$ 从正端输入，当（$U_T + U_1$）$> 0$ 时，比较器输出满幅度的正电平；当（$U_T + U_1$）$< 0$ 时，比较器输出满幅度的负电平。电压/脉宽变换器原理如图 6-16 所示。

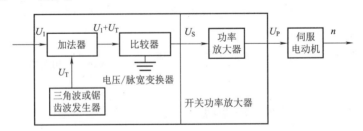

图 6-16　电压/脉宽变换器原理

脉宽调制放大器调制过程如图 6-17 所示。由于比较器的限幅特性，输出信号 $U_S$ 幅值不变，但脉冲宽度随 $U_1$ 的变化而变化，$U_S$ 的频率由三角波频率确定。

当指令信号 $U_1 = 0$ 时，输出信号 $U_S$ 为正负脉冲宽度相等的矩形脉冲，此时平均电压为 0，电动机不转；当 $U_1 > 0$ 时，$U_S$ 的正脉宽大于负脉宽，电动机输出轴有一定的正向转速；

当 $U_I < 0$ 时，$U_S$ 的负脉宽大于正脉宽，电动机输出轴有一定的反向转速；当 $U_I$ 大于 $U_{TPP}$（三角波的峰—峰值）的一半时，$U_S$ 为一正直流信号，电动机输出轴达到正向最大转速，当 $U_I$ 小于 $U_{TPP}$ 的一半时，$U_S$ 为一负直流信号，电动机输出轴达到反向最大转速。

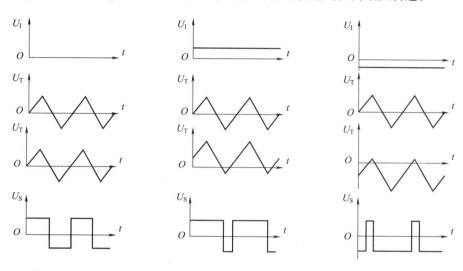

图 6-17　脉宽调制放大器调制过程

对于开关功率放大器，其作用是对电压——脉宽变换器输出的信号 $U_S$ 进行放大，输出具有足够功率的 $U_P$ 信号，以驱动直流伺服电动机工作。

**3. PWM 逆变电路及控制方法**

目前中小功率的逆变电路几乎都采用 PWM 技术。逆变电路是 PWM 控制技术最为重要的应用场合。

PWM 逆变电路也可分为电压型和电流型两种，目前实用的几乎都是电压型。

如图 6-18 所示为单相桥式 PWM 逆变电路，将输出波形作为调制信号，进行调制可以得到期望的 PWM 波，通常采用如图所示的等腰三角波或锯齿波作为载波，一般等腰三角波应用居多。调制信号波为正弦波时，得到的就是 SPWM 波；调制信号不是正弦波，而是其他所需波形时，也能得到等效的 PWM 波。

单极性 PWM 控制方式（单相桥逆变）控制规律如下：

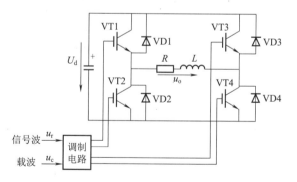

图 6-18　单相桥式 PWM 逆变电路

在 $u_r$ 和 $u_c$ 的交点时刻控制 IGBT（insulated gate bipolar transistor，绝缘栅双极型功率管）的通断。$u_r$ 正半周，VT1 保持通，VT2 保持断，当 $u_r > u_c$ 时使 VT4 通，VT3 断，$u_o = U_d$，当 $u_r < u_c$ 时使 VT4 断，VT3 通，$u_o = 0$。$u_r$ 负半周，VT1 保持断，VT2 保持通，当 $u_r < u_c$ 时使 VT3 通，VT4 断，$u_o = -U_d$，当 $u_r > u_c$ 时使 VT3 断，VT4 通，$u_o = 0$，虚线 $u_{of}$ 表示 $u_o$ 的基波分量。波形如图 6-19 所示。

文档：**PWM**
逆变电路

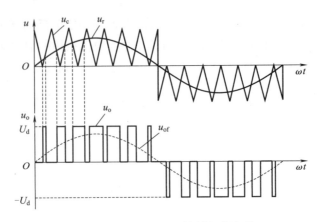

图 6-19　单极性 PWM 控制方式波形

而对于双极性 PWM 控制方式（单相桥逆变）：

在 $u_r$ 半个周期内，三角波载波有正有负，所得 PWM 波也有正有负。在 $u_r$ 一周期内，输出 PWM 波只有 $\pm U_d$ 两种电平，仍在调制信号 $u_r$ 和载波信号 $u_c$ 的交点控制器件通断。$u_r$ 正负半周，对各开关器件的控制规律相同，当 $u_r > u_c$ 时，给 VT1 和 VT4 导通信号，给 VT2 和 VT3 关断信号，如 $i_o > 0$，VT1 和 VT4 通，如 $i_o < 0$，VD1 和 VD4 通，$u_o = U_d$，当 $u_r < u_c$ 时，给 VT2 和 VT3 导通信号，给 VT1 和 VT4 关断信号，如 $i_o < 0$，VT2 和 VT3 通，如 $i_o > 0$，VD2 和 VD3 通，$u_o = -U_d$。波形如图 6-20 所示。

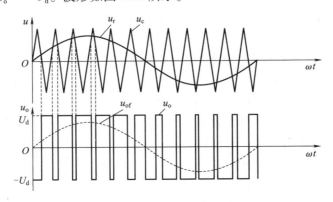

图 6-20　双极性 PWM 控制方式波形

单相桥式电路既可采取单极性调制，也可采用双极性调制。

# 6.4 伺服系统设计方案

### 6.4.1　系统设计方案

当伺服系统的负载不大、精度要求不高时，可采用开环控制。当系统精度要求较高或负载较大时，开环伺服系统往往满足不了要求，这时应采用闭环或半闭环控制的伺服系统。一般来讲，开环伺服系统的稳定性容易满足要求，设计时应主要考虑满足精度方面的要求，并通过合理的结构参数设计，使系统具有良好的动态响应性能。

**1. 开环控制伺服系统的方案设计**

在机电一体化产品中，比较典型的开环控制位置伺服系统当属经济型数控机床的伺服进给系统及数控 X-Y 工作台等，其结构方案原理如图 6-21 所示。各种开环伺服系统在结构原理上大同小异。

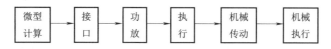

图 6-21 开环伺服系统结构方案原理

（1）执行元件的选择。选择执行元件时应综合考虑负载能力、调速范围、运行精度、可控性、可靠性以及体积、成本等多方面要求。开环伺服系统中可采用步进电动机、电液脉冲马达、伺服阀控制的液压缸和液压马达等作为执行元件，其中步进电动机应用最为广泛。一般情况下应优先选用步进电动机，当其负载能力不够时，再考虑选用电液脉冲马达等。

（2）传动机构方案的选择。传动机构实质上是执行元件与执行机构之间的机械接口，用于对运动和力进行变换与传递。在伺服系统中，执行元件以输出旋转运动和转矩为主，而执行机构则多为直线运动。用于将旋转运动转换成直线运动的传动机构主要有齿轮齿条和丝杠螺母等。前者可获得较大的传动比和较高的传动效率，所能传递的力也较大，但高精度的齿轮齿条制造困难，且为消除传动间隙而结构复杂；后者因结构简单、制造容易而应用广泛。尤其是滚动丝杠螺母副，目前已成为伺服系统中的首选传动机构。

在步进电动机与丝杠之间运动的传递有多种方式。可将步进电动机与丝杠通过联轴器直接连接，其优点是结构简单，可获得较高的速度，但对步进电动机的负载能力要求较高。此外步进电动机还可通过减速器传动丝杠。减速器的作用主要有三个，即配凑脉冲当量、转矩放大和惯量匹配。当电动机与丝杠中心距较大时，可采用同步带传动，否则可采用齿轮传动，但应采取措施消除其传动间隙。

（3）执行机构方案的选择。执行机构是伺服系统中的被控对象，是实现实际操作的机构，应根据具体操作对象及其特点来选择和设计。一般来讲，执行机构中都包含有导向机构，执行机构方案的选择主要是导向机构的选择。

导向机构即导轨，主要有滑动和滚动两大类，每一类按结构形式和承载原理又可分成多种类型。在伺服系统中应用较多的是塑料贴面滑动导轨和滚动导轨，设计时可根据具体情况合理选用。

值得一提的是市场上新出现的一种称为线性组件的产品，它将滚珠丝杠螺母或同步带传动与滚动导轨集成为一体，统一润滑与防护，系列化设计，专业化生产，体积小，精度高，成本低，易于安装，有的还配套提供执行元件和相应的控制装置，为伺服系统的设计和制造提供了极大的方便。

（4）控制系统方案的选择。控制系统方案的选择包括微型机、步进电动机控制方式、驱动电路等的选择。

常用的微型机有单板机、单片机、工业控制微型机等，其中单片机由于在体积、成本、可靠性和控制指令功能等许多方面的优越性，在伺服系统的控制中得到了非常广泛的应用。步进电动机的控制方式和驱动电源等可按 6.3 节的介绍来选择。

**2. 闭环控制伺服系统的方案设计**

从控制原理上讲，闭环控制与半闭环控制是一样的，都要对系统输出进行实时检测和反馈，并根据偏差对系统实施控制。两者的区别仅在于传感器检测信号位置的不同，因而导致设计、制造的难易程度不同以及工作性能的不同，但两者的设计与分析方法基本上一致。闭环和半闭环控制的位置伺服系统的结构原理分别如图6-22和图6-23所示。

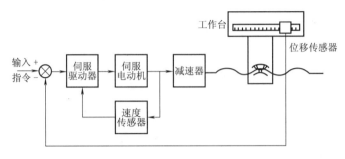

图 6-22　闭环伺服系统结构原理

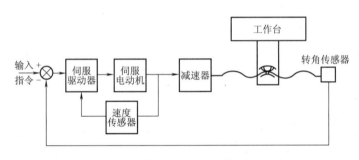

图 6-23　半闭环伺服系统结构原理

设计闭环伺服系统必须首先保证系统的稳定性，然后在此基础上采取各种措施满足精度及快速响应性等方面的要求。

（1）闭环或半闭环控制方案的确定。当系统精度要求很高时，应采用闭环控制方案。它将全部机械传动及执行机构都封闭在反馈控制环内，其误差可以通过控制系统得到补偿，因而可达到很高的精度。但是闭环伺服系统结构复杂，设计难度大，成本高，尤其是机械系统的动态性能难以提高，系统稳定性难以保证。因而除非精度很高时，一般应采用半闭环控制方案。目前大多数数控机床和工业机器人中的伺服系统都采用半闭环控制。

（2）执行元件的选择。在闭环或半闭环控制的伺服系统中，主要采用直流伺服电动机、交流伺服电动机或伺服阀控制的液压伺服马达作为执行元件。液压伺服马达主要用在负载较大的大型伺服系统中，在中、小型伺服系统中，则多数采用直流或交流伺服电动机。由于直流伺服电动机具有优良的静、动态特性，并且易于控制，因而在20世纪90年代以前，一直是闭环（以下如不特意说明，则所称闭环也包括半闭环）系统中执行元件的主流。近年来，由于交流伺服技术的发展，使交流伺服电动机可以获得与直流伺服电动机相近的优良性能，而且交流伺服电动机无电刷磨损问题，维修方便，随着价格的逐年降低，正得到越来越广泛的应用。在闭环伺服系统设计时，应根据设计者对技术的掌握程度及市场供应、价格等情况，适当选取合适的执行元件。

（3）检测反馈元件的选择。常用的位置检测传感器有旋转变压器、感应同步器、码盘、光电脉冲编码器、光栅尺、磁尺等。如被测量为直线位移，则应选尺状的直线位移传感器，如光栅尺、磁尺、直线感应同步器等。如被测量为角位移，则应选圆形的角位移传感器，如光电脉冲编码器、圆感应同步器、旋转变压器、码盘等。一般来讲，半闭环控制的伺服系统主要采用角位移传感器，闭环控制的伺服系统主要采用直线位移传感器。

机电一体化产品中的伺服系统多数采用计算机数字控制，因而相应的位置传感器也多数采用数字式传感器，如光栅尺、光电脉冲编码器、码盘等。

传感器的精度与价格密切相关，应在满足要求的前提下，尽量选用精度低的传感器，以降低成本。

选择传感器还应考虑结构空间（如外形尺寸、连接及安装方式等）及环境（如温度、湿度、灰尘等）条件等的影响。

在位置伺服系统中，为了获得良好的性能，往往还要对执行元件的速度进行反馈控制，因而还要选用速度传感器。交、直流伺服电动机常用的速度传感器为测速发电机。目前在半闭环伺服系统中，也常采用光电脉冲编码器，既测量电动机的角位移，又通过计时而获得速度。

（4）机械系统与控制系统方案的确定。在闭环控制的伺服系统中，机械传动与执行机构在结构形式上与开环控制的伺服系统基本一样，即由执行元件通过减速器和滚动丝杠螺母机构，驱动工作台运动。

控制系统方案的确定，主要包括执行元件控制方式的确定和系统伺服控制方式的确定。对于直流伺服电动机，应确定是采用晶体管脉冲调制（PWM）控制，还是采用晶闸管（可控硅）放大器驱动控制。对于交流伺服电动机，应确定是采用矢量控制，还是采用幅值、相位或幅相控制。

伺服系统的控制方式有模拟控制和数字控制，每种控制方式又有多种不同的控制算法。机电一体化产品中多采用计算机数字控制方式。此外还应确定是采用软件伺服控制，还是采用硬件伺服控制，以便据此选择相应的计算机。

### 6.4.2　伺服系统设计方案

系统方案确定之后，应进行机械系统的设计计算，其内容包括执行元件参数及规格的确定、系统结构的具体设计、系统惯量、刚度等参数的计算等。下面结合图 6-24 所示的典型开环位置伺服系统的机械传动原理，介绍有关的设计计算方法。

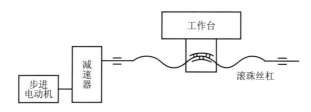

图 6-24　典型开环位置伺服系统的机械传动原理

### 1. 确定脉冲当量，初选步进电动机

脉冲当量应根据系统精度要求来确定。对于开环伺服系统，一般取为 0.005 ~ 0.01 mm。如取得太大，无法满足系统精度要求；如取得太小，或者机械系统难以实现，或者对其精度和动态性能提出过高要求，使经济性降低。

初选步进电动机主要是根据具体情况选择其类型和步距角。一般来讲,反应式步进电动机步距角小,运行频率高,价格较低,但功耗较大;永磁式步进电动机功耗较小,断电后仍有制动力矩,但步距角较大,启动和运行频率较低;混合式步进电动机兼有上述两种电动机的优点,但价格较高。各种步进电动机的产品样本中都给出了通电方式及步距角等主要技术参数,以供选用。

**2. 计算减速器的传动比**

减速器一般采用减速传动,其传动比可按下式计算。

$$i = \frac{aP_h}{360\delta_P} \tag{6-11}$$

式中: $a$ 为步进电动机步距角,(°); $P_h$ 为丝杠导程,mm; $\delta_P$ 为工作台运动的脉冲当量,mm。

如算出的传动比 $i$ 值较小,可采用同步带或一级齿轮传动,否则应采用多级齿轮传动。选择齿轮传动级数时,一方面应使齿轮总转动惯量 $J_G$ 与电动机轮上主动齿轮的转动惯量 $J_P$ 的比值较小;另一方面还要避免因级数过多而使结构复杂,一般可按图6-25来选择。

齿轮传动级数确定之后,可根据总传动比和传动级数,按图6-26来合理分配各级传动比,且应使各级传动比按传动顺序逐级增加。

例如,当 $i = 4$ 时,按图6-25可取传动级数为2或3,对应的 $J_G/J_P$ 值分别为6和5.4。显然,取2级传动比较合理,因为若取3级传动, $J_G/J_P$ 的减小并不显著,却使减速器结构复杂,传动效率和扭转刚度降低,传动间隙增加,得不偿失。按传动级数2和总传动比 $i = 4$,查图6-26得两级传动比分别为 $i_1 = 1.8$, $i_2 = 2.2$。

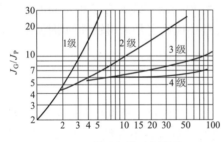

图6-25 传动级数选择曲线

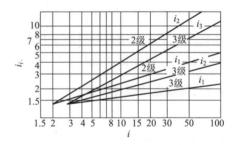

图6-26 传动比分配曲线

**3. 计算系统转动惯量**

计算转动惯量的目的是选择步进电动机动力参数及进行系统动态特性分析与设计。

有些传动件(如齿轮、丝杠等)的转动惯量不易精确计算,可将其等效成圆柱体来近似计算。圆柱体转动惯量 $J(\mathrm{kg \cdot m^2})$ 的计算公式为

$$J = \frac{\pi\rho d^4 l}{32} \tag{6-12}$$

式中: $\rho$ 为材料密度,kg/m³; $d$ 为传动件的等效直径,m; $l$ 为传动件轴向长度,m。

计算出的各传动件转动惯量应按下式折算到电动机轴上,以获得总当量负载转动惯量 $J_d(\mathrm{kg \cdot m^2})$:

$$J_d = J_{z1} + (J_{z2} + J_S)\frac{1}{i^2} + \left(\frac{P_h}{2\pi i}\right)^2 m \tag{6-13}$$

式中：$J_{z1}$，$J_{z2}$ 分别为电动机轴上和丝杠轴上齿轮或同步带轮的转动惯量，$kg \cdot m^2$；$J_s$ 为丝杠转动惯量，$kg \cdot m^2$；$m$ 为工作台质量，$kg$。

**4. 确定步进电动机动力参数**

（1）电动机负载转矩计算。作用在步进电动机轴上的总负载转矩 $T$ 可按下式计算：

$$T = (J_m + J_d)\varepsilon + \frac{P_h(F_\mu + F_w)}{2\pi\eta i} + \frac{P_h F_0 (1 - \eta_0^2)}{2\pi\eta i} \qquad (6-14)$$

式中：$J_m$ 为电动机轴自身转动惯量，$kg \cdot m^2$；$\varepsilon$ 为电动机启动或制动时的角加速度，$rad/s^2$；$F_\mu$ 为作用在工作台上的摩擦力，$N$；$F_w$ 为作用在工作台上的其他外力，$N$；$\eta$ 为伺服传动链的总效率；$F_0$ 为滚珠丝杠螺母副的预紧力，$N$；$\eta_0$ 为滚珠丝杠螺母副未预紧时的传动效率，一般取 $\eta_0 = 0.9$。

（2）电动机最大静转矩确定。根据电动机实际启动情况（空载或有载），按式（6-14）计算出启动时的负载转矩 $T_q$，然后按表 6-1 选取启动时所需步进电动机的最大静转矩 $T_{S1}$。

表 6-1　$T_q$ 与 $T_{S1}$ 之间的比例关系

| 电动机相数 | 3 | | 4 | | 5 | | 6 | |
|---|---|---|---|---|---|---|---|---|
| 运行拍数 | 3 | 6 | 4 | 8 | 5 | 10 | 6 | 12 |
| $T_q/T_{S1}$ | 0.5 | 0.866 | 0.707 | 0.707 | 0.809 | 0.951 | 0.866 | 0.866 |

根据步进电动机正常运行时的受力情况，按式（6-14）计算出负载转矩 $T_1$，然后按下式计算正常运行时所需步进电动机的最大静转矩 $T_{S2}$：

$$T_{S2} = \frac{T_1}{0.3 \sim 0.5} \qquad (6-15)$$

按 $T_{S1}$ 和 $T_{S2}$ 中的较大者选取步进电动机的最大静转矩 $T_S$，并要求：

$$T_S \geqslant \max\{T_{S1}, T_{S2}\} \qquad (6-16)$$

（3）电动机最大启动频率确定。步进电动机在不同的启动负载转矩下所允许的启动频率不同，因而应根据所计算出的启动转矩 $T_q$，按电动机的启动矩频特性曲线来确定最大启动频率，并要求实际使用的启动频率低于这一允许的最大启动频率。

（4）电动机最大运行频率确定。步进电动机在运行时的输出转矩随运行频率增加而下降，因而应根据所计算出的负载转矩 $T_1$，按电动机运行矩频特性曲线来确定最大运行频率，并要求实际使用的运行频率低于这一允许的最大运行频率。

**5. 验算惯量匹配**

电动机轴上的总当量负载转动惯量 $J_d$ 与电动机轴自身转动惯量 $J_m$ 的比值应控制在一定范围内，既不应太大，也不应太小。如果太大，则伺服系统的动态特性主要取决于负载特性，由于工作条件（如工作台位置）的变化而引起的负载质量、刚度、阻尼等的变化，将导致系统动态特性也随之产生较大变化，使伺服系统综合性能变差，或给控制系统设计造成困难。如果该比值太小，说明电动机选择或传动系统设计不太合理，经济性较差。为使系统惯量达到较合理的匹配，一般应将该比值控制在下式所规定的范围内：

$$\frac{1}{4} \leqslant \frac{J_d}{J_m} \leqslant 1 \qquad (6-17)$$

如果验算发现 $J_d/J_m$ 不满足式（6-17）要求，应返回修改原设计。通过减速器传动比 $i$ 和丝杠导程 $P_h$ 的适当搭配，往往可使惯量匹配趋于合理。

### 6.4.3 伺服系统误差分析

**1. 开环控制的伺服系统误差分析**

在开环控制的伺服系统中，由于没有检测及反馈装置，为了保证工作精度要求，必须使其机械系统在任何时刻、任何情况下都能严格跟随步进电动机的运动而运动。然而实际上，机械系统的输入与输出之间总会存在误差，除了零部件的制造及安装所引起的误差外，还有由于机械系统的动力参数（如刚度、惯量、摩擦、间隙等）所引起的误差。在系统设计时，必须将这些误差控制在允许范围内。

（1）死区误差。所谓死区误差，是指机械系统启动或反向时，系统的输入运动与输出运动之间的差值。产生死区误差的主要原因包括传动机构中的间隙、导轨运动副间的摩擦力以及电气系统和执行元件的启动死区。

由传动间隙所引起的工作台等效死区误差 $\delta_c$（mm）可按下式计算。

$$\delta_c = \frac{P_h}{2\pi} \sum_{i=1}^{n} \frac{\delta_i}{i_i} \tag{6-18}$$

式中：$P_h$ 为丝杠导程，mm；$\delta_i$ 为第 $i$ 个传动副的间隙量，rad；$i_i$ 为第 $i$ 个传动副至丝杠的传动比。

由摩擦力引起的死区误差实质上是传动机构为克服静摩擦力而产生的弹性变形，包括拉压弹性变形和扭转弹性变形。扭转弹性变形相对拉压弹性变形来说数值较小，常被忽略。于是弹性变形所引起的摩擦死区误差 $\delta_\mu$（mm）为

$$\delta_\mu = \frac{F_\mu}{K_0} \times 10^3 \tag{6-19}$$

式中：$F_\mu$ 为导轨静摩擦力，N；$K_0$ 为丝杠螺母机构的综合拉压刚度，N/m。

由电气系统和执行元件的启动死区所引起的死区误差与上述两项相比很小，常被忽略。如果再采用消除间隙措施，则系统死区误差主要取决于摩擦死区误差。假设静摩擦力主要由工作台重力引起，则工作台反向时的最大反向死区误差 $\Delta$（mm）可按下式计算：

$$\Delta = 2\delta_\mu = \frac{2F_\mu}{K_0} \times 10^3 = \frac{2mgf_0}{K_0} \times 10^3 = \frac{2gf_0}{\omega_n^2} \times 10^3 \tag{6-20}$$

式中：$m$ 为工作台质量，kg；$g$ 为重力加速度，$g = 9.8$ m/s$^2$；$f_0$ 为导轨静摩擦系数；$\omega_n$ 为丝杠——工作台系统的纵振固有频率，rad/s。

为减小系统死区误差，除应消除传动间隙外，还应采取措施减小摩擦，提高传动系统的刚度和固有频率。对于开环伺服系统，为保证单脉冲进给要求，应将死区误差控制在一个脉冲当量以内。

（2）由系统刚度变化引起的定位误差。影响系统定位误差的因素很多，这里仅讨论由丝杠螺母机构综合拉压刚度的变化所引起的定位误差。

空载条件下，由系统刚度变化所引起的整个行程范围内的最大定位误差 $\delta_{K\max}$（mm）可用下式计算：

$$\delta_{K\max} = F_\mu \left( \frac{1}{K_{0\min}} - \frac{1}{K_{0\max}} \right) \times 10^3 \tag{6-21}$$

式中：$F_\mu$ 为由工作台重力引起的静摩擦力，N；$K_{0\min}$、$K_{0\max}$ 分别为在工作台行程范围内丝杠

的最小和最大综合拉压刚度，N/m。

对于开环控制的伺服系统，$\delta_{Kmax}$一般应控制在系统允许定位误差的 1/5 ~ 1/3 范围内。

**2. 闭环控制的伺服系统误差分析**

在设计闭环伺服系统时，除要保证系统具有良好的动态性能外，还应保证系统具有足够的稳态精度。系统在稳定状态下，其输出位移与输入指令信号之间的稳态误差 $\delta$ 可由下式表达：

$$\delta = \delta_1 + \delta_2 \tag{6-22}$$

式中：$\delta_1$ 为与系统的构成环节及输入信号形式有关的误差，称为跟踪误差；$\delta_2$ 为由负载扰动所引起的稳态误差。

（1）跟踪误差。位置控制的伺服系统都包含有一个积分环节，用于将速度转换成位移输出。这样，系统在跟踪阶跃输入时的跟踪误差 $\delta_1 = 0$ mm；在跟踪等速斜坡输入时，其跟踪误差为

$$\delta_1 = \frac{v}{K} \tag{6-23}$$

式中：$v$ 为输入的速度指令，mm/s；$K$ 为系统的开环增益，$s^{-1}$。

可见，系统的跟踪误差与开环增益 $K$ 成反比，$K$ 值越大，跟踪误差 $\delta_1$ 越小。为减小跟踪误差 $\delta_1$，可适当增大开环增益 $K$。

实际上，系统的跟踪误差与系统制动过程中所走过的位移相等，因而跟踪误差只影响运动轨迹精度，而不影响定位精度。在设计两轴或两轴以上联动的伺服系统时，应将各轴的开环增益设计和调整的大小一致，以减小因各轴跟踪误差不同而引起的轨迹形状误差。

（2）负载扰动所引起的误差。由负载扰动所引起的稳态误差 $\delta_2$（mm）可用下式计算：

$$\delta_2 = K_3 \frac{T_1}{K_R} \tag{6-24}$$

式中：$K_3$ 为机械系统的转换系数，mm/rad，$K_3 = P_h/(2\pi i)$；$P_h$ 为丝杠导程，mm；$i$ 为减速器传动比；$T_1$ 为折算到电动机轴上的干扰转矩，N·m；$K_R$ 为系统伺服刚度或称力增益，N·m/rad，它定义为干扰转矩 $T_1$ 与由 $T_1$ 引起的电动机输出角位移的误差之比。

由式（6-24）可见，负载扰动所引起的稳态误差与系统伺服刚度成反比，伺服刚度越大，误差越小。伺服刚度与系统开环增益成正比，开环增益越大，伺服刚度越大。因而，适当增大系统的开环增益，也有利于减小由负载扰动所引起的稳态误差。

## 【小结与拓展】

采用伺服系统主要是为了达到下面几个目的：①以小功率指令信号控制大功率负载；②在没有机械连接的情况下，由输入轴控制位于远处的输出轴，实现远距同步传动；③使输出机械位移精确地跟踪电信号，如记录和指示仪表等。

机器人电动伺服驱动系统是利用各种电动机产生的力矩和力，直接或间接地驱动机器人本体，以获得机器人的各种运动的执行机构。

对工业机器人关节驱动的电动机，要求有最大功率质量比和转动惯量比、高启动转矩、低惯量和较宽广且平滑的调速范围。伺服电动机必须具有较高的可靠性和稳定性，并且具有较大的短时过载能力。这是伺服电动机在工业机器人中应用的先决条件。

对于伺服系统可以理解为是一个伺服电动机加一个能够控制电动机的驱动器，其目的在于精确地控制电动机的运动。变频技术的发展为电动机调速提供了实用技术，而伺服则是在变频技术基础上发展起来的更进一步的产品。通过速度和位置的反馈闭环控制使得伺服系统的精度和稳定性得到了很大的提高，既可以完成精度要求极其苛刻的工作，也可以在低速的状态下保证功率和转矩，以满足各种工业生产的需求。

由于国内的人口红利的降低和自动化技术的发展，未来工业的发展对自动化装备的需求越来越大，而伺服系统是整个自动化装备的基本支撑，对伺服电动机的控制效果决定着整个自动化装备的水平高低。伺服驱动器的控制策略和电力电子调速技术、伺服电动机的发展是伺服系统发展的核心。作为技术专业人才，应该着力于开发出更好的控制策略；在应用方面更加高效、更加友好地使用自动化装备。

## 【思考与习题】

6-1. 什么是伺服电动机的空载始动电压？

6-2. 与直流伺服电动机相比，交流伺服电动机的优点有哪些？

6-3. 数控伺服系统是以什么为直接目标的自动控制系统？

6-4. 细分驱动具体含义是什么？图示说明。

6-5. 脉宽调制放大器PWM的原理是什么？

6-6. 什么是细分电路？为什么要细分？

6-7. 步进电动机与伺服电动机一样吗？哪个控制精度要高些？

6-8. 分析开环控制的伺服系统误差因素有哪些？

6-9. 伺服驱动系统的基本要求有哪些？

6-10. 简述伺服电动机的种类、特点及应用。

6-11. 如何分析闭环控制的伺服系统误差？

# 第7章 机电一体化典型设备机器人

【目标与解惑】

（1）熟悉机器人的组成及特征；
（2）掌握机器人的分类及应用；
（3）掌握机器人控制的组成与分类方法；
（4）理解不同机器人控制系统的整体结构；
（5）了解各种品牌工业机器人工作特性与应用范围。

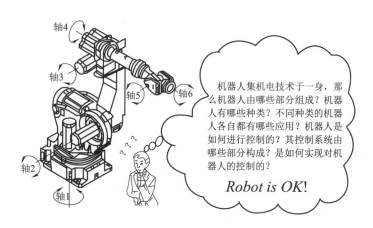

机器人集机电技术于一身，那么机器人由哪些部分组成？机器人有哪些种类？不同种类的机器人各自都有哪些应用？机器人是如何进行控制的？其控制系统由哪些部分构成？是如何实现对机器人的控制的？

*Robot is OK*!

## 7.1 机器人的组成及特征

机器人是众所周知的一种高新技术产品，然而，"机器人"一词最早并不是一个技术名词，而且至今尚未形成统一的、严格而准确的定义。"机器人"最早出现在 20 世纪 20 年代初期捷克的一个科幻内容的话剧中，剧中虚构了一种称为 Robota（捷克文，意为苦力、劳役）的人形机器，可以听从主人的命令，并任劳任怨地从事各种劳动。实际上，真正能够代替人类进行生产劳动的机器人，是在 20 世纪 60 年代才问世的。伴随着机械工程、电气工程、控制技术以及信息技术等相关科技的不断发展，到 20 世纪 80 年代，机器人开始在汽车制造业、电机制造业等工业生产中大量采用。现在，机器人不仅在工业，而且在农业、商业、医疗、旅游、空间、海洋以及国防等诸多领域获得越来越广泛的应用。

### 7.1.1 机器人的组成

机器人是典型的机电一体化产品，一般由机械本体、控制系统、驱动器和传感器四部分组成。机械本体是机器人实施作业的执行机构。为对本体进行精确控制，传感器应提供机器人本体或其所处环境的信息，控制系统依据控制程序产生指令信号，通过控制各关节运动坐标的驱动器，使各臂杆端点按照要求的轨迹、速度和加速度，以一定的姿态达到空间指定的位置。驱动器将控制系统输出的信号变换成大功率的信号，以驱动执行器工作。

**1. 机械本体**

机械本体是机器人赖以完成作业任务的执行机构，一般是一台机械手，也称操作器或操作手，可以在确定的环境中执行控制系统指定的操作。典型工业机器人的机械本体一般由手部（末端执行器）、腕部、臂部、腰部和基座构成。机械手多采用关节式机械结构，一般具有 6 个自由度，其中 3 个用来确定末端执行器的位置，另外 3 个则用来确定末端执行装置的方向（姿势）。机械臂上的末端执行装置可以根据操作需要换成焊枪、吸盘、扳手等作业工具。

**2. 控制系统**

控制系统是机器人的指挥中枢，相当于人的大脑功能，负责对作业指令信息、内外环境信息进行处理，并依据预定的本体模型、环境模型和控制程序做出决策，产生相应的控制信号，通过驱动器驱动执行机构的各个关节，按所需的顺序，沿确定的位置或轨迹运动，完成特定的作业。从控制系统的构成看，有开环控制系统和闭环控制系统之分；从控制方式看，有程序控制系统、适应性控制系统和智能控制系统之分。

**3. 驱动器**

驱动器是机器人的动力系统，相当于人的心血管系统，一般由驱动装置和传动机构两部分组成。因驱动方式的不同，驱动装置可以分成电动、液动和气动三种类型。驱动装置中的电动机、液压缸、气缸可以与操作机直接相连，也可以通过传动机构与执行机构相连。传动机构通常有齿轮传动、链传动、谐波齿轮传动、螺旋传动、带传动等几种类型。

**4. 传感器**

传感器是机器人的感测系统，相当于人的感觉器官，是机器人系统的重要组成部分，包括内部传感器和外部传感器两大类。内部传感器主要用来检测机器人本身的状态，为机器人的运动控制提供必要的本体状态信息，如位置传感器、速度传感器等。外部传感器则用来感知机器人所处的工作环境或工作状况信息，又可分成环境传感器和末端执行器传感器两种类型；前者用于识别物体和检测物体与机器人的距离等信息，后者安装在末端执行器上，检测处理精巧作业的感觉信息。常见的外部传感器有力觉传感器、触觉传感器、接近觉传感器和视觉传感器等。

### 7.1.2 机器人的特征

经过几十年的发展，机器人技术已经形成了综合性的学科——机器人学（Robotics）。机器人学有着极其广泛的研究和应用领域，主要包括机器人本体结构系统、机械手设计，轨迹设计和规划，运动学和动力学分析，机器视觉、机器人传感器，机器人控制系统以及机器智能，等等。尽管机器人已经得到越来越广泛的应用，机器人技术的发展也日趋深入、完善，然而"机器人"尚没有一个统一的、严格而准确的定义。一方面，在技术发展过程中，不同的国家、不同的学者给出的定义不尽相同，虽然基本原则一致，但欧美国家的定义限定多一些，日本等给出的定义则较宽松；另一方面，随着时代的进步、技术的发展，机器人的内涵仍在不断发展变化。国际标准化组织（ISO）定义的机器人特征如下：

（1）仿生特征：动作机构具有类似于人或其他生物体某些器官（肢体、感官等）的功能。

（2）柔性特征：机器人作业具有广泛的适应性，适于多种工作，作业程序灵活易变。

（3）智能特征：机器人具有一定程度的人类智能，如记忆、感知、推理、决策和学习等。

（4）自动特征：完整的机器人系统，能够独立、自动完成作业任务，不依赖于人的干预。

### 7.1.3　机器人的发展

**1. 第一代机器人**

第一代机器人是"示教再现"型。这类机器人能够按照人类预先示教的轨迹、行为、顺序和速度重复作业。示教可以由操作员"手把手"地进行，比如，操作人员抓住机器人上的喷枪，沿喷漆路线示范一遍，机器人记住了这一连串运动，工作时，自动重复这些运动，从而完成给定位置的喷漆工作。这种方式即是所谓的"直接示教"。但是，比较普遍的方式是通过控制面板示教。操作人员利用控制面板上的开关或键盘来控制机器人一步一步地运动，机器人自动记录下每一步，然后重复。目前在工业现场应用的机器人大多属于第一代。

**2. 第二代机器人**

第二代机器人具有环境感知装置，能在一定程度上适应环境的变化。以焊接机器人为例，机器人焊接的过程一般是通过示教方式给出机器人的运动曲线，机器人携带焊枪走这个曲线，进行焊接。这就要求工件的一致性很好，也就是说工件被焊接的位置必须十分准确。否则，机器人走的曲线和工件上的实际焊缝位置会有偏差。为了解决这个问题，第二代机器人采用了焊缝跟踪技术，通过传感器感知焊缝的位置，再通过反馈控制，机器人就能够自动跟踪焊缝，从而对示教的位置进行修正，即使实际焊缝相对于原始设定的位置有变化，机器人仍然可以很好地完成焊接工作。类似的技术正越来越多地应用在机器人上。

**3. 第三代机器人**

第三代机器人称为"智能机器人"，具有发现问题，并且能自主地解决问题的能力。作为发展目标，这类机器人具有多种传感器，不仅可以感知自身的状态，比如所处的位置、自身的故障情况等，而且能够感知外部环境的状态，比如自动发现路况、测出协作机器的相对位置、相互作用的力等。更为重要的是，能够根据获得的信息，进行逻辑推理、判断决策，在变化的内部状态与变化的外部环境中，自主决定自身的行为。这类机器人具有高度的适应性和自治能力。尽管经过多年来的不懈研究，人们研制了很多各具特点的试验装置，提出了大量新思想、新方法，但现有机器人的自适应技术还是十分有限的。

具体来看，国际上第一台工业机器人产品诞生于 20 世纪 60 年代，当时其作业能力仅限于上、下料这类简单的工作。此后机器人进入了一个缓慢的发展期，直到 20 世纪 80 年代，机器人产业才得到了巨大的发展，成为机器人发展的一个里程碑，这一时代被称为"机器人元年"。为了满足汽车行业蓬勃发展的需要，这个时期开发出的点焊机器人、弧焊机器人、喷涂机器人以及搬运机器人四大类型的工业机器人系列产品已经成熟，并形成产业化规模，有利地推动了制造业的发展。为进一步提高产品质量和市场竞争能力，装配机器人及柔性装配线又相继开发成功。

20世纪90年代以来，随着计算机技术、微电子技术、网络技术等快速发展，工业机器人技术也得到了飞速发展。现在工业机器人已发展成为一个庞大的家族，并与数控（NC）、可编程序控制器（PLC）一起成为工业自动化的三大技术支柱和基本手段，广泛应用于制造业的各个领域之中。工业机器人技术从机械本体、控制系统、传感系统、网络通信以及可靠性功能等方面都取得了突破性的进展。机械本体方面，通过有限元分析、模态分析及仿真设计等现代设计方法的运用，机器人操作机已实现了优化设计。以德国KUKA公司为代表的机器人公司，已将机器人并联平行四边形结构改为开链结构，拓展了机器人的工作范围，加之轻质铝合金材料的应用，大大提高了机器人的性能。此外采用先进的RV减速器及交流伺服电动机，使机器人操作机几乎成为免维护系统。控制系统方面，性能进一步提高，已由过去控制标准的6轴机器人发展到现在能够控制21轴甚至27轴，并且实现了软件伺服和全数字控制。传感系统方面，激光传感器、视觉传感器和力觉传感器在机器人系统中已得到成功应用，并实现了焊缝自动跟踪和自动化生产线上物体的自动定位以及精密装配作业等，大大提高了机器人的作业性能和对环境的适应性。日本Kawasakl、Yaskawa、Fanuc和瑞典ABB、德国KUKA、REIS等公司皆推出了此类产品。网络通信功能的拓展，日本Yaskawa和德国KUKA公司的最新机器人控制器已实现了与Canbus、Profibus总线及一些网络的连接，使机器人由过去的独立应用向网络化应用迈进了一大步，也使机器人由过去的专用设备向标准化设备发展。另外，由于微电子技术的快速发展和大规模集成电路的应用，使机器人系统的可靠性有了很大提高。

除了工业机器人水平不断提高之外，各种用于非制造业的机器人系统也有了长足的进展。农业生产环境的复杂性和作业对象的特殊性使得农业机器人研究难度更大，农业机器人的应用尚未达到商品化阶段，但农业机器人技术的研究已经在土地耕作、蔬菜嫁接、作物移栽、农药喷洒、作物收获、果蔬采摘等生产环节取得了一些突破性进展。例如，日本的耕作拖拉机自动行走系统、联合收割机自动驾驶技术、无人驾驶农药喷洒机，英国的葡萄枝修剪机器人、蘑菇采摘机器人和VMS挤牛奶机器人，我国的农业机器人自动引导行走系统、蔬菜嫁接机器人，法国的水果采摘机器人，以及荷兰开发的挤奶机器人等。

机器人技术用于海洋开发，特别是深海资源的开发，一直是许多国家积极关注的焦点。法国、美国、俄罗斯、日本、加拿大等国从20世纪70年代开始先后研制了几百台不同结构形式和性能指标的水下机器人。法国的Epavlard、美国的AUSS、俄罗斯的MT-88等水下机器人已用于海洋石油开采、海底勘查、救捞作业、管道敷设和检查、电缆敷设和维护以及大坝检查等方面。我国在90年代中期研制的"CR-01"水下机器人在太平洋深海试验成功，海深达6 000 m以上，使我国在深海探测和探索方面跃居世界先进水平。

近年来随着各种智能机器人的研究与发展，能在宇宙空间作业的所谓空间机器人就成为新的研究领域，并已成为空间开发的重要组成部分。美、俄、加拿大等国已研制出各种空间机器人，如美国NASA的空间机器人Sojanor等。Sojanor是一辆自主移动车，质量为11.5 kg，尺寸为630 mm×48 mm，有6个车轮，它在火星上的成功应用，引起了全球的广泛关注。

服务机器人是近年来发展很快的一个领域，已成功地应用于医疗、家用、娱乐等人类生活的方方面面。作为服务机器人的一个重要分支，医用机器人的主要运用在护理、康复、辅助诊断和外科手术等场合。1998 年 5 月，德、法两国医生成功利用机器人完成了一例心脏瓣膜修复手术，包括对病人心脏瓣膜的修整和再造。这次手术中使用的是美国直觉外科研究所研制的医用遥控机器人系统。1998 年 6 月，机器人又完成了首例闭胸冠状动脉搭桥手术。机器人技术与外科技术的结合，为病人带来了福音。

可以预见，在 21 世纪各种先进的机器人系统将会进入人类生产、生活的各个领域，成为人类良好的助手和亲密的伙伴。

## 7.2 机器人的分类及应用

### 7.2.1 按信息输入形式分类

视频：机器人的分类

#### 1. 操纵机器人

操纵机器人可远距离操纵，控制机械手完成动作，主要用于有害环境的无人操作式工作。

#### 2. 程序机器人

程序机器人是按预先设置的程序完成固定操作的机器人（冲压上下料）。

#### 3. 示教再现机器人

两个工作阶段：（1）示教存储阶段。
　　　　　　　（2）再现工作阶段。
两种示教方式：（1）人工移动完成工作过程，在重要的节点处按钮记忆。
　　　　　　　（2）人工按钮操作全过程并记忆。

#### 4. 计算机控制工业机器人

计算机控制工业机器人柔性功能强，同时具有操纵、示教等强大功能。

#### 5. 智能机器人

智能机器人能记忆操作命令，传感监测，判断分析，修改工作方式，以最佳的状态和效率完成工作。

### 7.2.2 按坐标类型分类

#### 1. 直角坐标型

空间三垂直坐标，数学模型简单，空间体积大，操作灵活性差，作为专用和简易机器人使用。直角坐标机器人是以直线运动轴为主，各个运动轴通常对应直角坐标系中的 $X$ 轴、$Y$ 轴和 $Z$ 轴。在绝大多数情况下直角坐标机器人的各个直线运动轴间的夹角均为直角。

直角坐标机器人具有空间上相互垂直的两根或三根直线移动轴，如图 7-1 所示，通过直角坐标方向的三个独立自由度确定其手部的空间位置，其动作空间为一长方体。直角坐标机器人结构简单，定位精度高，空间轨迹易于求解；但其动作范围相对较小，设备的空间因数较低，实现相同的动作空间要求时，机体本身的体积较大。主要用于印刷电路基板的元件插入、紧固螺钉等作业。

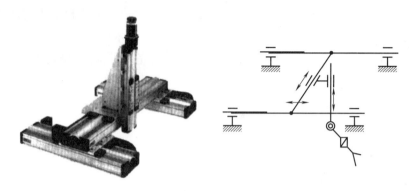

图7-1　直角坐标机器人

### 2. 圆柱坐标型

圆柱坐标手臂看起来有点儿像一个机器人升降机。它的工作行程类似一个后壁圆筒，这也是它名称的由来。像旋转坐标和极坐标手臂一样，它的肩关节的转动也是通过一个旋转底盘来实现的。前臂安装在一个类似升降机的装置上面，前臂沿着圆柱提升和下降，捉取不同高度的物体。为了让手臂可以捉取三维空间里面的物体，前臂上面配备了一个和极坐标手臂相似的伸展关节。

圆柱坐标型机器人实际上类似摇臂钻的运动形式，末端可获得较快的运动速度，结构和数学模型及程序设计较直角坐标型复杂，远端的分辨率下降。圆柱坐标机器人的空间位置机构主要由旋转基座、垂直移动和水平移动轴构成，如图7-2所示，具有一个回转和两个平移自由度，其动作空间呈圆柱形。这种机器人结构简单、刚性好，但缺点是在机器人的动作范围内，必须有沿轴线前后方向的移动空间，空间利用率较低。主要用于重物的装卸、搬运等作业。著名的 Versatran 机器人就是一种典型的圆柱坐标机器人。

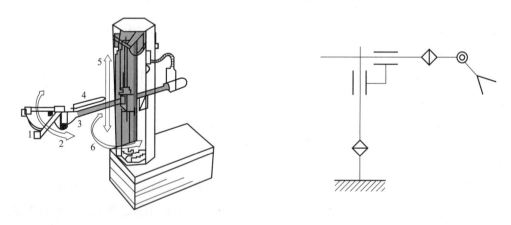

图7-2　圆柱坐标型机器人

### 3. 球面坐标型

球面坐标型机器人也称极坐标型机器人。像旋转坐标手臂一样，转盘带动着整个手臂旋转。这个功能有点儿类似肩关节的转动。极坐标手臂的肩关节无法伸展和弯曲，第二个自由度的肘关节可以控制前臂的上下运动。第三个自由度实现的是前臂的各种伸展运动。前臂

"内部"关节的伸缩带动着夹持器在机器人上收放。如果没有前臂内部的关节，手臂只能捉取放在前面的一个有限的二维圆周里面的物体。

球面坐标型机器人形式灵活，系统复杂，其空间位置分别由旋转、摆动和平移三个自由度确定，动作空间形成球面的一部分，如图 7-3 所示。其机械手能够做前后伸缩移动，在垂直平面上摆动以及绕底座在水平面上转动。著名的 Unimate 就是这种类型的机器人。其特点是结构紧凑，所占空间体积小于直角坐标和圆柱坐标机器人，但仍大于多关节型机器人。极坐标手臂通常用于工业机器人，这种类型的手臂非常适合作为一个固定设备使用。为了增加灵活性，也可以把它们安装在移动式机器人上面。

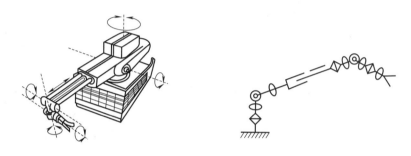

图 7-3　球面坐标机器人

### 4. 多关节型机器人

多关节型机器人结构紧凑，由多个旋转和摆动机构组合而成。这类机器人工作空间大，动作最接近于人，对喷漆、装配、焊接等多种作业都有良好的适应性，应用范围越来越广。不少著名的机器人都采用了这种形式，其摆动方向主要有铅垂方向和水平方向两种，因此这类机器人又可分为垂直多关节机器人和水平多关节机器人。例如，美国 Unimation 公司 20 世纪 70 年代末推出的机器人 PUMA，如图 7-4 所示，就是一种垂直多关节机器人，而日本山梨大学研制的机器人 SCARA，如图 7-5 所示，则是一种典型的水平多关节机器人。

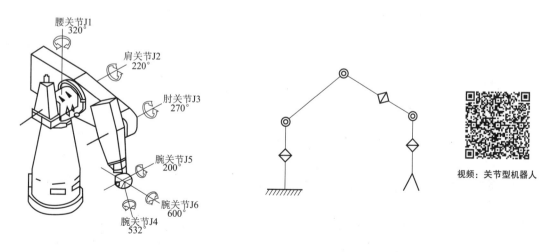

视频：关节型机器人

图 7-4　垂直多关节机器人

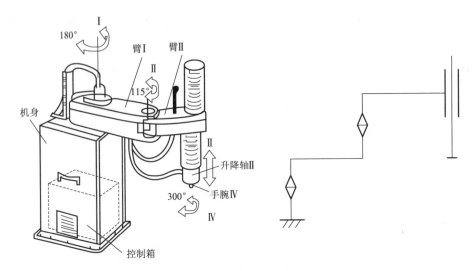

图 7-5　水平多关节机器人

　　垂直多关节机器人模拟了人类的手臂功能，由垂直于地面的腰部旋转轴（相当于大臂旋转的肩部旋转轴）带动小臂旋转的肘部旋转轴以及小臂前端的手腕等构成。手腕通常由 2 ~ 3 个自由度构成。其动作空间近似一个球体，所以也称多关节球面机器人。其优点是可以自由地实现三维空间的各种姿势，可以生成各种复杂形状的轨迹。相对机器人的安装面积，其动作范围很宽。缺点是结构刚度较低，动作的绝对位置精度也较低。它广泛应用于代替人完成装配作业、货物搬运、电弧焊接、喷涂、点焊接等作业场合。

　　水平多关节机器人在结构上具有串联配置的两个能够在水平面内旋转的手臂，其自由度可以根据用途选择 2 ~ 4 个，动作空间为一圆柱体。水平多关节机器人的优点是在垂直方向上的刚性好，能方便地实现二维平面上的动作，在装配作业中得到普遍应用。

**5. 全关节型**

　　全关节型机器人所有位置和姿态均由旋转运动来实现，其结构紧凑，灵活性好，体积小，工作空间大，末端速度高，但数学模型复杂，控制难度也大。目前，随着科学技术的不断渗透，其发展速度快，在焊接、喷漆、装配、上下物料等工程实际场合应用广泛。

### 7.2.3　按受控运动方式分类

**1. 位控制型**

（1）又称 PTP 型。

（2）控制末端工作部件做精确的点位控制。

（3）两种不同的工作方式：①各坐标及各个关节依次运动，到达终点有先后；②各个坐标及各个关节同时趋近终点，速度最快。

**2. 连续轨迹控制型**

（1）又称 CP 型。

（2）中断工作部件受控，按照规定的空间轨迹并以规定的运动速度位移至终点。

（3）各个运动轴和运动关节需要实时获得角位移和角速度信号。

（4）适用于连续轨迹，如弧焊机、喷漆、航天维修等应用。

### 7.2.4　按照机器人的用途分类

机器人首先在制造业中大规模应用，所以，机器人曾被简单地分为两类，即用于汽车等制造业的机器人称为工业机器人，其他的机器人称为特种机器人。随着机器人应用的日益广泛，这种分类显得过于粗糙。现在除工业领域之外，机器人技术已经广泛地应用于农业、建筑、医疗、服务、娱乐，以及空间和水下探索等多种领域。

**1. 工业机器人**

工业机器人依据具体应用的不同，通常又可以分成焊接机器人、装配机器人、喷漆机器人、码垛机器人、搬运机器人等多种类型。焊接机器人包括点焊（电阻焊）和电弧焊机器人，用途是实现自动的焊接作业。装配机器人比较多地用于电子部件电器的装配。喷漆机器人代替人进行喷漆作业。码垛、上下料、搬运机器人的功能则是根据一定的速度和精度要求，将物品从一处运到另一处。在工业生产中应用机器人，可以方便迅速地改变作业内容或方式，以满足生产要求的变化。比如，改变焊缝轨迹，改变喷漆位置，变更装配部件或位置，等等。随着对工业生产线柔性的要求越来越高，对各种机器人的需求也越来越强烈。

**2. 农业机器人**

随着机器人技术的进步，以定型物、无机物为作业对象的工业机器人正在向更高层次的以动、植物之类的复杂作业对象为目标的农业机器人方向发展，农业机器人或机器人化的农业机械的应用范围正在逐步扩大。农业机器人的应用不仅能够大大减轻以至代替人们的生产劳动、解决劳动力不足的问题，而且可以提高劳动生产率，改善农业的生产环境，防止农药、化肥等对人体的伤害，提高作业质量。但由于农业机器人所面临的是非结构、不确定、不宜预估的复杂环境和工作对象，所以与工业机器人相比，其研究开发的难度更大。农业机器人的研究开发目前主要集中耕种、施肥、喷药、蔬菜嫁接、苗木株苗移栽、收获、灌溉、养殖和各种辅助操作等方面。日本是机器人普及最广泛的国家，目前已经有数千台机器人应用于农业领域。

**3. 探索机器人**

机器人除了在工农业上广泛应用之外，还越来越多地应用于极限探索，即在恶劣或不适于人类工作的环境中执行任务。例如，在水下（海洋）、太空以及在放射性（有毒）或高温等环境中进行作业。人类借助潜水器具潜入到深海之中探秘，已有很长的历史。然而，由于危险很大、费用极高，所以水下机器人就成了代替人在这一危险的环境中工作的最佳工具。空间机器人是指在大气层内和大气层外从事各种作业的机器人，包括在内层空间飞行并进行观测，可完成多种作业的飞行机器人，到外层空间其他星球上进行探测作业的星球探测机器人和在各种航天器里使用的机器人。

**4. 服务机器人**

机器人技术不仅在工农业生产、科学探索中得到了广泛应用，也逐渐渗透到人们的日常生活领域，服务机器人就是这类机器人的一个总称。尽管服务机器人的起步较晚，但应用前景十分广泛，目前主要应用在清洁、护理、执勤、救援、娱乐和代替人对设备进行维护保养等场合。国际机器人联合会给服务机器人的一个初步定义是，一种以自主或半自主方式运行，能为人类的生活、康复提供服务的机器人，或者是能对设备运行进行维护的一类机器人。

## 7.3 机器人系统

### 7.3.1 机器人定义

对于机器人的定义问题，不同的国家有不同的理解，因而就出现了不同的定义。

（1）［英］牛津字典定义：貌似人的自动机器，具有智力的和顺从于人的但不具人格的机器。

（2）［美］国家标准局定义：是一种能够进行编程并在自动控制下执行某些操作和移动作业任务的机械装置。

（3）［日］工业机器人协会定义：

①工业机器人：一种能够执行与人的上肢（手和臂）类似的多功能机器。

②智能机器人：具有感觉和识别能力，能控制自身行为的机器人。

（4）［中］蒋新松院士定义：机器人是一种拟人功能的机械电子装置。

### 7.3.2 机器人相关概念

1. 机器人本体相关术语

（1）机座：固定机器人的基础构件，和机器人腰部相连。

（2）腰部：连接大臂和机座，一般可平转 360°。

（3）大臂和小臂：完成垂直平面内的位置定位。

（4）腕部：完成俯仰、横滚、侧摆姿态运动。

（5）夹持器：用于抓取和释放物体。

**2. 机器人的坐标系**

由于机器人是由机座、臂部、腕部和手部，以转动或移动的关节组成的空间机构，其手部和各种活动杆件的位置和姿态必须在三维空间进行描述，所以引入了机器人的坐标系。机器人中使用的坐标系是采用右手定则的直角坐标系，主要有以下几种：

（1）绝对坐标系：参考工作现场地面的坐标系，它是机器人所有构建的公共参考坐标系。

（2）机座坐标系：参考机器人机座的坐标系，它是机器人各活动杆件及手部的公共参考坐标系。

（3）杆件坐标系：参考机器人制定杆件的坐标系，它是在机器人每个活动杆件上固定的坐标系，随着杆件的运动而运动。

（4）手部坐标系：参考机器人手部的坐标系，也称为机器人位姿坐标系，它表示机器人手部在指定坐标系中的位置和姿态。

**3. 机器人的自由度**

机器人的自由度是指当确定机器人的手部在空间的位置和姿态时所需要的独立运动参数的数目，机器人手部在空间的运动是由其操作机中用关节连接起来的各种杆件的运动复合而成的。

（1）刚体在空间有 6 个自由度，受到某种约束时自由度会减少。

（2）运动副中的移动和转动是低副（一个自由度），机器人的关节由低副组成，关节越多，自由度越多。

（3）有几个自由度，即为几个自由度的机器人。

（4）关节型的工业机器人多为六自由度机器人。

**4. 机器人的位姿**

所谓机器人的位姿，主要是指机器人手部在空间的位置和姿态，有时也会用到其他各个活动杆件在空间的位置和姿态。为了更好地描述机器人在空间的位置和姿态，必须掌握机器人坐标知识，有了机器人坐标系，机器人手部和各个活动机械臂杆件相对于其他坐标系的位置和姿态就可以用位置矩阵和姿态矩阵来系统描述。

**5. 机器人工作空间**

机器人工作空间是指机器人手部在空间所能达到的最大范围，其形状取决于机器人的自由度数和各运动关节的类型与配置。一般情况下，机器人的工作空间是由臂部的运动确定的，当臂部的自由度的数目及运动关节类型和配置不同时，就可以构成不同形状的工作空间。例如，臂部具有一个自由度时，工作空间的形状为一条直线或圆弧线；具有两个自由度时，工作空间的形状为一个平面或弧面；具有三个自由度时，工作空间的形状则从面扩大到空间，从而形成空间立体（长方体、立方体或回转体）。

**6. 机器人的承载能力**

（1）规定在允许的最高运动速度时的抓取总重量为该机器人的承载能力。

（2）承载能力依据类型不同而不同，有的抓取物体的能力高达 5 000 kg。

（3）承载能力取决于构件结构和驱动能力及运动速度大小。

**7. 定位精度和重复精度**

（1）定位精度：指机器人末端搬运的物件所到达的实际位置和理论位置之间的最大误差。

（2）重复精度：在相同位置指令下，机器人连续重复运动若干次，其终端位置坐标值的离散误差值。

（3）关系：定位精度可能不影响重复精度，如重力因素每个循环都将影响定位精度，但每次的位置误差不大，即重复精度未受影响。

## 7.4 机器人控制的组成与分类

### 7.4.1 对机器人控制系统一般要求

机器人控制系统是机器人的重要组成部分，用于对操作机的控制，以完成特定的工作任务，其基本功能如下：

（1）记忆功能：存储作业顺序、运动路径、运动方式、运动速度和与生产工艺有关的信息。

（2）示教功能：离线编程、在线示教、间接示教。在线示教包括示教盒和导引示教两种。

（3）与外围设备联系功能：输入和输出接口、通信接口、网络接口、同步接口。

（4）坐标设置功能：有关节、绝对、工具、用户自定义四种坐标系。

（5）人机接口：示教盒、操作面板、显示屏。

（6）传感器接口：位置检测、视觉、触觉、力觉等。

（7）位置伺服功能：机器人多轴联动、运动控制、速度和加速度控制、动态补偿等。

（8）故障诊断和安全保护功能：运行时系统状态监视、故障状态下的安全保护和故障自诊断。

### 7.4.2 机器人控制系统的组成

机器人所采用的控制计算机是控制系统的调度指挥机构。一般为微机、微处理器，有32位、64位等，如奔腾系列CPU以及其他类型CPU。各个做出环节有如下环节：

（1）示教盒：示教机器人的工作轨迹和参数设定，以及所有人机交互操作，拥有自己独立的CPU以及存储单元，与主计算机之间以串行通信方式实现信息交互。、

（2）操作面板：由各种操作按键、状态指示灯构成，只完成基本功能操作。

（3）硬盘和软盘存储：存储机器人工作程序的外围存储器。

（4）数字和模拟量输入输出：各种状态和控制命令的输入或输出。

（5）打印机接口：记录需要输出的各种信息。

（6）传感器接口：用于信息的自动检测，实现机器人实时柔顺控制，一般由力觉、触觉和视觉传感器组成。

（7）轴控制器：完成机器人各关节位置、速度和加速度控制。

（8）辅助设备控制：用于和机器人配合的辅助设备控制，如手爪变位器等。

（9）通信接口：实现机器人和其他设备的信息交换，一般有串行接口、并行接口等。

（10）网络接口：

①Ethernet接口：可通过以太网实现数台或单台机器人的直接PC通信，数据传输速率高达10 Mbit/s，可直接在PC上用Windows95或Windows NT库函数进行应用程序编程之后，支持TCP/IP通信协议，通过Ethernet接口将数据及程序装入各个机器人控制器中。

②Fieldbus接口：支持多种流行的现场总线规格，如Device net、AB Remote I/O、Interbus-s、profibus-DP、M-NET等。

### 7.4.3 机器人控制系统分类

（1）程序控制系统：给每一个自由度施加一定规律的控制作用，机器人就可实现要求的空间轨迹。

（2）自适应控制系统：当外界条件变化时，为保证所要求的品质或为了随着经验的积累而自行改善控制品质，其过程是基于操作机的状态和伺服误差的观察，再调整非线性模型的参数，一直到误差消失为止。这种系统的结构和参数能随时间和条件自动改变。

（3）人工智能系统：事先无法编制运动程序，而是要求在运动过程中根据所获得的周围状态信息，实时确定控制作用，如专家系统等。

（4）控制运动方式：

①点位式：要求机器人准确控制末端执行器的位姿，而与路径无关。

②轨迹式：要求机器人按示教的轨迹和速度运动。

（5）编程系统方式：通常不同厂商的工业机器人系统采用不同的编程语言，这些编程语言通常内置于机器人控制器中。譬如：ABB 机器人采用的 Rapid 编程语言，库卡机器人采用的 Krl 编程语言，发那科机器人采用的 Karel 编程语言等，这些编程语言类似 C 语言或者 VB 这些高级编程语言的结构形式，同时增加了机器人运动的控制以及对外输入输出点的控制等。

文档：机器人编程语言

为了提高作业效率，同时能够对于系统进行优化，很多机器人公司推出了针对本公司机器人系统的离线仿真软件，譬如 ABB 离线仿真软件 Robotstudio，以及库卡机器人公司的 KUKA. Office Lite 离线仿真软件等，这些软件通常运行于 PC 机上，在该环境中仿真的结果可以直接下载到相应的机器人控制器中。

文档：机器人控制总线

有关机器人的控制总线与驱动方式可参见工业机器人控制与驱动系统。

文档：机器人的驱动方式

### 7.4.4 机器人控制系统结构

机器人控制系统按其控制方式可分为以下三类。

**1. 集中控制方式**

用一台计算机实现全部控制功能，结构简单，成本低，但实时性差，难以扩展。它是指整个交换机所有的控制功能，包括呼叫处理和维护管理功能，都集中在一个处理机上（这个处理机常称为中央处理机）。为保证交换机的可靠性，不能因控制设备故障而造成全局通信中断，因此，中央处理机必须采用冗余技术。

**2. 主从控制方式**

采用主、从两级处理器实现系统的全部控制功能。主 CPU 实现管理、坐标变换、轨迹生成和系统自诊断等；从 CPU 实现所有关节的动作控制。主从控制方式系统实时性较好，适于高精度、高速度控制，但其系统扩展性较差，维修困难。

**3. 分散控制方式**

按系统的性质和方式将系统控制分成几个模块，每一个模块都有不同的控制任务和控制策略，各模式之间可以是主从关系，也可以是平等关系。这种方式实时性好，易于实现高速、高精度控制，易于扩展，可实现智能控制，是目前流行的方式。

## 7.5 工业机器人概述

从全球角度来看，目前欧洲和日本是工业机器人主要供应商，ABB、库卡（KUKA）、发那科（FANUC）、安川电机（YASKAWA）四家占据着工业机器人主要的市场份额。2013 年四大家族工业机器人收入合计约为 50 亿美元，占全球市场份额约 50%。目前，欧洲工业机器人和医疗机器人领域已居于领先地位。美国积极致力于以军事、航天产业等为背景的开发或创投企业，体现在系统集成领域，医疗机器人和国防军工机器人具有主要优势。

工业机器人四大家族（ABB、发那科、库卡、安川电机）最初起家是从事机器人产业链相关的业务，如 ABB 和安川电机从事电力设备电机业务，发那科从事数控系统业务，库卡一开始则从事焊接设备业务，最终他们成为全球领先综合型工业自动化企业，他们的共同特点是掌握了机器人本体和机器人某种核心零部件的技术，最终实现一体化发展。

### 7.5.1 FANUC 机器人

日本发那科公司（FANUC）是当今世界上数控系统科研、设计、制造、销售实力最强大的企业之一。1956 年，发那科品牌创立。1971 年，发那科数控系统世界第一，占据了全球 70% 的市场份额。1976 年，发那科公司研制成功数控系统 5，随后又与 Siemens 公司联合研制了具有先进水平的数控系统 7，从这时起，发那科公司逐步发展成为世界上最大的专业数控系统生产厂家。掌握数控机床发展核心技术的发那科，不仅加快了日本本国数控机床的快速发展，而且加快了全世界数控机床技术水平的提高。

自 1974 年，发那科首台机器人问世以来，发那科致力于机器人技术上的领先与创新，是世界上唯一一家由机器人来做机器人的公司。发那科机器人产品系列多达 240 种，负重从 0.5 kg 到 1.35 t，广泛应用在装配、搬运、焊接、铸造、喷涂、码垛等不同生产环节，满足客户的不同需求。2008 年 6 月，发那科成为世界上第一个突破 20 万台机器人的厂家；2013 年，发那科全球机器人装机量已超 33 万台，市场份额稳居第一。

发那科工业机器人的优势主要体现在以下几点：

（1）非常便捷的工艺控制，可以实现对喷涂参数的无级调整，在生产过程中也可修改喷涂参数。手腕动作灵活，高加速度，对小型工件的喷涂非常高效。与同类型机器人相比，发那科机器人采用独有的铝合金外壳，机器人重量轻，加速快，日常维护保养方便。

（2）和同类型机器人相比，发那科机器人底座尺寸更小，为客户采用更小的喷房提供了更好的解决方案。

（3）发那科机器人的空心手腕可以让油管、气管布置更加便捷，大幅减少了喷房保洁工作量，为生产赢得时间。

（4）发那科机器人独有的手臂设计，让机器人可以靠近喷房壁安装，机器人在保证高度灵活生产的条件下也不会与喷房壁干涉。

### 7.5.2 ABB 机器人

ABB 位列全球 500 强，是电力和自动化技术的领导企业。ABB 致力于在增效节能、提高工业生产率和电网稳定性方面为各行业提供高效而可靠的解决方案。ABB 的业务涵盖电力产品、电力系统、离散自动化与运动控制、过程自动化和低压产品五大领域。ABB 由两个历史 100 多年的国际性企业——瑞典的阿西亚公司（ASEA）和瑞士的布朗勃法瑞公司（BBCBrown Boveri）在 1988 年合并而来。它与中国的关系可以追溯到 20 世纪初的 1907 年。当时 ABB 向中国提供了第一台蒸汽锅炉。1974 年 ABB 在香港设立了中国业务部，随后于 1979 年在北京设立了永久性办事处。

在众多的机器人生产商中，ABB 作为佼佼者之一，1974 年，发明了世界第一台六轴工业机器人，ABB 生产机器人已有 40 年的历史，已经在瑞典、挪威和中国等地设有机器人研发、制造和销售基地。1994 年，ABB 的机器人开始进入中国，早期的应用主要集中在汽车制造以及汽车零部件行业。随着中国经济的快速发展，工业机器人的应用领域逐步向一般行业扩展，如医药、化工、食品饮料以及电子加工行业。2006 年，ABB 全球机器人业务总部落户中国上海。机器人产品在中国的本土化生产，更加凸显了这家国际巨商扎根中国的决心。

凭着 ABB 公司多年来强大的技术和市场积累,凭着向客户提供全面的机器人自动化解决方案,从汽车工业的白车身焊接系统,到消费品行业的搬运码垛机器人系统,即以汽车、塑料、金属加工、铸造、电子、制药、食品、饮料等行业为目标市场,产品广泛应用于焊接、物料搬运、装配、喷涂、精加工、拾料、包装、货盘堆垛、机械管理等领域。

对于机器人自身来说,最大的难点在于运动控制系统,而 ABB 的核心技术就是运动控制。运动控制技术是实现循径精度、运动速度、周期时间、可编程、多级联动以及域外轴设备同步性等机器人性能指标的重要手段。通过充分利用这些重要功能,用户可提高生产的质量、效率及可靠性。

ABB 对运动控制技术的重视由来已久。早在 1994 年,ABB 就推出了新一代具有 TrueMove 和 QuickMove 功能的机器人。TrueMove 可确保机器人的运动路径与编程路径严格相符,而不论其运行速度及路径几何形状如何。QuickMove 则是一种独具特色的自动优化型运动控制功能,可确保机器人动作任何时候都达到最高的速度和加速度,从而最大限度缩短周期时间。第二代 TrueMove 和 QuickMove 功能引入了更精确的动态模型以及优化循径速度和加速度的新方法,进一步提升了 ABB 机器人性能。

ABB 一直强调机器人本身的柔性化,强调 ABB 机器人在各方面的一个整体性,ABB 机器人在单方面来说不一定是最好的,但就整体性来说是很突出的。比如 ABB 的六轴机器人,单轴速度并不是最快的,但六轴联动以后的精度是很高的。

### 7.5.3　安川机器人

安川电机株式会社创立于 1915 年,公司是有近百年历史的专业电气厂商。公司 AC 伺服和变频器市场份额位居全球第一。安川电机目前主要包括驱动控制、运动控制、系统控制与机器人四个事业部。截至 2013 年年末,安川电机公司市值约 32 亿美元,收入约 38 亿美元,同比下滑 8%,净利润约 0.8 亿美元,同比下滑 20%。公司运动控制、工业机器人、系统工程和驱动控制四项业务收入占比分别为 47%、36%、12% 和 4%。

作为技术创新的倡导者,安川不断把用户需求融合到技术及产品的开发当中,公司秉承 i3-Mechatronics,即 integrated(整合)、intelligent(智能)、innovated(创新)的企业理念,以机电一体化产品及前沿运动控制技术活跃于全球工业领域的舞台,为超高速、超精密控制做出贡献。

安川的运动控制事业部通过丰富的 drive(驱动)、motion(运动)、controller(控制)产品组合,为一般工业机械到高精度机床机械,提供高性能、高生产率的解决方案。其中,变频器占 30%,伺服占 70%。

世界上最活跃的安川工业用机器人"莫托曼"(MOTOMAN),是在半导体工业中受到高度评价的超级机电产品。公司给它们增加系统工程技术,提供最佳的解决方案。安川的机器人里面的控制用的是伺服,因此具有非常好的性能。截至 2011 年,公司机器人累计销售量超过 23 万台。

安川是以系统工程起家的,是从系统产品发展起来的。安川拥有先进的系统工程技术,可以满足大规模的车间及公共事业设备的时代需求,为当代社会实现便利的生活提供广泛的解决方案。

安川的变频器事业部作为驱动器的专业专家,为客户提供丰富的产品和解决方案。安川变频器拥有从通用到专用的丰富的系列产品，这些产品广泛地活跃在节能以及机械自动化领域，并且能够针对客户从工业到民用的各种各样的需求，提供最佳解决方案。

安川电机自1977年研制出第一台全电动工业机器人以来，已有30多年的机器人研发生产的历史，旗下拥有Moto man美国、瑞典、德国以及Synetics Solutions美国公司等子公司。

安川电机具有开发机器人的独特优势，作为安川电机主要产品的伺服和运动控制器是机器人的关键部件。自1997年开始，运用安川特有的运动控制技术开发出日本首台全电气式工业机器人"MOTOMAN"以来，安川电机相继开发了焊接、装配、喷涂、搬运等各种各样的自动化作业机器人，并一直引领着国内外工业机器人市场。其核心的工业机器人产品包括：点焊和弧焊机器人、油漆和处理机器人、LCD玻璃板传输机器人和半导体晶片传输机器人等，是将工业机器人应用到半导体生产领域的最早厂商之一。

多功能机器人Moto man是以"提供解决方案"为概念，在重视客户间交流对话的同时，针对更宽广的需求和多种多样的问题提供最为合适的解决方案，并实行对FA. CIM系统的全线支持。

### 7.5.4 KUKA机器人

库卡（KUKA）集团是由焊接设备起家的全球领先机器人及自动化生产设备和解决方案的供应商之一。库卡的客户主要分布于汽车工业领域，在其他领域（一般工业）中也处于增长势头。库卡机器人公司是全球汽车工业中工业机器人领域的三家市场龙头之一，在欧洲则独占鳌头。在欧洲和北美，库卡系统有限公司则为汽车工业自动化解决方案的两家市场引领者之一。库卡集团借助其30余年在汽车工业中积累的技能经验，也为其他领域研发创新的自动化解决方案，如用于医疗技术、太阳能工业和航空航天工业等。

库卡工业机器人的用户包括通用汽车、克莱斯勒、福特汽车、保时捷、宝马、奥迪、奔驰（Mercedes-Benz）、大众（Volkswagen）、哈雷-戴维森（Harley-Davidson）、波音（Boeing）、西门子（Siemens）、宜家（IKEA）、沃尔玛（Wal-Mart）、雀巢（Nestle）、百威啤酒（Budweiser）以及可口可乐（Coca-Cola）等众多单位。1973年库卡研发其第一台工业机器人，即名为FAMULUS，这是世界上第一台机电驱动的6轴机器人。目前该公司4轴和6轴机器人有效载荷范围达3~1 300 kg，机械臂展达350~3 700 mm，机型包括：SCARA、码垛机、门式及多关节机器人，皆采用基于通用PC控制器平台控制。

库卡产品广泛应用于汽车、冶金、食品和塑料成型等行业。库卡机器人产品最通用的应用范围包括工厂焊接、操作、码垛、包装、加工或其他自动化作业，同时还适用于医院，比如脑外科及放射造影。

库卡机器人早在1986年就已进入中国市场，当时是由库卡公司赠送给一汽卡车作为试用，是中国汽车业应用的第一台工业机器人。1994年，当时作为国内汽车龙头企业的东风卡车公司以及长安汽车公司，分别引进了库卡的一条焊装线，随线安装的机器人都达数十台，库卡机器人开始大批量进入中国。

工业机器人在最初进入中国时，作为技术和资金最为集中的汽车制造业可以说是工业机器人的最主要的使用者，进入2000年后，工业机器人在其他领域的应用才逐渐开始被接受。近年来，库卡机器人在其他制造领域的应用也越来越广泛，行业覆盖了铸造、塑料、金属加工、包装、物流等，如在中国的烟草行业（包装和码垛应用）以及食品与饮料行业（包装和加工应用），其数量和需求甚至超过了汽车行业。

库卡在上海松江新厂建设面积近 2 万 m²，在中国的机器人产能从 2010 年 1 000 台/年增加到了 2014 年的 5 000 台/年。该厂总投资 1 000 万～1 200 万欧元，初步每年生产 3 000 台配备 KRC4 通用控制器的 QUANTEC 系列机器人。

作为世界领先的工业机器人提供商之一和机器人领域中的科技先锋，库卡机器人在业界被赞誉为"创新发电机"。库卡机器人早在 1985 年时，就通过一系列的机械设计革新，去掉了早期工业机器人中必不可少的平行连杆结构，实现真正意义上的多关节控制，并从此成为机器人行业的规范。早在 1996 年时，库卡机器人就采用了当时最为开放和被广泛接受的标准工业 PC-Windows 操作系统作为库卡机器人控制系统和操作平台，使得库卡机器人成为最开放和标准化程度最高的控制系统，而今也正在逐渐成为全球的标准。库卡独一无二的 6D 鼠标编程操作机构，把飞行器操作的理念引入到机器人操作中，使得机器人的操作和示教犹如打游戏一样轻松方便。此外，库卡独特的电子零点标定技术、航空铝制机械本体、模块化控制系统及机械结构等都从本质上诠释了以技术突破和不断创新的宗旨。

库卡码垛机器人的显著特点是速度快，因为机器人的手臂采用高分子碳素纤维材料制造而成，既满足机器人手臂在高速运行过程中对刚度的特殊需求，又可以大幅度提高机器人本身的动惯性性能以及加速能力。机器人控制器采用和标准机器人完全相同的标准，另外，码垛专用的软件功能包 KUKA. PalletLayout，KUKA. PalletPro，KUKA. PalletTech 可以根据客户要求提供非常轻松的码垛应用和编程环境。

## 【小结与拓展】

机器人是自动控制机器的俗称，其关键技术就是机电一体化技术的核心内容，自动控制机器包括一切模拟人类行为或思想与模拟其他生物的机械（如机器狗、机器猫等）。狭义上对机器人的定义还有很多分类法及争议，有些计算机程序甚至也被称作机器人。在当代工业中，机器人指能自动执行任务的人造机器装置，用以取代或者协助人类工作。

理想中机器人是高级整合控制论、机械电子、计算机与人类智慧、材料学和仿生学的产物，目前科学界也正在向此方向研究开发。

随着人类对机器人需求呈现越来越多的趋势，如人们要求生产工业型机器人、军事型机器人、生活型机器人、医疗型机器人等。由于机器人的发展涉及机械、电子、控制、计算机、人工智能、传感器、通信与网络等多个学科和领域，是多种高新技术发展成果的综合集成，故而机器人的不断发展必然会对科技提出越来越高的要求，因此对有关机器人的科技也就要求日益精进了。

在《中国制造 2025》规划中，机器人与高档数控机床被列为政府需大力推动实现突破发展的十大重点领域。《机器人产业"十三五"发展规划》已正式发布，"十三五"期间，机器人发展必将迎来黄金时代，而相应也出现了该领域的人才缺口，同时机器人就业岗位也被列为未来十大高薪岗位。

## 【思考与习题】

7-1. 简述汇编语言程序设计和高级语言程序设计的各自特点。

7-2. 简述机器人在机床加工上下料应用中的技术意义。

7-3. 试述各类程序设计语言的基本原理、应用特点和应用选择。

7-4. 概述 Rapid 语言的基本功能和程序结构特点。

7-5. 简述机械机构的自由度和机器人自由度的概念。

7-6. 从不同角度简述机器人定义的出发点。

7-7. 简述机器人机械结构的主要组成。

7-8. 机器人四大家族是指哪些机器人公司？各自有何优势？

7-9. 机器人底座、手臂、手腕和末端夹持器的基本功能有哪些？

7-10. 简述计算机机器人集中控制方式和分散控制方式的特点。

7-11. 通过网络资源加深对工业机器人控制系统的理解。

# 第8章 机电一体化技术总体设计准则

**【目标与解惑】**

（1）熟悉机电一体化总体设计路线；

（2）掌握机电产品功能及性能指标的分配；

（3）掌握机电一体化系统抗干扰技术；

（4）理解设计思想、类型、准则和规律；

（5）了解提高系统抗干扰能力的方法。

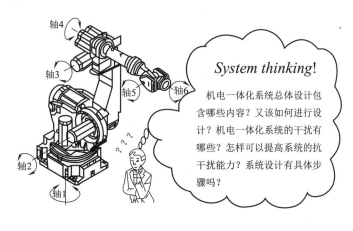

*System thinking*!

机电一体化系统总体设计包含哪些内容？又该如何进行设计？机电一体化系统的干扰有哪些？怎样可以提高系统的抗干扰能力？系统设计有具体步骤吗？

视频：机电一体化
设计步骤

## 8.1 机电一体化技术总体设计概述

### 8.1.1 机电一体化总体设计内容

机电一体化系统总体设计就是应用系统总体技术，从系统整体目标出发，综合分析产品的性能要求以及各机电组成单元的特性，选择最合理的单元组合方案，实现机电一体化产品整体最优化设计的过程。

随着大规模集成电路的出现，机电一体化产品得到了迅速普及和迅猛发展，从家用电器到生产设备，从办公自动化到军事装置，从交通运输装备到航空航天飞行器，机电紧密结合的程度都在迅速增加，并形成了一个纵深而广阔的市场。市场竞争规律要求产品不仅具有高性能，而且要有低价格，这就给产品设计人员提出了越来越高的要求。另外，种类繁多、性能各异的集成电路、传感器和新材料等，给机电一体化产品设计人员提供了众多的可选方案，使设计工作具有更大的灵活性。如何充分利用这些条件，应用机电一体化技术，开发出满足市场需求的机电一体化新产品，是机电一体化总体设计的重要任务。一般来讲，机电一体化总体设计应包括下述一些主要内容。

**1. 技术资料准备**

（1）广泛收集国内外有关技术资料，包括现有同类产品资料、相关的理论研究成果和新发展的先进创新技术资料等。通过对这些技术资料的分析比较，了解现有技术发展的水平、趋势和创新点。这是确定产品技术构成的主要依据。

（2）了解所设计产品的使用要求，包括功能、性能等。此外，还应了解产品的极限工作环境、操作者的技术素质、用户的维修能力等方面的情况。使用要求是确定产品技术指标的主要依据。

（3）了解生产单位的设备条件、工艺手段、生产基础等，作为研究具体结构方案的重要依据，以保证缩短设计和制造周期、降低生产成本、提高产品质量。

**2. 性能指标确定**

性能指标是满足使用要求的技术保证，主要应依据使用要求的具体项目来相应地确定，当然也受到制造水平和能力的约束。性能指标主要包括以下几项：

（1）功能性指标。功能性指标包括运动参数、动力参数、尺寸参数、品质指标等实现产品功能所必需的技术指标。

（2）经济性指标。经济性指标包括成本指标、工艺性指标、标准化指标、美学指标等关系到产品能否进入市场并成为商品的技术指标。

（3）安全性指标。安全性指标包括操作指标、自身保护指标和人员安全指标等保证产品在使用过程中不致因误操作或偶然故障而引起产品损坏或人身事故方面的技术指标。对于自动化程度越高的机电一体化产品，安全性指标越为重要。

**3. 总体方案拟订**

总体方案拟订是机电一体化总体设计的实质性内容，要求充分发挥机电一体化设计的灵活性，根据产品的市场需求以及所掌握的先进技术和资料，拟订出综合性能最好的总体方案。总体方案拟订主要包括下述内容：

（1）性能指标分析。依据所掌握的先进技术资料以及过去的设计经验，分析各项性能指标的重要性及实现的难易程度，从而找出设计难点及特征指标，即影响总体方案的主要因素。每项特征指标都是由一系列的环节来实现和保证的，如果实现某项特征指标的系列环节中存在着机械、电子等不同设计类型的环节，就需要采用机电一体化方法统筹选择各环节的结构，否则只需采用常规方法确定各环节结构即可。

（2）预选各环节结构。在性能指标分析的基础上，初步选出多种实现各环节功能和性能要求的可行的结构方案，并根据有关资料或与同类结构类比，定量地给出各结构方案对特征指标的影响程度或范围，必要时也可通过适当的实验来测定。将各环节结构方案进行适当组合，构造出多个可行的总体结构方案，并使得各环节对特征指标影响的总和不超过规定值。

（3）整体评价。选定一个或几个评价指标，对上述选出的多个可行方案进行单项校核或计算，求出各方案的评价指标值并进行比较和评价，从中筛选出最优者作为拟订的总体方案。

机电一体化总体设计的目的就是设计出综合性能最优或较优的总体方案，作为进一步详细设计的纲领和依据。应当指出，总体方案的确定并非是一成不变的，在详细设计结束后，应再对整体性能指标进行复查，如发现问题，应及时修改总体方案，甚至在样机试制出来之后或在产品使用过程中，如发现总体方案存在问题，也应及时加以改进。

### 8.1.2　机电一体化产品的使用要求与性能指标

产品的使用要求主要包括功能性要求、经济性要求和安全性要求等，产品的性能指标应根据这些要求及生产者的设计和制造能力、市场需求等来确定。

**1. 功能性要求**

产品的功能性要求是要求产品在预定的寿命期内有效地实现其预期的全部功能和性能。从设计的角度来分析，功能性要求可用下列性能指标来表达：

（1）功能范围。任何产品所能实现的功能都有一定范围。一般来讲，产品的适用范围较窄，其结构可较简单，相应的开发周期较短，成本也较低。但由于适用范围窄，市场覆盖面就小，产品批量也小，使单台成本增加。相反地，如扩大适用范围，虽然产品结构趋于复杂，成本增加，但由于批量的增加又可使单台成本趋于下降。因此，合理地确定产品的功能范围，不仅要考虑用户的要求，还要考虑对生产者在经济上的合理性，应综合分析市场环境、技术难度、生产企业的实力等多方面因素进行决策。在所有影响因素中，最关键、最难于准确获得的是市场需求和功能范围之间的关系。如果能准确获得这一关系，就不难采用优化的方法作出最优决策。上面的讨论是针对要进入市场的商品化产品而言的，对于单件研发生产的专用机电一体化设备，则直接满足用户要求就可以了。

（2）精度指标。产品的精度是指产品实现其规定功能的准确指标，它是衡量产品质量的重要指标之一。精度指标需依据精度要求来确定，并作为产品设计的一个重要目标和用户选购产品的一个主要参考依据。产品在完成某一特定功能时所呈现的误差是参与实现这一功能的各组成环节误差的总和，而各环节的误差是由其工作原理及制造工艺所限定的。通常情况下，精度越高，成本也越高，成本上升将引起价格上升，销量下降。另外，精度降低可使成本和价格降低，导致产品销量增加，但在精度降低后，产品的使用范围将会随之缩小，又可能导致产品销量下降。因此，确定合理的精度指标是一个多变量优化问题，需要在确定了精度与成本、价格与销量两个基本函数关系后，才可进行优化计算，做出最优决策。在进行专用机电一体化设备设计时，没有后一个函数关系，且精度指标受使用要求的约束而存在下限，因而不存在优化问题。

（3）可靠性指标。产品的可靠性是指产品在规定的条件下和规定的时间内，完成规定功能的能力。规定的条件包括工作条件、环境条件和储存条件；规定的时间是指产品使用寿命期或平均故障间隔时间；完成规定的功能是指不发生破坏性失效或性能指标下降性失效。

产品零部件或元器件的可靠性对整机可靠性的影响是"与"的关系，只有在全部零部件或元器件都有高可靠性时，整机才有可能拥有高可靠性；一个突出的高可靠性零部件或元器件并不能补偿和代替其他零部件或元器件的低可靠性；相反，一个可靠性低的零部件或元器件，将会使整机的可靠性变差。

可靠性指标对成本、价格和销量的影响与精度指标类似，因此也需要在确定了可靠性与成本、价格与销量两个基本函数关系后，才能对可靠性指标做出最优决策。应当强调指出，当由于产品可靠性的升高使得"规定的时间"超过产品市场寿命期（即产品更新换代周期）

时，继续提高可靠性是没有意义的。

（4）维修性指标。就当前的制造水平而言，在大多数情况下产品的平均故障间隔时间都小于使用寿命期，还需要通过维修来保证产品的有效运行，以便在整个寿命期内完成其规定的功能。维修可分为预防性维修和修复性维修。预防性维修是指当系统工作一定时间后，尚未失效时所进行的检修；修复性维修是指产品在规定的工作期内因出现失效而进行的抢修。预防性维修所花的代价（如费用、时间等）一般小于修复性维修所花的代价。

在产品设计阶段充分考虑维修性要求，可以使产品的维修度明显增加，如可以把预计维修周期较短的局部或环节设计成易于查找故障、易于拆装等方便于维修的结构。维修性指标一般不会增加成本，不受其他要求的影响，因此可按充分满足维修性要求来确定，并依据维修性指标来确定最合理的总体结构方案。

**2. 经济性要求**

产品的经济性要求是指用户对获得具有所需功能和性能的产品所需付出的费用方面的要求。该费用包括购置费用和使用费用。用户总是希望这些费用越低越好。实际上，这些费用的降低不仅直接有益于用户，而且生产者也会因此在市场竞争中受益。

（1）购置费用。影响购置费用的最主要因素是生产成本，降低生产成本是降低购置费用的最主要途径。在降低生产成本这一点上，生产者和用户的利益是一致的，因此成本指标不像功能性指标那样存在着最佳值，在满足功能性要求和安全性要求的前提下，成本越低越好。成本指标一般按价格和销量关系定出上限，作为衡量设计是否满足经济性要求的准则。

在设计阶段降低成本的主要方法有：①合理选择各零部件和元器件的结构，注意禁止"大材小用""大马拉小车"的现象发生；②充分考虑产品的加工和装配工艺性，在不影响工作性能的前提下，尽可能简化结构，力求用最简单的机构或装置取代非必需的复杂机构或装置，去实现同样的预期功能和性能；③尽量采用标准化、系列化和通用化的方法，缩短设计和制造周期，降低成本；④合理选用新技术、新结构、新工艺、新材料、新元件和新器件等，以提高产品质量、性能和技术，从而降低成本。

（2）使用费用。使用费用包括运行费用和维修费用，这部分费用是在产品使用过程中体现出来的。在产品设计过程中，一般采取下述措施来降低使用费用：①提高产品的自动化程度，以提高生产率，减少管理费用及劳务开支等；②选用效率高的机构、功率电路或电器，以减少动力或燃料的消耗；③合理确定维修周期，以降低维修费用。

**3. 安全性要求**

安全性要求包括对人身安全的要求和产品安全的要求。前者是指在产品运行过程中，不因各种原因（如误操作等）而危及操作者或周围其他人员的人身安全；后者是指不因各种原因（如偶然故障等）而导致产品被损坏甚至永久性失效。安全性指标需根据产品的具体特点而定。

为保证人身安全，常采取的措施有：①设置安全检测和防护装置，如数控机床的防护罩、互锁安全门、冲压设备的光电检测装置、工业机器人周围的安全栅等；②产品外表及壳罩应加倒角去毛刺，以防划伤操作人员；③在危险部位或区域设置警告性提示灯或安全标志等；④当控制装置和被控对象为分离式结构时，两者之间的电气连线应埋于地下或架在高空，并用钢管加以保护，严禁导线绝缘层损坏而危及人身安全。

为保证产品安全，常采取的措施有：①设置各种保护电器，如熔断器、热继电器等；

②安装限位装置、故障报警装置和急停装置等；③采用状态检测以及互锁等方式防止因误操作等所带来的危害；防患于未然，严禁各种不安全的隐患发生。

### 8.1.3　机电一体化产品功能及性能指标的分配

经过对性能指标的分析，得到了实现特征指标的总体结构初步方案。对于初步方案中具有互补性的环节，还需要进一步统筹分配机与电的具体设计指标，对于具有等效性的环节，还需要进一步确定其具体的实现形式。在完成这些工作后，各环节才可进行详细设计。

**1. 功能分配**

具有等效性的功能可有多种具体实现形式，在进行功能分配时，应首先把这些形式尽可能地全部列出来。用这些具体实现形式可构成不同的结构方案，其中也包括多种形式的组合方案。采用适当的优化指标对这些方案进行比较，可从中选出最优或较优的方案。优化过程中只需计算与优化指标有关的变量，不必等各方案的详细设计完成后再进行。下面仅以某定量称重装置中滤除从安装基础传来的振动干扰的滤波功能的分配为例，举一反三，来说明等效功能的分配方法。

图 8-1 是该装置的初步结构方案，其中符号"△"表示装置中可建立滤波功能的位置。从安装基础传来的振动干扰经装置基座影响传感器的输出信号，该信号再经放大器、A-D 转换器送至控制器，使控制器的控制量计算受到干扰，因而使所称量值产生误差。为保证称量精度，必须采用滤波器来滤除这一干扰的影响。

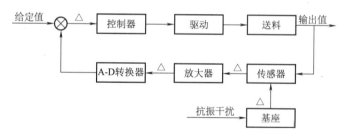

图 8-1　定量称重装置功能框图

经过分析可知，可以采用三种滤波器来实现这一滤波功能，即安装在基座处的机械滤波器（又称阻尼器）、置于放大环节的模拟滤波器和以软件形式放在控制环节的数字滤波器。这三种滤波器在实现滤波功能这一点上具有等效性，但它们并不是完全等价的，在滤波质量、结构复杂程度、成本等方面它们具有不同的特点和效果。因此，必须根据具体情况从中择优选择出一种最合适的方案。

通过对定量称重装置的工作环境和性能要求进行仔细分析后，可归纳出选择滤波方案的具体条件为：在存在最低频率 $\omega_1$、振幅为 $h_1$ 的主要振动干扰的条件下，保证实现以 $T$ 为工作节拍、精度为 $K$ 的称量工作，并且成本要低。因此，可选择成本作为该问题的优化指标，对主要振动干扰的衰减率 $\alpha_1$ 和闭环回路中所允许的时间滞后 $T_c$ 作为特征指标。其中衰减率 $\alpha_1$ 可根据干扰信号振幅 $h_1$ 和要求的称量精度 $K$ 计算得出，允许的滞后时间 $T_c$ 可根据工作节拍 $T$ 和称量精度 $K$ 计算得出。详细计算方法这里不进行讨论。

滤波器放在不同位置，对系统的动态特性会产生不同的影响。从图 8-1 中可以看出，由基座形成的干扰通道不在闭环控制回路内，因此，如在这里安装机械滤波器，其衰减率及相位移不会影响闭环控制回路的控制性能。也就是说，不受特征指标的约束，不需要考虑相位特征，因而衰减率可以设计得足够大，容易满足特征指标 $\alpha_1$ 的要求。但是由于干扰信号的最低频率 $\omega_1$ 较低，机械式滤波器的结构较复杂，体积较大，因而成本也较高。

模拟式滤波器可以与放大器设计在一起，也可单独置于放大环节之后，但不论放在哪一个位置，都是在闭环回路内。由于 $\omega_1$ 是干扰信号的低端频率，所以这里应采用低通滤波器。由低通滤波器的特性可知，当在控制回路内串入低通滤波器后，将使控制系统的阶跃响应时间增加，相位滞后增大，快速响应性能降低。因此，模拟滤波器性能的选择受到特征指标 $T_c$ 的约束，不能采用高阶低通滤波器，而低阶低通滤波器的滤波效果又较差。

数字滤波器的算法种类较多，本例中采用算术平均值法来实现低通滤波。同模拟滤波器一样，由于数字滤波器需要计算时间，因此也受到允许滞后时间 $T_c$ 的限制，且对较低频率的干扰信号，抑制能力较弱，但数字滤波器容易实现，且成本比较低。

通过上述分析可见，三种滤波器各有特点，因此需要采用优化方法合理分配滤波功能，以得到最优方案。为讨论问题方便，这里只选择成本作为优化指标，将特征指标作为约束条件，构成单目标优化问题。由于方案优化是离散形式的，故采用列表法较为方便、直观。具体做法是：首先根据滤波器的设计计算方法，求出各种实现形式在满足约束条件下的一定范围内的有关性能，将这些性能列成表格，按表格选择可行方案；然后再对各可行方案进行比较，根据优化指标选择出最优方案。

表 8-1 列出了上述三种滤波器的特征指标和优化指标值，其中 A、B、C、D 是四个不同的品质等级；$T_c/T_1$ 是允许的滞后时间与频率为 $\omega_1$ 的干扰信号周期之比。由于机械滤波器所在位置不影响系统动态特性，故表中相应位置没有列出这项指标。

表 8-1 滤波器特性

| 滤波形式 | 项　目 | A | B | C | D |
|---|---|---|---|---|---|
| 机械滤波器 | 衰减率/dB | −20 | −30 | −35 | −40 |
| | $T_c/T_1$ | — | — | — | — |
| | 成本/元 | 100 | 200 | 300 | 500 |
| 模拟滤波器 | 衰减率/dB | −5 | −10 | −15 | −20 |
| | $T_c/T_1$ | 1.47 | 3 | 5.5 | 10 |
| | 成本/元 | 20 | 20 | 20 | 20 |
| 数字滤波器 | 衰减率/dB | −12 | −17 | −20 | −22 |
| | $T_c/T_1$ | 1.5 | 2.5 | 3.5 | 4.5 |
| | 成本/元 | 10 | 10 | 10 | 10 |

由表 8-1 可见，当干扰信号周期 $T_1$ 大于允许的滞后时间 $T_c$ 时，即 $T_c/T_1 < 1$ 时，模拟滤波器和数字滤波器都不能满足系统动态特性的要求，这时只能选择机械滤波器。

现假设约束条件为 $T_c/T_1 \leq 5.5$，$\alpha_1 \leq -40$ dB。由表 8-1 可见，单个模拟滤波器和单个数字滤波器都无法满足该约束条件，因此必须将滤波器组合起来（即由几个滤波器共同实现滤波功能）才能构成可行方案。

从表 8-1 中选出满足约束条件的可行方案列于表 8-2 中，其中总特征指标值为构成可行方案的各滤波器的相应特征指标值之和。依据成本这一优化指标，可从表 8-2 所列出的四种可行方案中选出最合理的方案，即方案 3。该方案采用机械滤波器和数字滤波器分别实现对干扰信号的衰减，衰减率为 −20 dB，也就是说，将滤波功能平均分配给机械滤波器和数字滤波器，同时还满足另一约束条件 $T_c/T_1 = 3.5 < 5.5$，而且该方案成本最低。

应当指出，表 8-2 中未将所有可行方案列出，因此，方案 3 并不一定是所有可行方案中的最优方案；此外，当约束条件改变时，将会得到不同的可行方案组及相应的最优方案。

表 8-2　滤波方案

| 机械滤波器 | 可靠方案 | 模拟滤波器 | 数字滤波器 | 总衰减率/dB | 总 $T_c/T_1$ | 总成本/元 |
|---|---|---|---|---|---|---|
| D | 1 | | | −40 | — | 500 |
| A | 2 | A | B | −42 | 3.97 | 130 |
| A | 3 | | C | −40 | 3.5 | 110 |
| B | 4 | B | | −40 | 3 | 220 |

**2. 性能指标分配**

在总体方案中一般都有多个环节对同一性能指标产生影响，即这些环节对实现该性能指标具有互补性。合理地限定这些环节对总体性能指标的影响程度，是性能指标分配的目的。在进行性能指标分配时，首先要把各互补环节对性能指标可能产生的影响作用范围逐一列出，对于不可比较的变量应先变换成相同量纲的变量，以便优化处理。所列出的影响作用范围应包括各环节不同实现形式的影响作用范围，它们可以是连续的，也可以是分段的或离散的。在满足约束条件的前提下，采用不同的分配方法将性能指标分配给各互补环节，构成多个可行方案。然后进一步选择适当的优化指标，对这些可行方案进行评价，从中选出最优的方案。下面以车床刀架进给系统的进给精度分配为例，说明性能指标的分配方法。

图 8-2 是开环控制的某数控车床刀架进给系统的功能框图。由图可见，该系统由数控装置、驱动电路、步进电动机、减速器、丝杠螺母机构和刀架等环节组成。现在的问题是要对各组成环节进行精度指标的分配。设计的约束条件是刀架运动的两个特征指标，即最大进给速度 $v_{max} = 14$ mm/s，最大定位误差 $\delta_{max} = 16$ μm。由于这里只做精度分配，没有不同的结构实现形式，可靠性的差别不显著，因此只选择成本作为优化指标，构成单目标优化问题。

图 8-2　开环数控车床刀架功能框图

首先分析各组成环节误差产生的原因、误差范围及各精度等级的生产成本。产生误差的环节及原因如下：

（1）刀架环节。为减少建立可行方案及优化计算的工作量，可将以下环节合并，并用等效的综合结果来表达。因此，这里将床身各部分的影响也都列在刀架一个环节内，将刀架相对主轴轴线的径向位置误差作为定位误差。经分析可知，床身各部分影响定位误差的主要因素是床鞍在水平面内移动的直线度。其精度值与相应的生产成本见表 8-3。

表8-3　各组成环节误差及对应成本

| 组成环节 | 指　标 | A | B | C | D |
|---|---|---|---|---|---|
| 刀架 | 床鞍移动直线度/μm | 4 | 6 | 8 | 10 |
| | 成本/千元 | 10 | 5 | 2 | 1 |
| 丝杠螺母副 | 传动误差/μm | 0.5 | 1 | 2 | 4 |
| | 成本/千元 | 5 | 3 | 2 | 1.2 |
| 减速器 | 齿轮传动误差/μm | 1 | 1.2 | 2 | 2.5 |
| | 成本/千元 | 0.6 | 0.6 | 0.3 | 0.3 |
| 数控环节 | 最小脉冲当量/μm | 3 | 7 | — | — |
| | 成本/千元 | 3 | 2 | — | — |

（2）丝杠环节。丝杠螺母副的传动精度直接影响刀架的位置误差，它有两种可选择的结构形式，即普通滑动丝杠和滚珠丝杠，分别对应着不同的精度等级。如果假定丝杠螺母副的传动间隙已通过间隙消除机构加以消除，则传动误差是影响位置误差的主要因素，其具体数值及对应成本列于表8-3，其中A、B两个精度等级对应着滚珠丝杠，C、D两个精度等级对应着滑动丝杠。

（3）减速器环节。该环节误差主要来自齿轮的传动误差，齿侧间隙产生的误差应采用间隙消除机构加以消除。床鞍移动误差和丝杠传动误差的方向与量纲和定位误差相同，不需要进行量纲转换，但齿轮的传动误差则需依据初步确定的参数，如丝杠导程、齿轮直径、传动比等，转换成与定位误差有相同方向和量纲的等效误差。考虑到两种可能的传动比和两个可能的齿轮精度等级，共得到四个品质等级的等效误差和相应的成本，并列于表8-3中。

（4）数控环节。这个环节里包括了数控装置、驱动电路和步进电动机。步进电动机在不同载荷作用下，其转子的实际位置对理论位置的偏移角也不同，在不失步正常运行的情况下，该偏移角不超过 $\pm 0.5$ 个步距角。此外，虽然数控装置的运算精度可达到很高，但由于大量的电磁信号以及电网的波动往往会扰乱系统的正常运行，降低了系统的精度，因此，有必要讨论机电一体化系统中的抗干扰技术问题。

### 8.1.4　设计思想、类型、准则和规律

#### 1. 设计思想

机电一体化技术是利用微电子技术赋予机械系统"智能"，使其具有更高的自动化程度，最大限度地发挥机械能力的一种技术。为使系统（产品）得到最佳性能，设计人员应从其通用性、环境适应性、可靠性、经济性进行综合分析。一方面要求设计机械系统时应选择与控制系统的电气参数相匹配的机械系统参数；另一方面也要求设计控制系统时，应根据机械系统的固有结构参数来选择和确定电气参数，综合应用机械技术与微电子技术，使二者紧密结合、相互协调、相互补充，充分体现机电一体化的优越性。

机电一体化系统（产品）的设计思想通常有以下三种：机电互补法、结合（融合）法和组合法。综合运用机械技术和微电子技术各自的特长，设计出最佳的机电一体化系统（产品）。

1）机电互补法

机电互补法也可称为取代法，是利用通用或专用电子部件取代传统机械产品中的复杂机械功能部件或功能子系统，如用可编程序控制器（PLC）或微型计算机来取代机械式变速机构等；用步进电动机来代替某些条件下的凸轮机构；用电子式传感器（光电开关、磁尺等）取代机械挡块、行程开关等，可大大提高检测精度、灵敏度。总之，用电子技术的长处来弥补机械技术的不足，达到简化机械结构、提高系统性能的目的。

2）结合（融合）法

结合（融合）法是将各组成要素有机结合为一体，构成专用或通用的功能部件（子系统），要素之间机电参数的有机匹配比较充分。例如，将电子凸轮、电子齿轮作为产品应用在机电一体化系统中，就是结合法的具体应用。在大规模集成电路和微机不断普及的今天，随着精密机械技术的发展，完全能够设计出执行元件、运动机构、检测传感器、控制与机体等要素有机地融为一体的机电一体化系统。

3）组合法

组合法是将结合法制成的功能部件（子系统）、功能模块，像搭积木那样组合成各种机电一体化系统（产品），故称组合法。例如，将工业机器人各自由度（伺服轴）的执行元件、运动机构、检测传感元件和控制器等组成机电一体化的功能部件（或子系统），用于不同的关节，可组成工业机器人的回转、伸缩、俯仰等各种功能模块系列，从而组合成结构和用途不同的工业机器人。在新产品系列及设备的机电一体化改造中，应用这种方法可以缩短设计与研制周期、节约工装设备费用，且有利于生产管理、使用和维修。

**2. 设计类型**

机电一体化系统（产品）的设计类型一般可分为开发性设计、适应性设计和变型设计三种。

1）开发性设计

在工作原理、结构等完全未知的情况下，没有参照产品，应用成熟的科学技术或经过试验证明是可行的新技术，设计出质量和性能方面满足目的要求的新产品。这是一种完全创新的设计。最初的录像机、摄像机、电视机的设计就属于开发性设计。

2）适应性设计

在总的方案原理基本保持不变的情况下，对现有产品进行局部更改，或用微电子技术代替原有的机械结构，或为了微电子控制对机械结构进行局部适应性设计，以使产品的性能和质量增加某些附加价值。例如，电子式照相机采用电子快门、自动曝光代替手动调整，使其小型化、智能化；汽车的电子式汽油喷射装置代替原来的机械控制汽油喷射装置，电子式缝纫机使用微机控制就属于适应性设计。

3）变型设计

在已有产品的基础上，针对原有缺点或新的工作要求，从工作原理、功能结构、执行机构类型和尺寸等方面进行一些变异，设计出新产品以适应市场需要，增强市场竞争力。这种设计也可包括在基本型产品的基础上，工作原理保持不变，开发出不同参数、不同尺寸和不同功能与性能的变型系列产品。

机电一体化领域多变的设计类型，要求人们摸索一套现代化设计的普遍规律，以适应不断更新换代的需要。所有机电一体化设计都是为了获得用来构成产品（或系统）的有用信息，因此，必须从信息载体中提取可感知的或不可感知的、真伪难辨的信息，促进机械与电子的有机结合，满足人们的多样化需要。

**3. 设计准则**

设计准则主要考虑"人、机、材料、成本"等因素，而产品的可靠性、实用性与完善性设计最终归结于：在保证目的功能要求与适当寿命的前提下不断降低成本，以降低成本为核心的设计准则不胜枚举。产品成本的高低 70% 取决于设计阶段。

因此，在设计阶段可以从新产品和现有产品改型两方面采取措施，一是从用户需求出发降低使用成本，二是从制造厂的立场出发降低设计与制造成本。从用户需求出发就是减少综合工程费用，它包括为了让产品在使用保障期内无故障地运行而提高功能率，延长 MTBF（平均无故障时间，即从一个故障排除后到下一个故障发生时的平均时间），减少因故障停机给用户造成的损失，进一步提高产品的工作能力。

**4. 设计规律**

总结机电一体化系统的设计，具有以下规律：根据设计要求首先确定离散元素间的关系，然后研究其相互间的物理关系，这样就可根据设计要求和手册确定其结构关系，最终完成全部设计工作。其中确定逻辑关系阶段是关键，如逻辑关系不合理，其设计也必然不合理。在这一阶段可分两个步骤进行，首先进行功能分解，确定逻辑关系和功能结构，然后建立其物理模型，确定其物理作用关系。所谓功能就是使元素或子系统的输出满足设计要求。一般来说，不能用某种简单结构一下子满足总功能要求，需要进行功能分解，总功能可分解成若干子功能，子功能还可以进一步分解，直到功能元素。将这些子功能或功能元素按一定逻辑关系连接，来满足总功能的要求，这样就形成了所谓的功能结构。

## 8.2 机电一体化系统抗干扰技术

干扰问题是机电一体化系统设计和使用过程中必须考虑的重要问题。在机电一体化系统的工作环境中，存在大量的电磁信号，如电网的波动、强电设备的启停、高压设备和开关的电磁辐射等，当它们在系统中产生电磁感应和干扰冲击时，往往会扰乱系统的正常运行，轻者造成系统的不稳定，降低系统的精度；重者会引起控制系统死机或误动作，造成设备损坏或人身伤亡。

抗干扰技术就是研究干扰的产生根源、干扰的传播方式和避免被干扰的措施（对抗）等问题。机电一体化系统的设计中，既要避免被外界干扰，也要考虑系统自身的内部相互干扰，同时还要防止对环境的干扰污染。国家标准中规定了电子产品的电磁辐射参数指标。

### 8.2.1 干扰的定义

干扰是指对系统的正常工作产生不良影响的内部或外部因素。从广义上讲，机电一体化系统的干扰因素包括电磁干扰、温度干扰、湿度干扰、声波干扰和振动干扰等。在众多干扰中，电磁干扰最为普遍，且对控制系统的影响最大，而其他干扰因素往往可以通过一些物理的方法较容易地解决。本节重点介绍电磁干扰的相关内容。

电磁干扰是指在工作过程中受环境因素的影响，出现的一些与有用信号无关的，并且对系统性能或信号传输有害的电气变化现象。这些有害的电气变化现象使得信号的数据发生瞬态变化，增大误差，出现假象，甚至使整个系统出现异常信号而引起故障。例如，传感器的导线受空中磁场影响产生的感应电势会大于测量的传感器输出信号，使系统判断失灵。

### 8.2.2　干扰形成三个要素

干扰的形成包括三个要素：干扰源、传播途径和接收载体。三个要素缺少任何一项干扰都不会产生。

**1. 干扰源**

产生干扰信号的设备被称为干扰源，如变压器、继电器、微波设备、电机、无绳电话和高压电线等都可以产生空中电磁信号。当然，雷电、太阳和宇宙射线也属于干扰源。

**2. 传播途径**

传播途径是指干扰信号的传播路径。电磁信号在空中直线传播，并具有穿透性的传播叫作辐射方式传播；电磁信号借助导线传入设备的传播被称为传导方式传播。传播途径是干扰扩散和无所不在的主要原因。

**3. 接收载体**

接收载体是指受影响的设备的某个环节，该环节吸收了干扰信号，并转化为对系统造成影响的电器参数。使接收载体不能感应干扰信号或弱化干扰信号，使得设备不被干扰影响，这样就提高了抗干扰的能力。接收载体的接收过程又称为耦合，耦合分为两类，即传导耦合和辐射耦合。传导耦合指电磁能量以电压或电流的形式通过金属导线或集总元件（如电容器、变压器等）耦合至接收载体，辐射耦合指电磁干扰能量通过空间以电磁场形式耦合至接收载体。

根据干扰的定义可以看出，信号之所以成为干扰信号，是因为它对系统造成了不良影响，反之则不能称其为干扰。从形成干扰的要素可知，消除三个要素中的任何一个都会避免干扰，抗干扰技术就是针对这三个要素进行研究和处理的。

### 8.2.3　电磁干扰的种类

按干扰的耦合模式分类，电磁干扰分为以下五种类型。

**1. 静电干扰**

大量物体表面都存在静电电荷，特别是含电气控制的设备。静电电荷会在系统中形成静电电场，静电电场会引起电路的电位发生变化，会通过电容耦合产生干扰。静电干扰还包括电路周围物件上积聚的电荷对电路的泄放，大载流导体（输电线路）产生的电场通过寄生电容对机电一体化装置传输的耦合干扰，等等。

**2. 磁场耦合干扰**

磁场耦合干扰是指大电流周围磁场对机电一体化设备回路耦合形成的干扰。动力线、电动机、发电机、电源变压器和继电器等都会产生这种磁场。产生磁场干扰的设备往往同时伴随着电场的干扰，因此又统称为电磁干扰。

**3. 漏电耦合干扰**

漏电耦合干扰是因绝缘电阻降低而由漏电流引起的干扰，多发生于工作条件比较恶劣的环境或器件性能退化、器件本身老化的情况下。

**4. 共阻抗干扰**

共阻抗干扰是指电路各部分公共导线阻抗、地阻抗和电源内阻压降相互耦合形成的干扰，这是机电一体化系统普遍存在的一种干扰。图 8-3 所示的串联接地方式，由于接地电阻的存在，三个电路的接地电位明显不同。当接地电阻变化时，点 $A$、点 $B$ 与点 $C$ 的电位随之发生变化，导致整个电路不稳定。

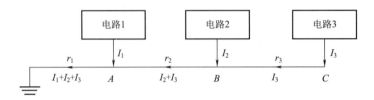

图 8-3　接地共阻抗干扰

**5. 电磁辐射干扰**

由各种大功率高频、中频发生装置，各种电火花以及电台、电视台等产生的高频电磁波向周围空间辐射，形成电磁辐射干扰。雷电和宇宙空间也会有电磁波干扰信号。

### 8.2.4　干扰存在的形式

在电路中，干扰信号通常以串模干扰和共模干扰形式与有用信号一同传输。

**1. 串模干扰**

串模干扰是叠加在被测信号上的干扰信号，也称横向干扰。产生串模干扰的原因有分布电容的静电耦合、长线传输的互感、空间电磁场引起的磁场耦合以及 50 Hz 的工频干扰等。

在机电一体化系统中，被测信号是直流（或变化比较缓慢的）信号，而干扰信号经常是一些杂乱的波形并含有尖峰脉冲，如图 8-4（c）所示。图 8-4 中 $U_s$ 表示理想测试信号，$U_c$ 表示实际传输信号，$U_g$ 表示不规则干扰信号。干扰可能来自信号源内部，也可能来自导线的感应。

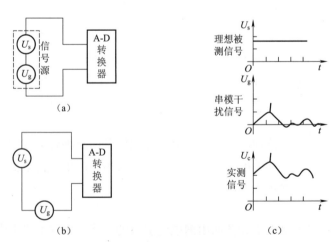

图 8-4　串模干扰示意图

**2. 共模干扰**

共模干扰往往是指同时加载在各个输入信号接口端的共有信号干扰。在图 8-5 所示的电路中，检测信号输入 A-D 转换器，A-D 转换器的两个输入端上即存在公共的电压干扰。由于输入信号源与主机有较长的距离，输入信号 $U_s$ 的参考接地点和计算机控制系统输入端参考接地点之间存在电位差 $U_{cm}$。这个电位差就在转换器的两个输入端上形成共模干扰。以计算机接地点为参考点，加到输入点 A 上的信号为（$U_s + U_{cm}$），加到输入点 B 上的信号为 $U_{cm}$。

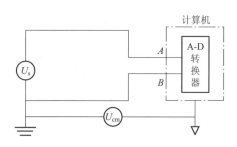

图 8-5　共模干扰示意图

## 8.3 抑制系统抗干扰技术措施

提高抗干扰能力的措施中，最理想的方法是抑制干扰源，使其不向外产生干扰或将其干扰影响限制在允许的范围之内。由于车间现场干扰源的复杂性，要想对所有的干扰源都做到使其不向外产生干扰，这几乎是不可能的，也是不现实的。另外，来自电网和外界环境的干扰、机电一体化产品用户环境的干扰等也是无法避免的。因此，在产品开发和应用中，除了对一些重要的干扰源，主要是对被直接控制的对象上的一些干扰源进行抑制外，更多的则是在产品内设法抑制外来干扰的影响，以保证系统可靠地工作。抑制干扰的措施很多，主要包括屏蔽、隔离、滤波、接地和软件抗干扰设计等方法。

### 8.3.1　屏蔽

屏蔽是指利用导电或导磁材料制成的盒状或壳状屏蔽体，将干扰源或干扰对象包围起来，从而割断或削弱干扰场的空间耦合通道，阻止其电磁能量的传输。按需屏蔽的干扰场的性质不同，可分为电场屏蔽、磁场屏蔽和电磁场屏蔽。

电场屏蔽是为了消除或抑制由于电场耦合引起的干扰。通常用铜和铝等导电性能良好的金属材料作为屏蔽体。屏蔽体的结构应尽量完整、严密并保持良好的接地。

磁场屏蔽是为了消除或抑制由于磁场耦合引起的干扰。对静磁场及低频交变磁场，可用高磁导率的材料作为屏蔽体，并保证磁路畅通。对高频交变磁场，主要靠屏蔽体壳体上感生的涡流所产生的反磁场起排斥原磁场的作用。屏蔽体选用的材料是良导体，如铜、铝等。

图 8-6 所示的变压器，在变压器绕组线包的外面包一层铜皮作为漏磁短路环。当漏磁通穿过短路环时，在铜环中感生涡流，因此会产生反磁通以抵消部分漏磁通，使变压器外的磁通减弱。屏蔽的效果与屏蔽层的数量和每层的厚度有关。

在图 8-7 所示的同轴电缆中，为防止信号在传输过程中受到电磁干扰，在电缆线中设置了屏蔽层。芯线电流产生的磁场被局限在外层导体和芯线之间的空间中，不会传播到同轴电缆以外的空间。而电缆外的磁场干扰信号在同轴电缆的芯线和外层导体中产生的干扰电势方向相同，使电流一个增大、一个减小而相互抵消，总的电流增量为零。许多通信电缆还在外面包裹一层导体薄膜以提高屏蔽外界电磁干扰的作用。

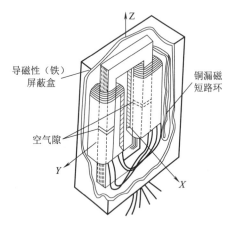

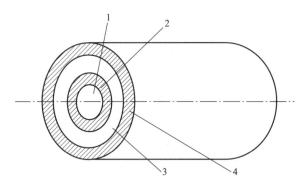

图 8-6　变压器的屏蔽　　　　　　　　　图 8-7　同轴电缆示意图

1—芯线；2—绝缘体；3—外层导线；4—绝缘外皮

### 8.3.2　隔离

隔离是指把干扰源与接收系统隔离开来，使有用信号正常传输，而干扰耦合通道被切断，以达到抑制干扰的目的。常见的隔离方法有光电隔离、变压器隔离和继电器隔离等。

#### 1. 光电隔离

光电隔离是以光作为媒介在隔离的两端之间进行信号传输的，所用的器件是光电耦合器。由于光电耦合器在传输信息时，不是将其输入和输出的电信号进行直接耦合，而是借助于光作为媒介物进行耦合的，因而具有较强的隔离和抗干扰能力。图 8-8（a）所示为一般光电耦合器组成的输入/输出线路。在控制系统中，光电耦合器既可以用作一般输入/输出的隔离，也可以代替脉冲变压器起线路隔离与脉冲放大作用。由于光电耦合器具有二极管、三极管的电气特性，使它能方便地组合成各种电路；又由于它靠光耦合传输信息，使它具有很强的抗电磁干扰的能力，因而在机电一体化产品中获得了极其广泛的应用。

由于光电耦合器共模抑制比大，无触点，寿命长，易与逻辑电路配合，响应速度快，体积小，耐冲击且稳定可靠，因此在机电一体化系统特别是数字系统中得到了广泛的应用。

#### 2. 变压器隔离

对于交流信号的传输，一般使用变压器隔离干扰信号的办法。隔离变压器也是常用的隔离部件，用来阻断交流信号中的直流干扰和抑制低频干扰信号的强度，如图 8-8（b）所示的变压器耦合隔离电路。隔离变压器把各种模拟负载和数字信号源隔离开来，也就是把模拟地和数字地断开。传输信号通过变压器获得通路，而共模干扰由于不形成回路而被抑制。

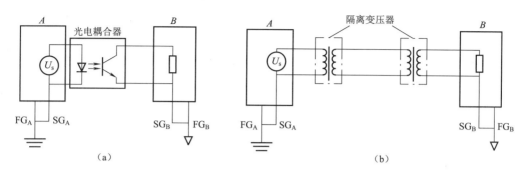

图 8-8 光电隔离和变压器隔离原理

（a）光电隔离；（b）变压器隔离

图 8-9 所示为一种带多层屏蔽的隔离变压器，当含有直流或低频干扰的交流信号从一次侧端输入时，根据变压器原理，二次侧输出的信号滤掉了直流干扰，且低频干扰信号幅值也被大大衰减，从而达到了抑制干扰的目的。另外，在变压器的一次侧和二次侧线圈外设有静电隔离层 $S_1$ 和 $S_2$，其目的是防止一次和二次绕组之间的相互耦合干扰。变压器外的三层屏蔽密封体的内、外两层用铁，起磁屏蔽的作用；中间层用铜，与铁心相连并直接接地，起静电屏蔽作用。这三层屏蔽层是为了防止外界电磁场通过变压器对电路形成干扰而设置的，这种隔离变压器具有很强的抗干扰能力。

**3. 继电器隔离**

继电器线圈和触点仅有机械上的联系，而没有直接的电的联系，因此可利用继电器线圈接收电信号，而利用其触点控制和传输电信号，从而可实现强电和弱电的隔离（图 8-10）。同时，继电器触点较多，且其触点能承受较大的负载电流，因此应用非常广泛。

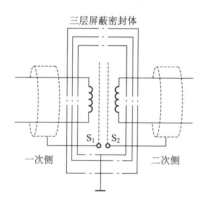

图 8-9 多层隔离变压器

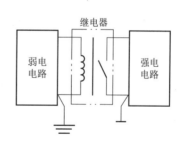

图 8-10 继电器隔离

实际使用中，继电器隔离只适合于开关量信号的传输。系统控制中，常用弱电开关信号控制继电器线圈，使继电器触点闭合或断开；而对应于线圈的触点则用于传递强电回路的某些信号。隔离用的继电器主要是一般小型电磁继电器或干簧继电器。

**8.3.3 滤波**

滤波是抑制干扰传导的一种重要方法。由于干扰源发出的电磁干扰的频谱往往比要接收的信号的频谱宽得多，因而当接收器接收有用信号时，也会接收到那些不希望有的干扰。这时可以采用滤波的方法，只让所需要的频率成分通过，而将干扰频率成分加以抑制。

常用滤波器根据其频率特性的不同又可分为低通、高通、带通、带阻等滤波器。低通滤波器只让低频成分通过，而高于截止频率的成分受抑制、衰减，不让通过。高通滤波器只通过高频成分，而低于截止频率的成分受抑制、衰减，不让通过。带通滤波器只让某一频带范围内的频率成分通过，而低于下截止频率和高于上截止频率的成分均受抑制，不让通过。带阻滤波器只抑制某一频率范围内的频率成分，不让其通过，而低于下截止频率和高于上截止频率的频率成分可通过。

在机电一体化系统中，常用低通滤波器抑制由交流电网侵入的高频干扰。图 8-11 所示为计算机电源采用的一种 LC 低通滤波器的接线图。含有瞬间高频干扰的 220 V 工频电源。通过截比频率为 50 Hz 的滤波器，其高频信号被衰减，只有 50 Hz 的工频信号通过滤波器到达电源变压器，保证正常供电。

图 8-12 （a）所示为触点抖动抑制电路，对抑制各类触点或开关在闭合或断开瞬间因触点抖动所引起的干扰是十分有效的。图 8-12 （b）所示电路是交流信号抑制电路，主要用于抑制电感性负载在切断电源瞬间所产生的反电势。这种阻容吸收电路可以将电感线圈的磁场释放出来的能量转化为电容器电场的能量储存起来，以降低能量的消散速度。图 8-12 （c）所示

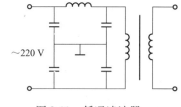

图 8-11　低通滤波器

电路是输入信号的阻容滤波电路，类似的这种线路既可作为直流电源的输入滤波器，也可作为模拟电路输入信号的阻容滤波器。

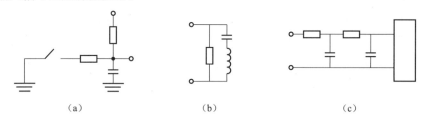

（a）　　　　　　　（b）　　　　　　　（c）

图 8-12　干扰滤波电路

图 8-13 所示为一种双 T 型带阻滤波器，可用来消除工频（电源）串模干扰。图中输入信号 $U_1$ 经过两条通路送到输出端。当信号频率较低时，$C_1$、$C_2$ 和 $C_3$ 阻抗较大，信号主要通过 $R_1$、$R_2$ 传送到输出端；当信号频率较高时，$C_1$、$C_2$ 和 $C_3$ 容抗很小，接近短路，信号主要通过 $C_1$、$C_2$ 传送到输出端。只要参数选择得当，就可以使滤波器在某个中间频率 $f_0$ 时，由 $C_1$、$C_2$ 和 $R_3$ 支路传送到输出端的信号 $U_2$ 与由 $R_1$、$R_2$ 和 $C_3$ 支路传送到输出端的信号 $U_2$ 大小相等，相位相反，互相抵消，于是总输出为零。$f_0$ 为双 T 型带阻滤波器的谐振频率。在参数设计时，使 $f_0 = 50$ Hz，双 T 型带阻滤波器就可滤除工频干扰信号。

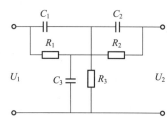

图 8-13　双 T 型带阻滤波器

### 8.3.4　接地

将电路、设备机壳等与作为零电位的一个公共参考点（大地）实现低阻抗的连接，称之为接地。接地的目的有两个：一是安全，如把电子设备的机壳、机座等与大地相接，当设备中存在漏电时，不致影响人身安全，这种接地称为安全接地；二是给系统提供一个基准电

位（如脉冲数字电路的零电位点等）或为了抑制干扰（如屏蔽接地等），这种接地称为工作接地。工作接地包括一点接地和多点接地两种方式。

**1. 一点接地**

串联一点接地中由于地电阻 $r_1$、$r_2$ 和 $r_3$ 是串联的，因而各电路间相互发生干扰。虽然这种接地方式很不合理，但因为比较简单，所以仍然经常使用。当各电路的电平相差不大时还可勉强使用这种接地方式，但当各电路的电平相差很大时就不能使用了，因为高电平将会产生很大的地电流并干扰到低电平电路中去。使用这种串联一点接地方式时还应注意把低电平的电路放在距接地点最近的地方，即最接近于地电位的点上。

图 8-14 所示为并联一点接地方式。这种方式在低频时是最适用的，因为各电路的地电位只与本电路的地电流和地线阻抗有关，不会因地电流而引起各电路间的耦合。这种方式的缺点是需要连很多根地线，用起来比较麻烦。

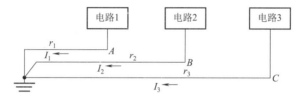

图 8-14　并联一点接地

**2. 多点接地**

多点接地所需地线较多，一般适用于低频信号。若电路工作频率较高，电感分量大，各地线间的互感耦合会增加干扰。如图 8-15 所示，各接地点就近接于接地汇流排或底座、外壳等金属构件上。

**3. 地线的设计**

机电一体化系统设计时要综合考虑各种地线的布局和接地方法。图 8-16 所示为一台数控机床的接地方法。从图中可以看出，接地系统形成三个通道：将所有小信号、逻辑电路的信号、灵敏度高的信号的接地点都接到信号地通道上；将所有大电流、大功率部件，晶闸管、继电器、指示灯、强电部分的接地点都接到功率地通道上；将机柜、底座、面板、风扇外壳、电动机底座等机床接地点都接到机械地通道上，此地线又称安全地线通道。将这三个通道再接到总的公共接地点上，公共接地点与大地接触良好，一般要求地电阻小于 7 Ω。数控柜与强电柜之间有足够粗的保护接地电缆，如截面面积为 5.5 ~ 14 mm$^2$ 的接地电缆。因此，这种地线接法有较强的抗干扰能力，能够保证数控机床正常运行。

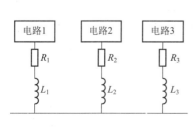

图 8-15　多点接地示意图

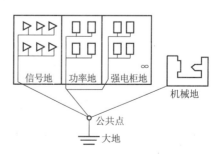

图 8-16　数控机床的接地

### 8.3.5 软件抗干扰设计

**1. 软件滤波**

用软件来识别有用信号和干扰信号并滤除干扰信号的方法称为软件滤波。识别信号的原则有以下三种：

（1）时间原则。如果掌握了有用信号和干扰信号在时间上出现的规律，在程序设计上就可以在接收有用信号的时区打开输入口，而在可能出现干扰信号的时区封闭输入口，从而滤掉干扰信号。

（2）空间原则。在程序设计上为保证接收到的信号正确无误，可将从不同位置，用不同检测方法，经不同路线或不同输入口接收到的同一信号进行比较，根据既定逻辑关系来判断真伪，从而滤掉干扰信号。

（3）属性原则。有用信号往往是在一定幅值或频率范围的信号，当接收的信号远离该信号区时，软件可通过识别予以剔除。

**2. 软件"陷阱"**

从软件的运行来看，瞬时电磁干扰可能会使 CPU 偏离预定的程序指针，进入未使用的 RAM 区和 ROM 区，引起一些莫名其妙的现象，其中死循环和程序"飞掉"是常见的。为了有效地排除这种干扰故障，常采用软件"陷阱"法。这种方法的基本指导思想是，把系统存储器（RAM 和 ROM）中没有使用的单元用某一种重新启动的代码指令填满，作为软件"陷阱"，以捕获"飞掉"的程序。一般当 CPU 执行该条指令时，程序就自动转到某一起始地址，从这一起始地址开始存放一段使程序重新恢复运行的热启动程序，该热启动程序扫描现场的各种状态，并根据这些状态判断程序应该转到系统程序的哪个入口，使系统重新投入正常运行。

**3. 软件"看门狗"**

"看门狗"（Watchdou）就是用硬件（或软件）的办法使用监控定时器定时检查某段程序或接口，当超过一定时间系统没有检查这段程序或接口时，可以认定系统运行出错（干扰发生），可通过软件进行系统复位或按事先预定的方式运行。"看门狗"是工业控制机普遍采用的一种软件抗干扰措施。当侵入的尖峰电磁干扰使计算机程序"飞掉"时，Watchdou 能够帮助系统自动恢复正常运行。

## 8.4 提高系统抗干扰能力的方法

从整体和逻辑线路设计上提高机电一体化产品的抗干扰能力是整体设计的指导思想，对提高系统的可靠性和抗干扰性能关系极大。对于一个新设计的系统，如果把抗干扰性能作为一个重要的问题来考虑，则系统投入运行后，抗干扰能力就强。反之，如等到设备到现场发现问题才来修修补补，往往就会事倍功半。因此，在总体设计阶段，有几个方面必须引起特别重视。

### 8.4.1 逻辑设计力求简单可靠

对于一个具体的机电一体化产品，在满足生产工艺控制要求的前提下，逻辑设计应尽量简单，以便节省元件，方便操作。因为在元器件质量已定的前提下，整体中所用到的元器件数量越少，系统在工作过程中出现故障的概率就越小，亦即系统的稳定性越高。但值得注意的是，对于一个具体的线路，必须扩大线路的稳定储备量，留有一定的负载容度，因为线路的工作状态是随电源电压、温度、负载等因素的大小而变的。这些因素由额定情况向恶化线路性能方向变化，最后导致线路不能正常工作的范围称为稳定储备量。此外，工作在边缘状态的线路或元件最容易受到外界干扰而导致故障。因此，为了提高线路的带负载能力，应考虑留有负载容度。比如一个 TTL 集成门电路的负载能力是可以带 8 个左右同类型的逻辑门，但在设计时，一般最多只考虑带 5 ~ 6 个门，以便留有一定裕度。

### 8.4.2　硬件自检测和软件自恢复的设计

由于干扰引起的误动作多是偶发性的，因而应采取某种措施使这种偶发的误动作不致直接影响系统的运行。因此，在总体设计上必须设法使干扰造成的这种故障能够尽快恢复正常。通常的方式是在硬件上设置某些自动监测电路，这主要是为了对一些薄弱环节加强监控，以便缩小故障范围，增强整体的可靠性。在硬件上常用的监控和误动作检出方法通常有数据传输的奇偶检验（如输入电路有关代码的输入奇偶校验）、存储器的奇偶校验以及运算电路、译码电路和时序电路的有关校验等。

从软件的运行来看，瞬时电磁干扰会影响堆栈指针 SP、数据区或程序计数器的内容，使 CPU 偏离预定的程序指针，进入未使用的 RAM 区和 ROM 区，引起一些如死机、死循环和程序"飞掉"等现象，因此，要合理设置软件"陷阱"和"看门狗"，并在检测环节进行数字滤波（如粗大误差处理）等。

### 8.4.3　从安装和工艺等方面采取措施以消除干扰

#### 1. 合理选择接地

许多机电一体化产品，从设计思想到具体电路原理都是比较完美的，但在工作现场却经常无法正常工作，暴露出许多由于工艺安装不合理带来的问题，从而使系统容易受到干扰。对此必须引起足够的重视，如在选择正确的接地方式方面要考虑交流接地点与直流接地点的分离，保证逻辑地浮空（是指控制装置的逻辑地和大地之间不用导体连接），保证机身、机柜的安全地的接地质量，甚至分离模拟电路的接地和数字电路的接地，等等。

#### 2. 合理选择电源

合理选择电源对系统的抗干扰能力也是至关重要的。电源是引进外部干扰的重要因素。实践证明，通过电源引入的干扰噪声是多途径的，如控制装置中各类开关的频繁闭合或断开，各类电感线圈（包括电机、继电器、接触器以及电磁阀等）的瞬时通断，晶闸管电源及高频、中频电源等系统中开关器件的导通和截止等都会引起干扰，这些干扰幅值可达瞬时千伏级，而且占有很宽的频率。显而易见，要想完全抑制如此宽频带范围的干扰，必须对交流电源和直流电源同时采取措施。

大量实践表明，采用压敏电阻和低通滤波器可使频率范围在 20 kHz ~ 100 MHz 的干扰大大衰减；采用隔离变压器和电源变压器的屏蔽层可以消除 20 kHz 以下的干扰；而为了消除交流电网电压缓慢变化对控制系统造成的影响，可采取交流稳压等措施。

对于直流电源，通常要考虑尽量加大电源功率容限和电压调整范围。为了使装备能适应负载在较大范围内变化和防止通过电源造成内部噪声干扰，整机电源必须留有较大的储备量，并有较好的动态特性，习惯上一般选取 0.5～1 倍的裕量。另外，尽量采用直流稳压电源，直流稳压电源不仅可以进一步抑制来自交流电网的干扰，而且还可以抑制由于负载变化所造成的电路直流工作电压的波动。

**3. 合理布局**

对机电一体化设备及系统的各个部分进行合理的布局，能有效地防止电磁干扰的危害。合理布局的基本原则是使干扰源与干扰对象尽可能远离，输入和输出端口妥善分离，高电平电缆及脉冲引线与低电平电缆分别布设等。

在企业环境的各设备之间也存在合理布局的问题。不同设备对环境的干扰类型、干扰强度不同，抗干扰能力和精度也不同，因此，在设备位置布置上要考虑设备分类和环境处理，如精密检测仪器应放置在恒温环境并远离有机械冲击的场所，弱电仪器应考虑工作环境的电磁干扰强度等。

一般来说，除了上述方案以外，还应在安装、布线等方面采取严格的工艺措施，如布线上注意整个系统导线的分类布置、接插件的可靠安装与良好接触、注意焊接质量等。实践表明，对于一个具体的系统，如果工艺措施得当，不仅可以大大提高系统的可靠性和抗干扰能力，而且还可以弥补某些设计上的不足。

## 【小结与拓展】

机电一体化系统通常由动力系统（包括机械本体、传动系统和执行机构的机械装置）、传感器与检测系统以及信息处理与控制系统组成。机电一体化系统总体方案设计的目标是拟订执行机构和传动系统的功能原理设计方案、结构总体设计、控制系统总体控制方案的设计、控制电机的选择等相关内容。

所谓功能是指产品的效能、用途和作用。人们购置的是产品的实际功能，使用的也是产品的功能。功能分析是总体方案设计的出发点，也是产品设计的第一道工序。功能原理方案设计的任务，就是根据系统预期实现的功能要求，构思出所有可能的功能原理，加以分析比较，并根据使用要求、工艺要求等，从中选择出一种比较好的方案。

结构设计是将功能原理方案设计具体化成工程图样的过程。从产品的初步总体布局开始到最佳装配图的最终完善及审核通过都属于结构设计范畴。在这一过程中要兼顾各种技术、经济原则和社会要求，并且应该充分考虑不同可能性的设计方案，从中优选出符合具体产品实际条件的最佳方案。

机电一体化产品与非机电一体化产品的本质区别在于，它是以计算机或微控制器作为控制系统的控制器。与模拟控制器相比，能够实现更加复杂的控制理论和算法，具有更好的柔性和抗干扰能力。控制系统作为机电一体化产品的核心，必须具备以下基本条件：

（1）实时的信息转换和控制功能。与普通的信息处理系统及用作科学计算的信息处理机不同，机电一体化产品的控制系统应能提供各种数据实时采集和控制功能，并且稳定性好、反应速度快。

（2）人机交互功能。一般的控制系统应有输入指令、显示工作状态的界面。较复杂的系统还应该有程序调用、编辑处理等功能，以利于操作者方便地用接近自然语言的方式来控制机器，使机器的功能更加完善。

（3）机电部件接口的功能。这里所述机电部件主要是指被控制对象的传感器和执行机构，接口包括机械和电气的物理连接。控制系统必须提供与被控制的机电设备运动部件、检测部件进行连接的所有接口。

（4）对于控制软件运行的支持功能。简单的控制系统经常采用汇编语言实现控制功能。对于较复杂的控制要求，需要有监控程序或操作系统支持，以利于充分利用现有的软件产品，缩短开发周期，完成复杂的控制任务。

控制系统控制方案的设计包括系统控制类型和控制形式的确定、控制器的选择、控制算法的确定以及软件和硬件的设计。

## 【思考与习题】

8-1. 机电一体化系统总体设计的主要内容有哪些？

8-2. 机电一体化产品功能及性能指标分配方法有哪些？

8-3. 开环数控系统产生误差的环节及原因有哪些？

8-4. 简述干扰的三个组成要素。

8-5. 控制系统接地通常要注意哪些事项？

8-6. 什么是工频？工频的滤波原理是什么？

8-7. 为什么国家严令禁止私自使用大功率无绳电话？

8-8. 请解释收音机（或电台）的频道（信号）接收工作原理。

8-9. 计算机控制系统中，如何用软件进行干扰的防护？

8-10. 我国强制进行机电产品的"3C"认证，"3C"认证的含义是什么？有什么意义？

8-11. 机电一体化系统中计算机接口电路通常使用光电耦合器，请问光电耦合器的作用有哪些？

# 第9章 机电一体化技术应用实例

## 【目标与解惑】

（1）熟悉机电一体化技术研发要点；

（2）掌握机电系统整体方案拟订和评价；

（3）掌握电机变频控制的技术应用方法；

（4）理解机械手 PLC 控制的实现方法；

（5）了解步进电动机单片机控制方法。

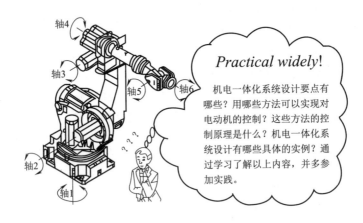

*Practical widely!*

机电一体化系统设计要点有哪些？用哪些方法可以实现对电动机的控制？这些方法的控制原理是什么？机电一体化系统设计有哪些具体的实例？通过学习了解以上内容，并多参加实践。

## 9.1 机电一体化技术研发要点

### 9.1.1 基本开发思路

机电一体化系统设计是根据系统论的观点，运用现代设计的方法构造产品结构、赋予产品性能并进行产品设计的过程。

要设计一个产品，首先必须知道需要什么？并具体分析所研发产品要实现哪些功能？每个功能要怎样来实现？实现这些功能的方法都有哪些？比如要实现发射一个物体，这个功能可以通过将弹性势能转化成动能来实现，也可以通过将重力势能转化成动能来实现。对每一个功能都通过这样的方法来分析，列出每个功能可能的实现方法，再通过综合考虑成本、性能、实现难易程度等因素来选出最佳的设计方案。

其次，在确定了产品设计方案的前提下，设计一些细节问题，比如说用什么材料效果最好且成本相对较低、克服摩擦力、提高精度等。产品的详细设计还包括产品的制造工艺流程，即根据每个零件的功能要求来编写每个零件的加工工艺流程图，包括需不需要特殊处理及装配要求。画出每个零件的零件图、装配图，再从装配图上拆画零件图，以保证每个生产出来的零件都能装上去，最后通过一些改进，制造出第一台产品原型，并进行相关试验。

图 9-1 所示为机电一体化产品设计流程图。总结工程实践中的经验与教训，机电一体化产品设计过程可划分为四个阶段：

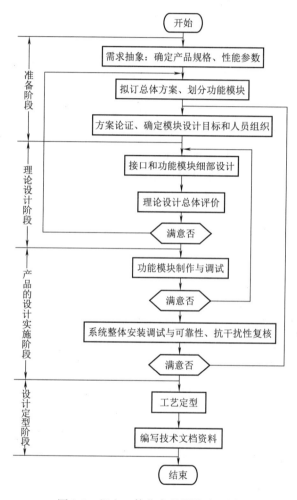

图 9-1　机电一体化产品设计流程图

**1. 准备阶段**

在这个阶段中首先对设计对象进行机理分析，确定产品的规格、性能参数；然后进行技术分析，拟订系统总体方案，划分组成系统的各功能要素和功能模块，最后对各种方案进行可行性研究对比，确定最佳总体方案。

**2. 理论设计阶段**

在这个阶段中首先根据设计目标、功能要素和功能模块，画出机器工作时序图和机器传动原理图；计算各功能模块之间接口的输入输出参数，确定接口设计的任务归属。然后以功能模块为单元，根据接口参数的要求对信号检测与转换、机械传动及工作机构、控制微机、功率驱动及执行元件等进行功能模块的选型、组配、设计；最后对此设计进行整体技术经济评价、设计目标考核和系统优化，挑选出综合性能指标最优的方案。

**3. 产品的设计实施阶段**

产品设计，一个创造性的综合信息处理过程，是把一种计划、规划设想、问题解决的方法，通过具体的操作，以理想的行业形式规则表达出来的过程。在这一阶段中首先根据机械、电气图样，制造和装配各功能模块；然后进行模块的调试；最后进行系统整体的安装调试，复核系统的可靠性及抗干扰性。

**4. 设计定型阶段**

设计定型阶段的主要任务是对调试成功的系统进行工艺定型，整理出设计图样、软件清单、零部件清单、元器件清单及调试记录等；编写设计说明书，为产品投产时的工艺设计、材料采购和销售提供详细的技术档案资料。

纵观系统的设计流程，设计过程各阶段均是贯穿着围绕产品设计的目标所进行的。

"基本原理—总体布局—细部结构"三次循环设计，每一阶段均构成一个循环体，即以产品的规划和讨论为中心的可行性设计循环；以产品的最佳方案为中心的概念性设计循环；以产品性能和结构优化为中心的技术性设计循环。循环设计使产品设计在可行性规划和论证的基础上求得概念上的最佳方案，再在最佳方案的基础上求得技术上的优化，使系统设计的效率和质量大大地提高。

### 9.1.2　用户要求

用户的需求虽然是设计所要达到的最终目标，但它并不全是设计的技术参数，因为用户对产品提出的要求往往面向产品的使用目的。因此，需要对用户的要求进行抽象，要在分析对象工作原理的基础上，澄清用户需求的目的、原因和具体内容，经过理论分析和逻辑推理，提炼出问题的本质和解决问题的途径，并用工程语言描述设计要求，最终形成产品的规格和性能参数。对于加工机械而言，包括如下几个方面：

（1）运动参数：表征机器工作部件的运动轨迹和形成、速度和加速度。

（2）动力参数：表征机器为完成加工动作应输出的力（或力矩）和功率。

（3）品质参数：表征机器工作的运动精度、动力精度、稳定性、灵敏度和可靠性。

（4）环境参数：表征机器工作的环境，如温度、湿度、输入电源。

（5）结构参数：表征机器空间几何尺寸、结构、外观造型。

（6）界面参数：表征机器的人—机对话方式和功能。

### 9.1.3　功能要素和模块

机电一体化系统的功能要素是通过具体的技术功能效应实现的，一个功能要素可能是一个功能模块，也可能由若干个功能模块组合而成，或者就是一个机电一体化子系统。功能模块则是实现某一特定功能的具有标准化、通用化或系列化的技术物理效应。功能模块在形式上，对于硬件表示为具体的设备、装置或电路板，对于软件则表示为具体的应用子程序或软件包。

进行机电一体化系统的设计时，将功能模块视为构成系统的基本单元，根据系统构成的原理和方法，研究它们的输入输出关系，并以一定的逻辑关系连接起来，实现系统的总功能。因此可以说机电一体化系统的设计过程是一个从模块到系统的设计过程。

### 9.1.4　接口设计要点

接口设计的总任务是解决功能模块间的信号匹配问题，根据划分出的功能模块，在分析研究功能模块输入输出关系的基础上，计算并制定出各功能模块相互连接时所必须遵守的电气和机械的规格与参数约定，使其在具体实现时能够"直接"相连。

应当说明的是，系统设计过程中的接口设计是对接口输入输出参数或机械结构参数的设计，而功能模块设计中的接口设计则是遵照系统设计制定的接口参数进行细部设计，实现接口的技术物理效应，两者在设计内容和设计分工上是不同的。不同类型的接口，其设计要求也有所不同。这里仅从系统设计的角度来讨论接口设计的要求。

**1. 传感接口**

传感接口要求传感器与被测机械量信号源具有直接关系，要使标度转换及数学建模精确、可行，传感器与机械本体的连接简单、稳固，能克服机械谐波干扰，正确反映对象的被测参数。

**2. 变送接口**

变送接口应满足传感器模块的输出信号与微机前向通道电气参数的匹配及远距离信号传输的要求，接口的信号传输要准确、可靠，抗干扰能力强，具有较低的噪声容限；接口的输入阻抗应与传感器的输出阻抗相匹配；接口的输出电平应与微机的电平相一致；接口的输入信号与输出信号关系应是线性关系，以便于微机进行信号处理。

**3. 驱动接口**

驱动接口应满足接口的输入端与微机系统的后向通道在电平上一致，接口的输出端与功率驱动模块的输入端之间不仅电平要匹配，而且阻抗也要匹配。另外，接口必须采取有效的抗干扰措施，防止功率驱动设备的强电回路反窜入微机系统。

**4. 传动接口**

传动接口是一个机械接口，要求它的连接结构紧凑、轻巧，具有较高的传动精度和定位精度，安装、维修、调整简单方便，传动效率高，刚度高，响应快。

### 9.1.5　系统整体方案拟订和评价

拟订系统整体方案一般分为两个步骤，首先根据系统的主功能要求和构成系统的功能要素进行主功能分解，划分出各功能模块，确定它们之间的逻辑关系；然后对各功能模块输入输出关系进行分析，确定功能模块的技术参数和控制策略，系统的外观造型和机械总体结构；最后以技术文件的形式交付设计组讨论、审定。系统总体方案文件的内容应包括以下几点：

（1）系统的主要功能、技术指标、原理图及文字说明。

（2）控制策略及方案。

（3）各功能模块的性能要求，模块实现的初步方案及输出输入逻辑关系。

（4）方案比较和选择的初步印象。

（5）为保证系统性能指标所采取的技术措施。

（6）抗干扰及可靠性设计策略。

（7）外观造型方案及机械主体方案。

（8）人员组织要求。

（9）经费和进度计划的安排。

系统功能分解应综合运用机械技术和电子技术各自的优势，力求系统构成简单化、模块化。常用的设计策略如下：

（1）减少机械传动部件，使机械结构简化，体积减小，提高系统动态响应性能和运动精度。

（2）注意选用标准、通用的功能模块，避免功能模块在低水平上的重复设计，提高系统在模块级上的可靠性，加快设计开发的速度。

（3）充分运用硬件功能软件化原则，使硬件的组成最简单，使系统智能化。

（4）以微机系统为核心的设计策略。

一项设计通常有几种不同的设计方案，每一种方案都有其优点和缺点，因此，在设计阶段应对不同的方案进行整体评价，选择综合指标最优的设计方案。

### 9.1.6　制作与调试

制作与调试是系统设计方案实施的一项重要内容。根据循环设计及系统设计的原理，制作与调试分为两个步骤：第一步是功能模块的制作与调试，第二步是系统整体安装与调试。

功能模块的制作与调试是由专业技术人员根据分工，完成各功能模块的硬件组配、软件编程、电路装配、机械加工等细部物理效应的实现工作，对各功能模块的输入输出参数仿真（模拟）、调试和在线调试，使它们满足系统设计所规定的电气、机械规范。

系统总体调试是在功能模块调试的基础上进行的，整体调试以系统设计规定的总目标为依据，调试功能模块的工作参数及接口参数。此外，由于物质流、能量流、信息流均融汇在系统中，系统中的各薄弱环节以及影响系统主功能正常发挥的"瓶颈"会充分暴露出来，系统还受到内外部各种干扰的影响，因此，系统整体的调试还要进一步解决系统可靠性、抗干扰等问题。

## 9.2　电机变频控制应用技术

随着科学的发展，变频器的使用也越来越广泛，不管是工业设备还是家用电器都会使用到变频器，可以说，只要有三相异步电动机的地方，就有变频器的存在，要熟练地使用变频器，还必须掌握三相异步电动机的特性，因为变频器与三相异步电动机有着密切的联系。

过去，变频器一般被包含在电动发电机、旋转转换器等电气设备中。随着半导体电子设备的出现，人们已经可以生产完全独立的变频器，像市面上技术水平发展得比较好的三晶变频器。

### 9.2.1　常用分类

变频器是对电动机驱动的电源变换的装置。变频器的生产厂商很多，本文使用的是

Mitsubishi 生产的 FR-Z020 型和 FR-U100 型，以及 FUJI 生产的 FVR. C9S 型。

### 9.2.2 工作原理

变频器是把工频电源（50 Hz 或 60 Hz）变换成各种频率的交流电源，以实现电动机变速运行的设备，其中控制电路完成对主电路的控制，整流电路将交流电变换成直流电，直流中间电路对整流电路的输出进行平滑滤波，逆变电路将直流电再变换成交流电。

对于如矢量控制变频器这种需要大量运算的变频器来说，有时还需要一个进行转矩计算的 CPU 以及一些相应的电路。变频调速是通过改变电动机定子绕组供电的频率来达到调速目的的。

视频：变频原理

#### 1. 变频器主电路构成

变频器是应用变频技术与微电子技术，通过改变电动机工作电源频率的方式来控制交流电动机。变频器的主电路由图 9-2 所示的四个部分组成：

（1）控制电路完成对主电路的控制。

（2）整流电路把交流电变成直流电。

（3）逆变电路将直流电再变成交流电。

（4）控制电路含有的辅助电路。

对于通用单元，变频器一般是指包括整流电路和逆变电路部分的装置。

#### 2. 整流电路工作原理（波形）

整流电路是把交流电变换为直流电的装置，如图 9-3 所示。

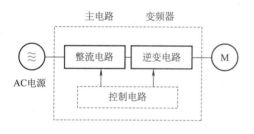

图 9-2　变频器的主电路构成

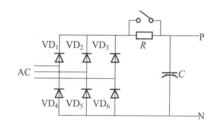

图 9-3　变频器整流电路图

图 9-3 左端为整流电路，其波形图如图 9-4 所示。

（1）输入电压大于整流器输出电压时，才有电流流过二极管。

（2）峰值电压 $= 1.414\,U = 220 \times 1.414 = 280$（V）。

#### 3. 逆变电路工作原理

逆变电路是将直流电变换成交流电的装置，它的基本原理与单相交流电的产生原理相同。逆变等效电路如图 9-5 所示，顺次通断开关 $S_1 \sim S_6$，在 U-V、V-W 及 W-U 端，产生等效于逆变器的脉冲波形，该矩形波 AC 电压给电动机供电。通过改变开关通断周期，可以得到要求的电动机供电频率，而通过改变 DC 电压，可以改变电动机的供电电压。通过改变开关的接通顺序，可以改变电动机的旋转方向。三相 AC 电压的产生如图 9-6 所示。

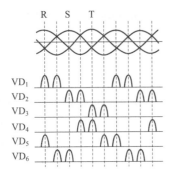

图9-4 变频器整流电路波形图

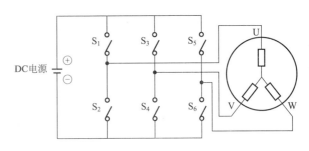

图9-5 逆变等效电路

**4. 变频器控制方式**

常用变频器使用的控制方式有 V/F 控制、简单磁通矢量控制、磁通矢量控制和矢量控制。

1）V/F 控制

为了实现变频调速，通用变频器在变频控制时使电压与频率的比率（V/F）不变，为常数，该系统称为 V/F 控制。其特点是低速时转矩不足，但控制简单。

2）简单磁通矢量控制

通过把变频器的输出电流进行矢量计算划分成励磁电流和转矩成分电流，然后调节电压使产生的电动机电流与负载转矩匹配，从而改善低速转矩特性。其特点是不需设定和调节电动机常数，就可实现满意的效果，但电动机适用范围小。

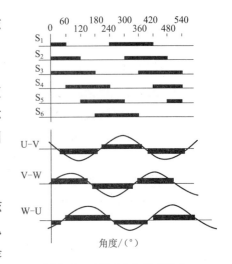

图9-6 三相 AC 电压的产生

3）磁通矢量控制

磁通矢量控制是通过矢量计算把变频器的输出电流划分成励磁电流和转矩成分电流，并调节电压和频率使生成的电动机电流与负载转矩匹配，从而改善变频器低速转矩和调速精度。其特点是磁通矢量控制和简单磁通矢量控制中都增加了降音调功能，以确保低速时产生大的转矩。

4）矢量控制（闭环）

对变化的负载进行矢量计算，把变频器的输出电流划分成励磁电流和转矩成分电流，故可按需要电流完成频率和电压的控制。其特点是要求专用电动机，且使用精确的编码器。

5）噪声衰减

急剧上升和下降的输出电压波包含许多高频分量，这些高频分量就是产生噪声的根源。在 0.5~10 MHz 频率段，噪声会对调幅电波及其他无线电波产生影响，所以要适当地考虑噪声衰减技术。

### 9.2.3 调节方法

以下介绍 Mitsubishi 公司的 FR-U100 型 INVENTER 的使用及调节方法。

本工程实例 FR-U100 型变频器用在 DIP 设备 DUST 电动机上,用以将 50 Hz 转换为 60 Hz 的频率。

#### 1. 接线图

根据不同应用场合控制回路接线有所不同,下面的举例是常用的一种接线方式,主要控制电动机的正转与反转运行状态。具体连线如图 9-7 所示。

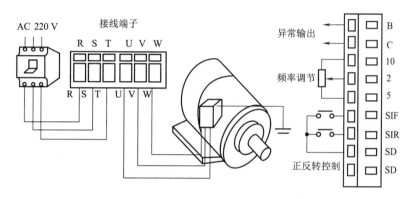

图 9-7 FR-U100 型 INVENTER 接线图

#### 2. 操作面板

操作面板作为一种人机界面,可对变频器进行功能参数修改、变频器工作状态监控和变频器运行控制(启动、停止)等操作,其外形及功能区如图 9-8 所示。

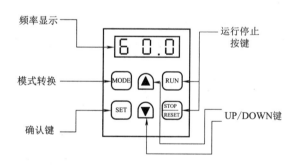

图 9-8 FR-U100 型 INVENTER 操作面板

## 9.3 视觉传感式变量施药机器人

在精准施药领域,近年来发达国家(如美国、英国)都投入大量资金进行现代农业技术的开发。先后开发出了精确变量播种机、精确变量施肥机以及精确变量喷药机等。它们都是与机器人极为相似的自动化系统,是高新技术在农业中的应用。

视觉传感变量施药系统,是以较少药剂而有效控制杂草、提高产量、减少成本的一种自动化药物喷洒机械。近年来，随着杂草识别的视觉感知技术与变量喷药控制等技术的成熟，这种视觉传感式变量喷药机械也趋于成熟。下面就以这种系统为例，对它的组成及工作原理做一简要介绍。

### 9.3.1 系统的组成

一般地说，变量施药机器人由图像信息获取系统、图像信息处理系统、决策支持系统、变量喷洒系统和机器行走系统等组成，如图9-9所示。各子系统的主要功能如下所述。

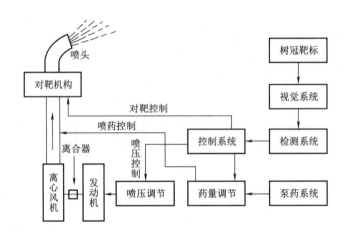

图9-9 变量施药机器人系统组成

**1. 图像信息获取系统**

图像信息获取系统主要由彩色数码相机（如 Pulnix、TMC-7ZX 等）和高速图像数据采集卡（如 CX100、Imagenation、INC 等）组成。采集卡一般置于机载计算机中。

**2. 图像信息处理系统**

图像信息处理系统是一种基于影像信息的提取算法，由计算机高级语言（如 C + + 等）开发出的一种软件系统。它能够快速准确地提取出影像数据中包含的人们所需的信息（如杂草密度、草叶数量、无作物间距区域面积等）。

**3. 决策支持系统**

决策支持系统也是由高级语言开发出的一种软件系统。它能够基于信息处理系统，把得到的有用信息与人们的决策要求做综合判断，最后做出所需的决策。

**4. 变量喷洒系统**

变量喷洒系统是基于视觉信息的控制器，由若干可调节喷药流量与雾滴大小的变量喷头组成。整个机器控制系统根据来自喷头的视觉检测装置识别与跟踪施药靶标对象，将所检测信息输入计算机系统，然后经过运算处理后发出控制信号，从而控制药液电磁阀开启。智能程度高的施药机器人并可依据检测靶标的病虫程度有效调节药液电磁阀的开启量，以达到按需供给的目的。

#### 5. 机器行走系统

机器行走系统由发动机、机身、车轮等组成，精确喷雾施药工业机器人如图 9-10 所示。

### 9.3.2　工作原理

视觉传感式变量施药机器人的工作原理是：喷雾系统中的风机驱动轴通过同轴离合器与发动机动力输出轴直接连接，发动机自带的发电装置对蓄电池充电并用以驱动液泵正常转动。来自视觉系统与检测系统的信号经过计算机数据处理后动态控制喷头对靶装置、药液调节装置及喷射压力装置，保

图 9-10　精确喷雾施药
工业机器人

证作业过程中有效满足"有的放矢"与"按需供给"的工程作业实际要求。同时，由风机产生的强大气流经螺旋起涡器二次雾化后形成细小雾滴再被强大的高速高压气流送向防治目标。

### 9.3.3　设计模块

车载自动喷雾机集机械电子、气动液压、信号处理、数控技术及机器视觉技术于一体，其系统结构的成功开发牵涉到多个技术领域的相互协同工作。为能高效并成功地设计这样的设备系统，必须遵循一定的设计方法和规则，否则将很难开发出具有高性能、高实效的结构系统。机电设备系统的模块化设计与常规意义上的机械模块化设计本质上是相同的，都是通过相对独立功能模块之间的组合实现系统的整体功能。但是，纯机械模块的组合一般通过机械刚性连接，如螺栓、螺母等，由彼此之间的几何相关条件来保证功能的组合与实现。而车载自动超低容量喷雾机设计方法及关键技术的研究，其自动功能系统中不同模块之间的连接，主要是靠电气接口连接来实现模块之间的信息交换，继而完成相关的预定控制任务。因此，在进行自动功能系统模块化划分和设计时，为了保证模块之间正常工作，提高系统的可靠性能，必须遵循如下原则：

（1）模块功能应相对集中而独立。

（2）模块间连接方式及信息交换简单且可靠。

（3）模块组合应有较大的灵活性和良好的经济性。

在上述指导原则的基础上，针对车载式自动超低容量喷雾机层次鲜明的特点，对其功能需求分为以下七个结构单元模块进行设计，其中的识别模块、对靶模块与控制模块是本文研究的关键技术部分，如图 9-11 所示。

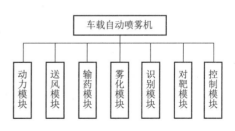

图 9-11　施药机器人模块
结构组成单元

随着精确施药技术的发展，喷雾机器人已经成为典型的机电一体化设备，广泛应用于精准林业领域。

## 9.4 步进电动机单片机控制

步进电动机可把脉冲信号转换成角位移，且可用作电磁制动轮、电磁差分器、角位移发生器等。

从一些旧设备上拆下的步进电动机（这种电动机一般没有损坏）要改作他用，一般需自己设计驱动器。本文介绍的就是为从一日本产旧式打印机上拆下的步进电动机而设计的驱动器。

本文先介绍该步进电动机的工作原理，然后介绍其驱动器的软、硬件设计。

### 9.4.1 步进电动机的工作原理

该步进电动机为四相步进电动机，采用单极性直流电源供电。只要对步进电动机的各相绕组按合适的时序通电，就能使步进电动机步进转动。图 9-12 所示为该四相步进电动机工作原理示意图。

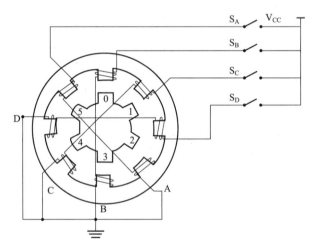

图 9-12 四相步进电动机工作原理示意图

开始时，开关 $S_B$ 接通电源，$S_A$、$S_C$、$S_D$ 断开，B 相磁极和转子 0、3 号齿对齐，同时，转子的 1、4 号齿就和 C、D 相绕组磁极产生错齿，2、5 号齿就和 D、A 相绕组磁极产生错齿。

当开关 $S_C$ 接通电源，$S_B$、$S_A$、$S_D$ 断开时，由于 C 相绕组的磁力线和 1、4 号齿之间磁力线的作用，使转子转动，1、4 号齿和 C 相绕组的磁极对齐。而 0、3 号齿和 A、B 相绕组产生错齿，2、5 号齿就和 A、D 相绕组磁极产生错齿。依次类推，A、B、C、D 四相绕组轮流供电，则转子会沿着 A、B、C、D 方向转动。

四相步进电动机按照通电顺序的不同，可分为单四拍、双四拍、八拍三种工作方式。单四拍与双四拍的步距角相等，但单四拍的转动力矩小。八拍工作方式的步距角是单四拍与双四拍的一半，因此，八拍工作方式既可以保持较高的转动力矩，又可以提高控制精度。

单四拍、双四拍与八拍工作方式的电源通电时序与波形如图 9-13 所示。

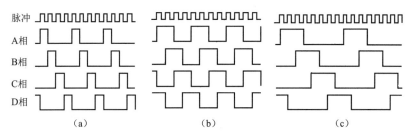

图 9-13　步进电动机工作时序与波形

（a）单四拍；（b）双四拍；（c）八拍

## 9.4.2　步进电动机单片机驱动原理

在图 9-14 所示中，AT89C2051 将控制脉冲从 P1 口的 P1.4～P1.7 输出，经 74LS14 反相后进入 9014，经 9014 放大后控制光电开关，光电隔离后，由功率管 TIP122 将脉冲信号进行电压和电流放大，驱动步进电动机的各相绕组，使步进电动机随着不同的脉冲信号分别做正转、反转、加速、减速和停止等动作。图中 $L_1$ 为步进电动机的一相绕组。AT89C2051 选用频率 22 MHz 的晶振，选用较高晶振的目的是在方式 2 下尽量减小 AT89C2051 对上位机脉冲信号周期的影响。

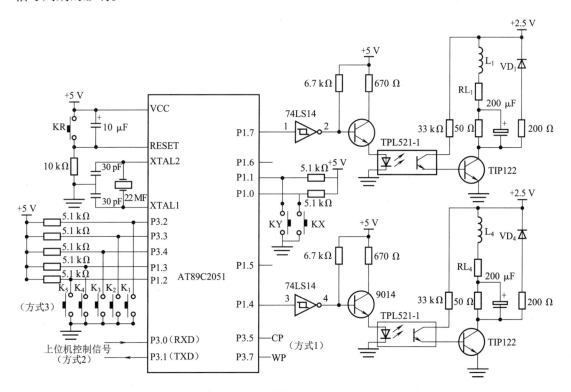

图 9-14　步进电动机驱动器系统电路原理图

图 9-14 中的 $RL_1$～$RL_4$ 为绕组内阻，50 Ω 电阻是一外接电阻，起限流作用，也是一个改善回路时间常数的元件。$VD_1$～$VD_4$ 为续流二极管，使电动机绕组产生的反电动势通过续流二极管（$VD_1$～$VD_4$）而衰减掉，从而保护了功率管 TIP122 不受损坏。

在 50 Ω 外接电阻上并联一个 200 μF 电容，可以改善注入步进电动机绕组的电流脉冲前沿，提高了步进电动机的高频性能。与续流二极管串联的 200 Ω 电阻可减小回路的放电时间常数，使绕组中电流脉冲的后沿变陡，电流下降时间变少，也起到提高高频工作性能的作用。

### 9.4.3 软件设计

该驱动器根据拨码开关 KX、KY 的不同组合有三种工作方式可供选择：

方式 1 为中断方式：P3.5（INT1）为步进脉冲输入端，P3.7 为正反转脉冲输入端。上位机（PC 机或单片机）与驱动器仅以两条线相连。程序框图如图 9-15 所示。

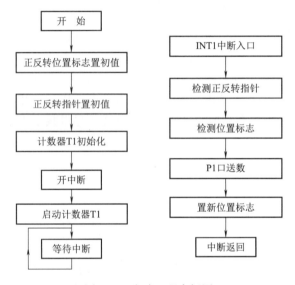

图 9-15　方式 1 程序框图

方式 2 为串行通信方式：上位机（PC 机或单片机）将控制命令发送给驱动器，驱动器根据控制命令自行完成有关控制过程。

方式 3 为拨码开关控制方式：通过 $K_1 \sim K_5$ 的不同组合，直接控制步进电动机。

当上电或按下复位键 KR 后，AT89C2051 先检测拨码开关 KX、KY 状态，根据 KX、KY 不同组合，进入不同的工作方式。以下给出方式 1 源程序。

在程序的编制中，要特别注意步进电动机在换向时的处理。为使步进电动机在换向时能平滑过渡，不至于产生错步，应在每一步中设置标志位。其中 20H 单元的各位为步进电动机正转标志位；21H 单元的各位为反转标志位。在正转时，不仅给正转标志位赋值，也同时给反转标志位赋值；在反转时也如此。这样，当步进电动机换向时，就可以上一次的位置作为起点反向运动，避免了电动机换向时产生错步。

方式 1 源程序：

```
MOV  20H, #00H ; 20H 单元置初值，电动机正转位置指针
MOV  21H, #00H ; 21H 单元置初值，电动机反转位置指针
MOV  P1, #0C0H ; P1 口置初值，防止电动机上电短路
MOV  TMOD, #60H ; T1 计数器置初值，开中断
MOV  TL1, #0FFH
```

```
MOV  TH1,#0FFH
SETB  ET1
SETB  EA
SETB  TR1
SJMP $
    ;＊＊＊＊＊＊＊＊＊＊＊＊计数器1 中断程序＊＊＊＊＊＊＊＊＊＊＊＊
IT1P:JB  P3.7,FAN;电动机正、反转指针
    ;＊＊＊＊＊＊＊＊＊＊＊＊电动机正转＊＊＊＊＊＊＊＊＊＊＊＊
    JB  00H,LOOP0
    JB  01H,LOOP1
    JB  02H,LOOP2
    JB  03H,LOOP3
    JB  04H,LOOP4
    JB  05H,LOOP5
    JB  06H,LOOP6
    JB  07H,LOOP7
    LOOP0:MOV  P1,#0D0H
    MOV  20H,#02H
    MOV  21H,#40H
    AJMP  QUIT
    LOOP1:MOV  P1,#090H
    MOV  20H,#04H
    MOV  21H,#20H
    AJMP  QUIT
    LOOP2:MOV  P1,#0B0H
    MOV  20H,#08H
    MOV  21H,#10H
    AJMP  QUIT
    LOOP3:MOV  P1,#030H
    MOV  20H,#10H
    MOV  21H,#08H
    AJMP QUIT
    LOOP4:MOV  P1,#070H
    MOV  20H,#20H
    MOV  21H,#04H
    AJMP  QUIT
    LOOP5:MOV  P1,#060H
    MOV  20H,#40H
    MOV  21H,#02H
    AJMP  QUIT
    LOOP6:MOV  P1,#0E0H
    MOV  20H,#80H
    MOV  21H,#01H
    AJMP  QUIT
    LOOP7:MOV  P1,#0C0H
```

```
        MOV; 20H, #01H
        MOV 21H, #80H
        AJMP QUIT
;* * * * * * * * * * * * * *电动机反转* * * * * * * * * * * * * * * *
        FAN:  JB 08H, LOOQ0
        JB 09H, LOOQ1
        JB 0AH, LOOQ2
        JB 0BH, LOOQ3
        JB 0CH, LOOQ4
        JB 0DH, LOOQ5
        JB 0EH, LOOQ6
        JB 0FH, LOOQ7
        LOOQ0: MOV P1, #0A0H
        MOV 21H, #02H
        MOV 20H, #40H
        AJMP QUIT
        LOOQ1: MOV P1, #0E0H
        MOV 21H, #04H
        MOV 20H, #20H
        AJMP QUIT
        LOOQ2: MOV P1, #0C0H
        MOV 21H, #08H
        MOV 20H, #10H
        AJMP QUIT
        LOOQ3: MOV P1, #0D0H
        MOV 21H, #10H
        MOV 20H, #08H
        AJMP QUIT
        LOOQ4: MOV P1, #050H
        MOV 21H, #20H
        MOV 20H, #04H
        AJMP QUIT
        LOOQ5: MOV P1, #070H
        MOV 21H, #40H
        MOV 20H, #02H
        AJMP QUIT
        LOOQ6: MOV P1, #030H
        MOV 21H, #80H
        MOV 20H, #01H
        AJMP QUIT
        LOOQ7: MOV P1, #0B0H
        MOV 21H, #01H
        MOV 20H, #80H
        QUIT: RETI
        END
```

该驱动器经实验验证能驱动 0.5 N·m 的步进电动机。将驱动部分的电阻、电容及续流二极管的有关参数加以调整，可驱动 1.2 N·m 的步进电动机。该驱动器电路简单可靠，结构紧凑，对于 I/O 口线与单片机资源紧张的系统来说特别适用。

## 9.5 机械手 PLC 控制的实现

随着加工设备的不断发展，机械手已经在各个领域得到了广泛的应用。

机械手作为工件取送设备虽然应用于不同的场合，其具体的工作情况不同，但本质的工作过程却是类似的。采用可编程序控制器对机械手进行控制也是目前常见的控制方式，这里给出的机械手控制程序，可以应用于大部分的类似控制场合。

### 9.5.1 工程实例详述

#### 1. 实现目标

设计机械手控制程序，按照下降→夹持→上升→右移→下降→放开→上升→左移返回的动作顺序要求，实现对机械手移送工件的过程控制。

根据实际需要，机械手的工作方式设置有三种，即单步动作、单周期动作和连续动作。要求通过控制面板的相关转换开关和控制按钮，来决定机械手的具体动作，各个动作的到位情况由检测元件完成。

#### 2. 解决思路

根据机械手的工作需求，实现的控制程序要在可以完成正常的运转周期的基础上进行设计开发。

程序的设计主要是要考虑周期动作的实现，也就是如何控制各个状态的转换，实现在各个阶段的控制任务。根据运转的要求，在系统启动初期先判断机械手是否位于原始位置，即左极限上极限处，如果不在则给出运转信号令其向上、向左动作到起始位置。自动程序从起始位置到达后开始进行工件的取送工作，按照动作顺序要求，依据位置检测反馈信号来控制各步动作的启动和结束。

通过上述分析，对机械手的控制程序就有了一个比较清楚的思路，运用可编程序控制器的常规处理功能就可以方便地实现控制程序的开发。

### 9.5.2 控制分析与硬件设计

控制程序是实现对机械手动作的合理控制，通过合理使用必要的位置检测信号，就能很好地实现控制需求。

首先来分析一下输入信号的需求。根据机械手动作的分析，设置上下限检测和左右极限检测这四个检测信号输入。再考虑控制的需要，设置启停控制、原始定位以及手动、单周期和连续动作方式选择输入，另外就是手动操作的一些按钮，包括上升、下降、左行、右行、抓取和放开六个按钮输入。

机械手的输出设置上升、下降、左行、右行、取放五个信号，分别对相应的动作元件进行控制。其中取放工件使用一个输出控制，这是考虑目前常用的取放元件多为断电自复位或电磁式的,所以只需对抓取时的动作给出控制信号即可。

机械手控制 PLC 配置图如图 9-16 所示。

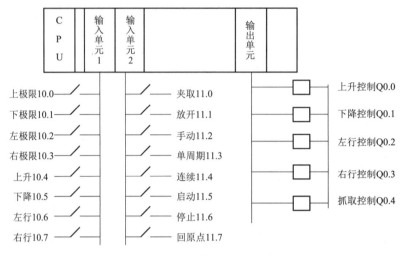

图 9-16　机械手控制 PLC 配置图

### 9.5.3　逻辑分析与程序设计

确定可编程序控制器的输入输出信号以后,就可以根据控制的目标通过对各个信号间的逻辑关系分析,完成程序的编写。

**1. 机械手控制的逻辑分析**

针对机械手的几种工作方式,分别进行控制的实现逻辑处理。

首先来看原点控制,这对于周期运转而言十分重要,只有当机械手处于原点位置时才能启动周期工作程序。系统设计了一个回原点输入控制信号,在系统上电后,如果选择单周期或连续工作方式,则首先要确保机械手处于原点位置才能进行下一步处理。为了保证在周期方式启动前系统处于该位置,操作人员可以首先通过按下回原点按钮来驱动机械手到达该位置,然后启动周期控制。这样就可以有效地减少逐个手动控制设备到位的繁杂过程,提高控制效率。这样,就要求系统在手动方式下,如果收到回原点指令,则驱动机械手向上向左运动到原始位,同时复位抓取信号。

手动工作方式是对机械手的升降、左右和取放进行手动操作,这里不做过多讲解。周期工作分为单周期和连续工作两种方式,其区别主要在于完成一个动作周期后,单周期方式下,系统等待下一个启动信号到来才进行下一步动作,而连续工作方式则继续进行下一个周期,直至停止信号到来。对每个周期的动作而言,两种方式完全相同。

**2. 机械手控制程序设计**

根据上述分析的几个控制方式,通过对各个信号的逻辑处理,来完成机械手控制的可编程序控制器程序的编写工作。在编程中,要特别注意每个输出点在不同位置信号出现时相应状态的转换。

下面给出的程序代码是一个范例,在实际应用中,各个信号可能不是直接的外部输入信号，而是可编程序控制器内部的寄存器状态位，其意义是相同的。同时设计没有考虑工件检测、速度控制等问题，在有些具体应用中还需要将这些问题在设计时给予考虑，适当地增加有关功能设计。机械手控制梯形图如图 9-17 所示。

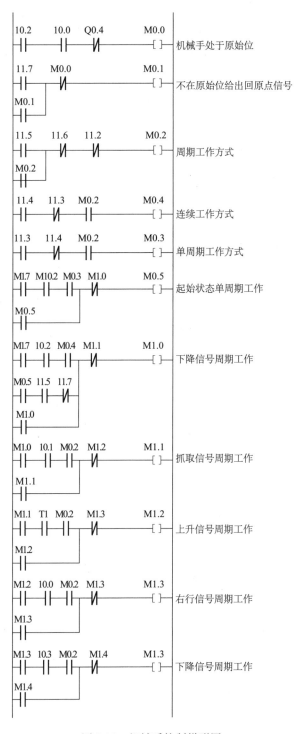

图 9-17　机械手控制梯形图

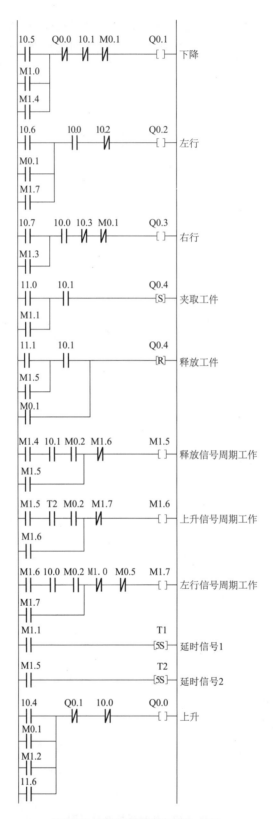

图 9-17　机械手控制梯形图（续）

图 9-17 中机械手控制子程序的实现充分利用了各步转换信号与检测的位置信号之间的配合，从而实现前后关联的各步之间的顺次衔接。在实现过程中，关键的问题就是状态的获取以及保持，在触发下一个信号前保持信号的有效性，充分发挥了可编程序控制器顺序执行的程序处理特点。

从上述子程序可以看出，对于这样的控制问题，主要的解决关键就在于对各个动作间关系的确定，根据相互转换的联系可以很好地实现对设备的控制。

机械手的控制对于很多场合需求很大，不论是机床使用的小型系统还是流水线上的这类设备，其基本动作要求类似，所以控制的实现也可以相互借鉴。

对于控制程序的编写，这里给出的只是一种实现手段，使用可编程序控制器还有其他方法可以实现这样的控制，针对所使用的具体系统的情况，设计人员可以选择使用不同的方法来进行程序编写。

### 9.5.4　PLC 与单片机简要比较

PLC 与单片机的区别本质上说就是：PLC 是一套已经做好的单片机系统装置。通过以上相关实例可以看出，PLC 与单片机都可以应用于工程实际控制中，虽然目的可以达到一致，但具体实现的方法与原理是不一样的，这些主要体现在以下几点：

（1）PLC 是应用单片机构成的比较成熟的控制系统，是已经调试成熟稳定的单片机应用系统的产品，有较强的通用性。

（2）单片机可以构成各种各样的应用系统，使用范围更广。仅就"单片机"而言，它只是一种集成电路，还必须与其他元器件及软件构成系统才能应用。

（3）从工程的使用来看，对单项工程或重复数极少的项目，采用 PLC 快捷方便，成功率高，可靠性好，但成本较高。

（4）对于量大的配套项目，采用单片机系统具有成本低、效益高的优点，但这要有相当的研发能力和行业经验才能使系统稳定。

## 【小结与拓展】

机电一体化发展至今已成为一门有着自身体系的新型学科，随着科学技术的不断发展，还将被赋予新的内容。但其基本特征可概括为：机电一体化是从系统的观点出发，综合运用机械技术、微电子技术、自动控制技术、计算机技术、信息技术、传感测控技术、电力电子技术、接口技术、信息变换技术以及软件编程技术等群体技术，根据系统功能目标和优化组织目标，合理配置与布局各功能单元，在多功能、高质量、高可靠性、低能耗的意义上实现特定功能价值，并使整个系统最优化的系统工程技术。

本章所举的几个不同类型的实例，旨在为学习过机械基础知识和基础电工电子技术的本科生及工程技术人员提供一些常见分析工程。有的系统地介绍了其机械传动系统的设计方法和设计步骤、驱动模块的相关设计计算与选用，以及计算机控制系统的软硬件设计。设计者通过这些实例的学习，会对机电一体化系统的设计有初步的了解和认识，为以后新产品的开发奠定基础。

值得注意的是，随着社会的发展和科学技术的进步，人们对机电一体化设计的要求又发展到了一个新的阶段，具体表现为设计对象由单机走向系统、设计要求由单目标走向多目标、设计所涉及的领域由单一领域走向多个领域、承担设计的工作人员从单人走向小组甚至大的群体、产品设计由自由发展走向有计划的开展。

## 【思考与习题】

9-1. 什么叫变频器?

9-2. 机电系统整体设计方案有哪些因素?

9-3. PLC 一般采用什么控制方法进行控制设计?

9-4. 什么叫三相电源?什么叫单相电源?它们的相电压一样吗?

9-5. PLC 与单片机控制相比较各自有何特点?主要区别有哪些?

9-6. 继电器与接触器一样吗?既然原理是一样的,为什么这两种都存在?

9-7. 具体图示说明单四拍、双四拍以及八拍的工作循环模式。

9-8. 三相异步电动机的实际转速与同步转速是一致的吗?为什么?

9-9. 利用单片机是否可以对传统的一般老式加工机床进行数控改造?

9-10. 试通过网络资源查询数控机床 PLC 控制系统这方面的资料并仔细阅读理解。

# 参 考 文 献

［1］张发军. 机电一体化系统设计［M］. 武汉：华中科技大学出版社，2013.

［2］张建民，等. 机电一体化系统设计［M］. 2版. 北京：机械工业出版社，2002.

［3］姜培刚，等. 机电一体化系统设计［M］. 北京：机械工业出版社，2011.

［4］孙平. 可编程控制器原理及应用［M］. 北京：高等教育出版社，2002.

［5］郭洪红. 工业机器人技术［M］. 西安：西安电子科技大学出版社，2006.

［6］陈尔绍. 电子控制电路实例［M］. 北京：电子工业出版社，2004.

［7］何希才. 传感器及其应用实例［M］. 北京：机械工业出版社，2004.

［8］林宋，等. 光机电一体化技术产品实例［M］. 北京：化学工业出版社，2003.

［9］张发军. 车载喷雾机及精确施药关键技术研究［D］. 武汉：武汉理工大学博士论文，2008.